CAD/CAM 技术系列案例教程

AutoCAD 2013 机械制图实例教程

主　编　汪哲能

副主编　文建平　张信群

参　编　严爱芳　李约朋

主　审　陈黎明

机械工业出版社

本书采用了任务驱动模式，避免逐一罗列各类命令、各项参数的作用，将相关内容科学地组织、合理地安排，以实例的形式呈现出来，让读者在练习中学习，在操作中提高。根据 AutoCAD 的主要应用，本书分为 10 个模块：初步了解 AutoCAD 2013、AutoCAD 2013 的基本操作、二维图形的绘制、文字的标注与编辑、尺寸与公差的标注与编辑、三视图的绘制、工程图的绘制、参数化绘图、三维对象的创建与编辑、图形的输出。本书是多位一线教师集体智慧的结晶，是编者多年从教 AutoCAD 经验的归纳和总结。

　　本书可作为职业院校计算机绘图课程的教材，也可作为其他专业技术人员的自学、培训和参考用书。

图书在版编目（CIP）数据

AutoCAD 2013 机械制图实例教程/汪哲能主编. —北京：机械工业出版社，2013. 11（2025. 1 重印）
CAD/CAM 技术系列案例教程
ISBN 978-7-111-44349-0

Ⅰ.①A… Ⅱ.①汪… Ⅲ.①机械制图-AutoCAD 软件-教材
Ⅳ.①TH126

中国版本图书馆 CIP 数据核字（2013）第 242684 号

机械工业出版社（北京市百万庄大街 22 号　邮政编码 100037）
策划编辑：王佳玮　责任编辑：王佳玮　版式设计：霍永明
责任校对：纪　敬　封面设计：张　静　责任印制：李　昂
北京捷迅佳彩印刷有限公司印刷
2025 年 1 月第 1 版第 9 次印刷
184mm×260mm · 17. 75 印张 · 440 千字
标准书号：ISBN 978-7-111-44349-0
定价：49. 80 元

电话服务　　　　　　　　　　网络服务
客服电话：010-88361066　　机 工 官 网：www.cmpbook.com
　　　　　010-88379833　　机 工 官 博：weibo.com/cmp1952
　　　　　010-68326294　　金 书 网：www.golden-book.com
封底无防伪标均为盗版　　　　机工教育服务网：www.cmpedu.com

前　言

AutoCAD 是由美国 Autodesk 公司开发的通用计算机辅助绘图与设计软件包，具有易于掌握、使用方便、体系结构开放等特点，深受广大工程技术人员的欢迎。有统计资料表明，目前世界上有 75% 的设计部门、数百万的用户在使用该软件，大约有 50 万套 AutoCAD 软件安装在世界各地的计算机中运行，是工程技术人员的必备工具之一。由于 AutoCAD 拥有大量的用户，因此与之相关的书籍也是相当之多，即使不是汗牛充栋，至少也是积案盈箱。不可否认，每一本书都有着自己的特色和长处，但在我们的教学实践中，却感觉难以找到一本融实用性与适用性于一体的教材。为帮助初学者较快地掌握 AutoCAD 的使用，同时也给正在使用这款软件的用户提供一本方便实用的参考手册，我们组织了多位长期从事 AutoCAD 教学的一线教师，在历经了 AutoCAD 2008、AutoCAD 2009 两个版本、四本相关教材编写的基础上，基于目前市面上最新版本的 AutoCAD 2013，编写了这本教材。相信多位一线教师集体智慧的结晶和数次编写工作经验的积累，会使这本书更加受到读者的欢迎和喜爱。

本书的特色是：采用任务驱动模式，避免逐一罗列各类命令、各项参数的作用，既解决了"怎么学"的问题，又提供了"怎么用"的方法，强调操作技能的训练和实用方法的学习。本书语言通俗易懂，图文并茂，读者只需要跟随操作步骤，即能轻松完成各类功能的操作，并可通过练习进行进一步的强化，从而牢固地掌握相关功能的使用，实现由模仿操作到自主应用的突破。

本书主要针对机械制图，采用了模块式的组织方式，不同专业的读者在学习时可根据各自专业和学时的不同，灵活地选择学习内容。

对于软件学习而言，通过操作掌握其使用，是最直接、最有效的方法。本书正是基于这样的认识，将相关内容科学地组织、合理地安排，让读者在练习中学习，在操作中提高。本书的每个模块既是一个训练单元，同时也是一项具体的应用。根据 AutoCAD 的主要应用，本书分为 10 个模块，每个模块由若干个任务组成，体系结构如下：

➢ 学习目标　简要介绍每个模块的知识点。

➢ 要点预览　对每个模块的内容进行简要介绍。

➢ 操作实例　根据 AutoCAD 的应用特点，使用"任务分析"对每个任务进行简要分析，再通过"任务实施"对任务的完成过程进行具体阐述，使读者在实际操作中熟练地掌握 AutoCAD 有关功能的使用。

➢ 知识链接　任务驱动法虽然有针对性强的优点，但同时也存在知识点过于零散，系统性相对较差的不足。为使读者对 AutoCAD 的操作有一个完整的了解，本书在操作实例之外通过知识链接的方式，对相关知识进行系统化介绍。由于之前读者已经有了操作实例的基础，这些内容将不再是简单枯燥的叙述，而是帮助读者更系统、更全面地掌握相关功能。

➢ 经验之谈和操作提示　对于初学者而言，经常会受到一些看似简单的问题的困扰，由于还未达到熟能生巧的程度，对于一些技巧也无法灵活地使用。为此编者根据使用和教学的经验设置了"经验之谈"和"操作提示"，以帮助读者尽量少走弯路，尽快掌握要领，尽可能快地实现由"菜鸟"到"老鸟"的提升。

➤ 延伸操练　为帮助读者进一步熟悉相关功能的使用，本书的每个模块中都精选了有针对性的练习，通过应用所学知识分析和解决具体问题，使读者牢固掌握 AutoCAD 相关功能的使用。读者可以根据自己的实际情况，对其中的内容有选择性地进行练习。

编者希望读者通过使用本书能实现两个主要的目标：一是牢固地掌握 AutoCAD 的各种常用功能；二是能举一反三地解决同类问题，而不是简单地就事论事。

本书由衡阳财经工业职业技术学院汪哲能任主编，衡阳财经工业职业技术学院文建平、滁州职业技术学院张信群任副主编，长沙职业技术学院严爱芳、湖南科技经贸职业技术学院李约朋参加了编写工作。全书由东莞科立五金模具厂总工程师陈黎明主审。具体的编写分工如下：模块一、模块二、模块三、模块四、模块八、模块十由汪哲能编写，模块五由严爱芳编写，模块六由文建平编写，模块七由张信群编写，模块九由李约朋编写。

牛顿曾有一句名言："我之所以比别人看得更远，是因为站在巨人的肩膀上。"本书的顺利完成，参考了大量的同类书籍，离不开这些作者们的辛勤付出，得到了很多同行无私的帮助和支持，谨在此表达对他们由衷的感谢。

虽然编者在编写过程中本着认真负责的态度，精益求精，对所有内容都进行了认真的核查，反复的校对，力求做到完美无缺，但由于水平所限，可能还是存在着一些不足和欠妥之处，恳请读者不吝赐教，帮助我们不断完善和改进。

编　者

本书使用符号的约定

1. "→" 表示操作顺序。

2. "↙" 或 "ENTER 键" 表示按回车键。

3. "【】" 表示菜单及其命令。

例如，"【文件】→【另存为】" 表示使用 "文件" 菜单中的 "另存为" 命令。

4. "〖〗" 表示工具栏及其按钮。

例如，"〖绘图〗→〖直线〗" 表示 "绘图" 工具栏上的 "直线" 按钮。

5. "◂ ▸" 表示功能区的选项卡，"《》" 表示面板。

例如，"◂常用▸→《修改》→〖缩放〗" 表示在功能区单击 "常用" 选项卡下 "修改" 面板上的 "缩放" 工具。

6. "{}" 表示对话框上的选项卡，[ ] 表示对话框中的按钮。

例如，"【工具】→【选项】→{显示}→[颜色]" 表示调用 "工具" 菜单中的 "选项" 命令，在弹出的对话框中选择 "显示" 选项卡，单击选项卡中的 "颜色" 按钮。

7. "__" 表示键盘上的按键。

例如，"键入1" 表示按数字键 1；"键入A" 表示按字母键 A（为突出表达，字母用大写表示，实际应用时不区分大小写）；"按住SHIFT键" 表示按住 "SHIFT" 键的同时进行其他操作（键名用大写字母表示，为区分于字母组合，在其后加上 "键" 字）。

8. " " 表示操作提示，用于表述容易出错的地方。

9. " " 表示经验之谈，用于表述操作经验、技巧。

10. 按机械制图标准，本书中所有尺寸的单位均为 mm。

本书操作术语的描述

1. "单击" 表示单击鼠标的左键。

2. "右击" 表示单击鼠标的右键。

3. "移动" 表示不按鼠标任何键移动鼠标。

4. "拖动" 表示按住鼠标左键移动鼠标。

目 录

模块一

初步了解 AutoCAD 2013

学习目标

1. 掌握 AutoCAD 2013 启动和退出的方法。
2. 熟悉 AutoCAD 2013 的程序界面。
3. 掌握 AutoCAD 2013 命令的使用。

要点预览

使用任何一种软件，首先要做的都是熟悉其界面并了解其基本使用方法。本模块的主要内容如下：AutoCAD 2013 的启动和退出；AutoCAD 2013 的程序界面；AutoCAD 2013 命令的使用。

任务一　走近 AutoCAD 2013

AutoCAD 是由美国 Autodesk 公司开发的通用计算机辅助绘图与设计软件包，具有易于掌握、使用方便、体系结构开放等特点，深受广大工程技术人员的欢迎。AutoCAD 自 1982 年问世以来，已经进行了 27 次升级，其功能逐渐强大，且日趋完善。如今，AutoCAD 已广泛应用于机械、建筑、电子、航天、造船、石油化工、土木工程、冶金、农业、气象、纺织、轻工业等领域。在我国，AutoCAD 已成为工程设计领域中应用最为广泛的计算机辅助设计软件之一。

Autodesk 公司几乎每年都会推出新的 AutoCAD 版本，较具代表性的版本及其特点见表 1-1。

表 1-1　AutoCAD 发展历史

版　本　号	时间	特　　点
AutoCAD V(ersion)1.0	1982.12	正式出版,无菜单,需要记忆命令,执行方式类似于 DOS,容量为 1 张 360KB 的软盘
AutoCAD V1.2	1983.4	具备尺寸标注功能
AutoCAD V1.3	1983.8	具备文字对齐、颜色定义、图形输出功能
AutoCAD V1.4	1983.10	图形编辑功能加强
AutoCAD R2.0	1984.10	增加图形绘制及编辑功能,是一个用于二维绘图的软件
AutoCAD R2.1	1985.5	出现屏幕菜单,可不必再记忆命令,Autolisp 初具雏形,容量为两张 360KB 软盘
AutoCAD RV2.5	1986.7	Autolisp 有了系统化语法,使用者可改进和推广,出现了第三开发商的新兴行业,容量为 5 张 360KB 软盘
AutoCAD V2.6	1986.11	新增 3D 功能
AutoCAD R3.0	1987.6	增加了三维绘图功能,并第一次增加了 Autolisp 汇编语言,提供了二次开发平台,用户可根据需要进行二次开发,扩充 CAD 的功能
AutoCAD R(elease)9.0	1988.2	出现了状态行和下拉式菜单,开始在国外加密销售
AutoCAD R10.0	1988.10	进一步完善 R9.0,Autodesk 公司已成为千人企业
AutoCAD R11.0	1990.8	增加了 AME(Advanced Modeling Extension),但与 AutoCAD 分开销售
AutoCAD R12.0	1992.8	采用 DOS 与 Windows 两种操作环境,出现了工具条

模块一

（续）

版 本 号	时间	特 点
AutoCAD R13.0	1994.11	AME 纳入 AutoCAD 之中
AutoCAD R14.0	1997.4	适应 Pentium 机型及 Windows95/NT 操作环境,实现与 Internet 网络连接,操作更方便,运行更快捷,具有无所不到的工具条,实现中文操作
AutoCAD 2000(R15.0)	1999.1	提供了更开放的二次开发环境,出现了 Vlisp 独立编程环境,3D 绘图及编辑功能更强大
AutoCAD 2002(R15.6)	2001.6	提高性能,改进图形绘制和编辑功能(快速选择、多义线编辑、延伸和修剪合并、完全关联的尺寸标注功能、直接双击编辑对象等),增强 3D 功能
AutoCAD 2004(R16.0)	2003.3	优化文件(文件打开更快、文件更小),更新了用户界面,提高了绘图效率
AutoCAD 2005(R16.1)	2004.3	提供了更为有效的方式来创建和管理包含在最终文档当中的项目信息。其优势在于能显著地节省时间、得到更为协调一致的文档并降低了风险
AutoCAD 2006(R16.2)	2006.3	推出最新功能:动态图块的操作,选择多种图形的可见性,使用多个不同的插入点,贴齐到图中的图形,编辑图块几何图形,数据输入和对象选择
AutoCAD 2007(R17.0)	2006.3	拥有强大直观的界面,可以轻松而快速地进行外观图形的创作和修改,并致力于提高 3D 设计效率
AutoCAD 2008(R17.1)	2007.12	提供了创建、展示、记录和共享构想所需的所有功能,将惯用的 AutoCAD 命令和熟悉的用户界面与更新的设计环境结合起来
AutoCAD 2009(R17.2)	2008.3	整合了制图和可视化,加快了任务的执行,能够满足个人用户的需求和偏好,能够更快地执行常见的 CAD 任务,更容易找到不常见的命令
AutoCAD 2010(R18.0)	2009.3	完善三维自由形状概念设计工具、参数化绘图工具、注释比例、动态块,改进了条状界面,PDF 文件能作为底图添加到工程图中
AutoCAD 2011(R19.0)	2010.3	增强 3D 功能和提高绘制效率
AutoCAD 2012	2011.3	增加了参数化绘图功能,用户可以对图形对象建立几何约束,可以建立尺寸约束
AutoCAD 2013	2012.6	更新了光栅图像及外部参照功能,点云支持功能已得到显著增强

一、安装 AutoCAD 2013

　　AutoCAD 2013 软件包以光盘的形式提供,光盘中有名为 SETUP. EXE 的安装文件。运行该文件即会出现如图 1-1 所示的初始化界面。

　　经过初始化后,弹出如图 1-2 所示的界面,单击〖安装　在此计算机上安装〗,即可在安装向导的提示下进行安装操作。

二、启动 AutoCAD 2013

　　用户可使用以下两种方法启动 AutoCAD 2013:

　　➤ 双击 Windows 桌面上 AutoCAD 2013 的快捷方式图标。

　　➤ 单击 Windows 任务栏上的〖开始〗→【所有程序】→【Autodesk】→【AutoCAD 2013 Simplified Chinese】→【AutoCAD 2013 Simplified Chinese】。

　　显然第一种方法要方便快捷得多,在安装完 AutoCAD 2013 后,系统会自动在 Windows 桌面上生成快捷方式。如果 Windows 桌面上没有快捷方式,可在第二种方式出现最后的

图 1-1　AutoCAD 2013 安装初始化界面

图 1-2　AutoCAD 2013 安装选择界面

"AutoCAD 2013 Simplified Chinese"时右击，在弹出菜单中选择【发送到】→【桌面快捷方式】，在桌面上新建一个快捷方式，以方便以后快速地启动 AutoCAD 2013。

三、AutoCAD 2013 的程序界面

启动 AutoCAD 2013 后，在其欢迎界面即可新建、打开文件，还可了解最近打开的文件，

如图 1-3 所示。

AutoCAD 2013 的程序界面如图 1-4 所示。

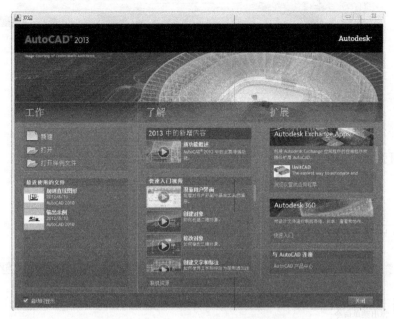

图 1-3 AutoCAD 2013 的欢迎界面

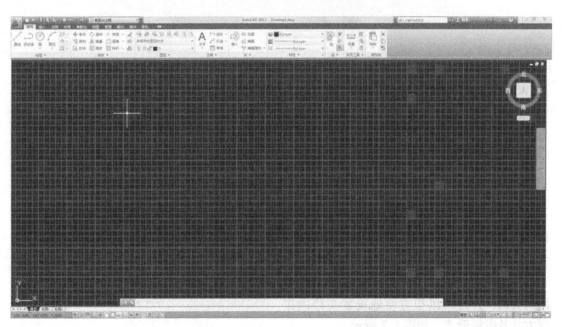

图 1-4 AutoCAD 2013 的程序界面

AutoCAD 2013 的程序窗口沿用了自 AutoCAD 2009 以来的风格，主要部分的名称如图 1-5 所示。

1. 菜单浏览器

单击 AutoCAD 2013 的菜单浏览器，可显示出程序菜单，光标在菜单上的某个命令上停

5

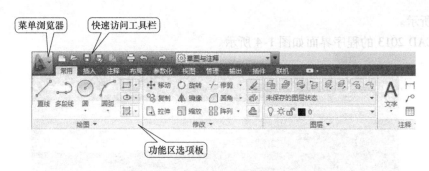

图 1-5　AutoCAD 2013 的程序窗口

留片刻，即可弹出对应的菜单命令，如图 1-6 所示，显示的是"新建"菜单。

图 1-6　程序菜单

在如图 1-6 所示的"搜索命令"文本框中，用户可以搜索可用的菜单命令，搜索结果可以包括菜单命令、基本工具提示、命令提示文字字符串或标记。如果要调用某个菜单命令，可直接在列表中单击显示的搜索结果。

在菜单浏览器中，用户可以查找最近使用的文档，并且可以很方便地设置文档的排列方式及图标形式，如图 1-7 所示。

2. 快速访问工具栏

如图 1-5 所示的快速访问工具栏将经常使用的命令以图标按钮的形式放置其上，默认的有【新建】、【打开】、【保存】、【另存为】、【Cloud 选项】、【打印】、【放弃】、【重做】、

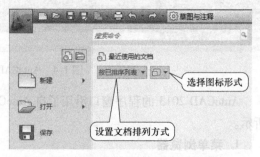

图 1-7　使用菜单浏览器可查找文档

〖工作空间〗等。其中〖工作空间〗是 AutoCAD 2012 新增加的，可以让用户快速进行工作空间的切换。AutoCAD 的老用户，特别是使用 AutoCAD 2009 以前版本的用户，如果不习惯 AutoCAD 2013 的这种界面，可在此选择其他程序界面。AutoCAD 2013 中提供了 4 种基于任务的工作空间：草图与注释（图1-4）、三维基础（图1-8）、三维建模（图1-9）、AutoCAD 经典（图1-10）。〖Cloud 选项〗是 AutoCAD 2013 新增加的，方便用户实现联机存储和共享设计数据。

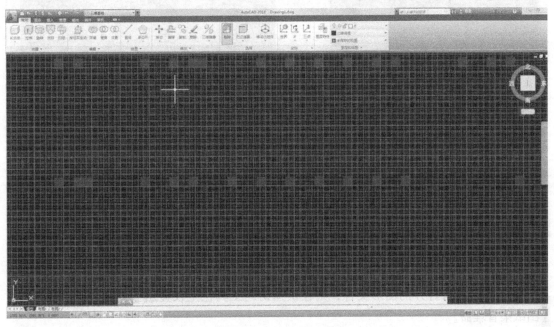

图 1-8　AutoCAD 2013 的"三维基础"界面

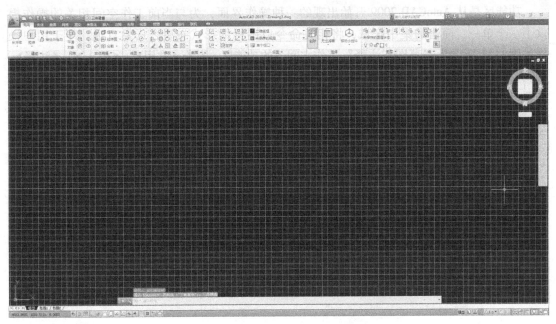

图 1-9　AutoCAD 2013 的"三维建模"界面

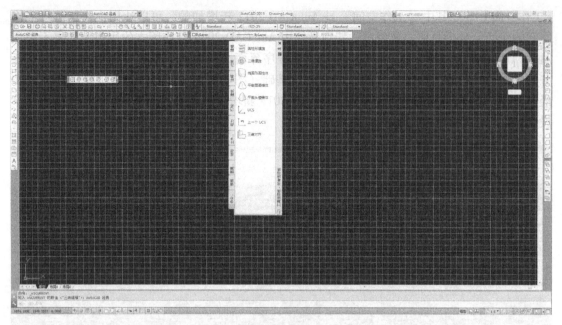

图 1-10　AutoCAD 2013 的 "AutoCAD 经典" 界面

　　用户可以根据需要在快速访问工具栏上添加或删除命令。在快速访问工具栏上右击→选择【从快速访问工具栏中删除】或【自定义快速访问工具栏】，即可根据自己的需要进行设置。

　　如果当前没有打开的图形文件，则在快速访问工具栏上仅显示〖新建〗、〖打开〗和〖图纸集管理器〗。

3. 功能区

　　功能区是从 AutoCAD 2009 开始出现的一种操作界面，为与当前工作空间相关的操作提供了一个单一、简洁的集中区域，将相关命令以图标的形式布置，形象直观，便于用户操作。图 1-11 所示为 "草图与注释" 工作空间下的功能区，共有《常用》、《插入》、《注释》、《布局》、《参数化》、《视图》、《管理》、《输出》、《插件》、《联机》10 个选项卡，每个选项卡中有若干个面板。其中，《插件》、《联机》为 AutoCAD 2012 新增的选项卡，《布局》为

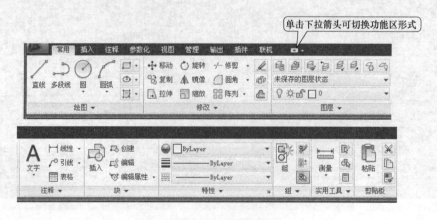

图 1-11　功能区

AutoCAD 2013 新增的选项卡。根据操作的需要，用户可单击某个功能区的选项卡，展开不同的面板以选择不同的按钮完成相应的工作。

图 1-11 所示的"常用"选项卡下有〖绘图〗、〖修改〗、〖图层〗、〖注释〗、〖块〗、〖特性〗、〖组〗、〖实用工具〗、〖剪贴板〗9 个面板。单击选项卡右侧的下拉箭头可将功能区在"最小化为选项卡"、"最小化为面板标题"、"最小化为面板按钮"和"显示完整的功能区"4 种表现形式之间进行切换。

为避免占用过多屏幕空间，各面板上只显示了部分图标，如果用户需要的图标未显示出来，可单击面板标题下边的箭头将面板展开，如图 1-12 所示。

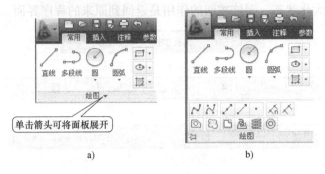

图 1-12 功能区面板的折叠与展开

a）折叠状态 b）展开状态

使用功能区时无需显示多个工具栏，使应用程序窗口变得简洁有序，并将可用的绘图区最大化。当用户把光标停留在功能区的按钮上时，将弹出该按钮对应命令的详细介绍。

4. 标题栏

标题栏如图 1-13 所示，位于程序界面的顶部，用于显示 AutoCAD 2013 应用程序名称和当前打开的文件名等信息。如果用户还没有修改图形文件的名称，AutoCAD 2013 默认的图形文件名称为 Drawing$n$. dwg（其中，n 代表数字序号）。

AutoCAD 2013 Drawing1.dwg ▶ 键入关键字或短语 🔍 👤 登录 - ✖ 🔺 · ? - — 🗗 ✕

图 1-13 标题栏

单击标题栏右端的按钮，可进行最小化、最大化/恢复窗口大小及关闭应用程序窗口的操作。

在标题栏的中部有"搜索"输入文本框、〖登录 Autodesk 360〗、〖Autodesk Exchange〗、〖保持连接〗、〖帮助〗等内容，供用户访问 Internet 进行有关信息搜索及使用 Autodesk 的帮助功能等操作。

5. 状态栏

状态栏如图 1-14 所示，位于程序界面的最下方。其左侧显示当前光标在绘图区位置的坐标值，如图 1-14a 所示。

在辅助绘图工具区，从左向右依次排列着 15 个开关按钮，如图 1-14b 所示，分别对应相关的辅助绘图工具，即〖推断约束〗、〖捕捉模式〗、〖栅格显示〗、〖正交模式〗、〖极轴追踪〗、〖对象捕捉〗、〖三维对象捕捉〗、〖对象捕捉追踪〗、〖允许/禁止动态 UCS〗、〖动态输入〗、〖显示/隐藏线宽〗、〖显示/隐藏透明度〗、〖快捷特性〗、〖选择循环〗、〖注释监视器〗。单击某个按钮，当其呈按下状态时表示起作用，当其呈浮起状态时则不起作用。各按钮的作用将在后面相关内容中作具体介绍。其中〖推断约束〗、〖三维对象捕捉〗、〖显示/隐藏透明度〗、〖选择循环〗4 个按钮为 AutoCAD 2012 新增加的内容，〖注释监视器〗为 Auto-CAD 2013 新增加内容。

如图 1-14c 所示内容处于状态栏的右侧，主要用于对程序的视觉状态进行有关的调整。当用户按照希望的方式排列好工具栏和窗口后，可通过单击〖锁定〗来锁定它们的位置。〖全屏显示〗的作用是使程序界面只显示标题栏、命令行窗口和状态栏，以使绘图区最大化。如果已经是最大化状态，则该按钮的作用是返回到原来的程序界面。

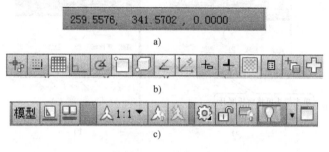

图 1-14 状态栏

6. 命令行窗口

命令行窗口如图 1-15 所示，位于绘图区的下方，是进行人机交互、输入命令和显示相关信息与提示的区域。与以前的版本不同的是，AutoCAD 2013 的命令行窗口成为 1 个浮动窗口，在用户操作期间，可在其上方显示最近使用的命令，用户可根据需要对显示区域的大小进行调节，该区域为半透明，不会影响用户对操作对象的观察。

AutoCAD 2013 提供了自动完成选项，可以帮助用户更有效地访问命令。当光标在命令行窗口时，用户输入命令，系统即会自动提供一份清单，列出匹配的命令名称、系统变量和命令别名。如图 1-16 所示为在命令行输入"直线"命令的快捷键L（不区分大小写），系统就会弹出清单供用户选择。

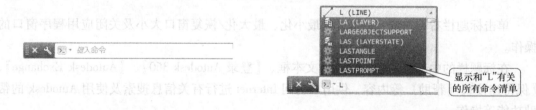

图 1-15 命令行窗口   图 1-16 自动完成选项

7. 绘图区

如图 1-4 所示的最大的黑色区域即为绘图区，类似于手工绘图时的图纸，用户在这个区域中绘制和编辑图形。用户可根据需要更改绘图区背景颜色，通常使用白色作为背景色。这样一方面符合"白纸黑字"的习惯，另一方面在设置线条颜色时也可避免选择与白色反差较小、将来打印出图时不能清晰显示的颜色。例如，黄色在黑色背景下很醒目，但打印出图时，在白纸上则很难辨认。

背景颜色设置方法如下：单击如图 1-6 所示的［选项］→｛显示｝→［颜色］→将"界面元素"的"统一背景"颜色设置为"白"→单击［应用并关闭］→［确定］。

AutoCAD 的绘图区是无限大的，用户可以通过"缩放"、"平移"等命令在有限的屏幕范围来观察绘图区中的图形。

8. ViewCube

如图 1-17 所示，利用该工具可以方便地将视图按不同的方位显示。AutoCAD 2013 默认打开 ViewCube，但对于二维绘图而言，此功能作用不大。

四、退出 AutoCAD

当需要结束 AutoCAD 2013 时，必须退出程序。调用命令方式如下：

➤ 菜单命令：〖菜单浏览器〗→【退出 AutoCAD 2013】。

➤ 标题栏：关闭 ✖。

➤ 键盘命令：EXIT 或 QUIT

如果用户对图形所作修改尚未保存，则弹出如图 1-18 所示的对话框，提示用户保存文件。如果当前图形文件以前从未保存过，则单击［是］后，AutoCAD 2013 将弹出"图形另存为"对话框（详见模块二的任务一）。

图 1-17 ViewCube 工具

图 1-18 退出 AutoCAD 2013 时的警告对话框

如果图形文件以前曾经保存过，直接单击［是］，AutoCAD 2013 将以原文件名和路径保存文件，然后退出。单击［否］，不保存退出。单击［取消］，取消该对话框，重新回到 AutoCAD 2013 程序界面。

 操作提示

标题栏上的"关闭"与图 1-19 所示绘图区的"关闭"作用是不一样的，标题栏上的

关闭整个AutoCAD程序

仅关闭当前文件

图 1-19 不同位置的"关闭"按钮

"关闭"是关闭当前所有打开的文件并退出程序；绘图区的"关闭"仅将当前打开的文件关闭，AutoCAD 2013 仍处于打开状态。

任务二 AutoCAD 命令的使用

AutoCAD 2013 属于人机交互式软件，在绘图或进行其他操作时，首先要向系统发出命令，告诉 AutoCAD 2013 需要进行什么操作。AutoCAD 2013 提供了多种方式以完成用户需要的各种操作，满足用户在各种场合下的需求，对于有的命令还需要用户设定参数才能完成对应的操作。

一、调用命令

在 AutoCAD 2013 中可使用以下 4 种方式调用命令。

1. 功能区

用户通过功能区上的按钮可快捷地调用各种命令。

例如，在如图 1-11 所示的功能区中单击◀常用▶→《绘图》→〖直线〗 ╱ 即可调用"直线"命令。

2. 工具栏

在 "AutoCAD 经典" 工作空间中设置了工具栏，工具栏上的图标将常用命令以直观的方式显示出来，在工具栏中单击图标按钮，即可调用命令。例如，单击如图 1-20 所示的〖绘图〗→〖直线〗 ╱ ，即可调用"直线"命令。

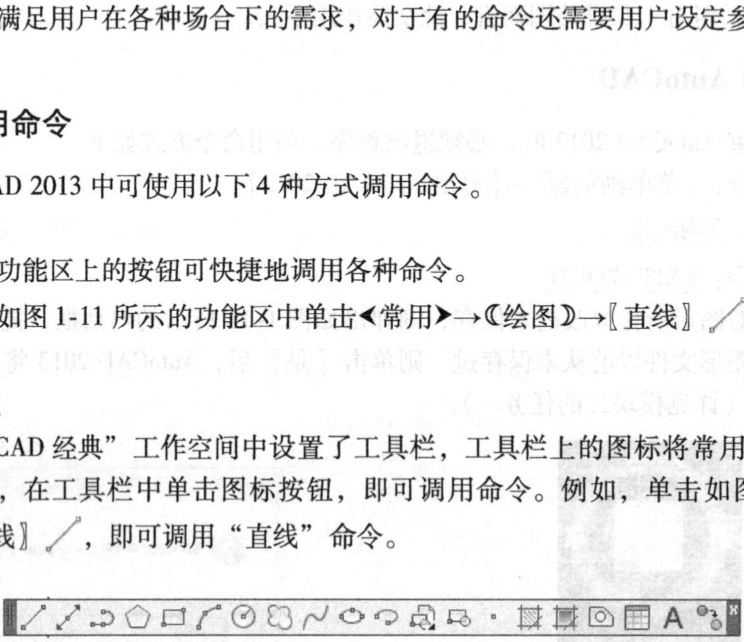

图 1-20 "绘图"工具栏

3. 命令行

当命令行窗口中出现命令提示符"键入命令:"时，输入命令名（或命令别名）并按 ENTER 键或空格键确定即可调用对应的命令。

例如，在命令行窗口中键入命令 LINE 或命令别名 L，按 ENTER 键或空格键确定即可调用"直线"命令。

使用该方式需要用户记忆操作命令或命令别名，但这种方式是在 AutoCAD 2013 中进行快速操作的有效途径。

操作提示

AutoCAD 2013 不能识别全角的字母、数字和符号，用户在输入命令时不能输入全角的字母、数字和符号，此时最好将中文输入法关闭。

4. 菜单

在 "AutoCAD 经典" 工作空间中，单击需要的菜单命令，即可调用对应的命令。

例如，单击如图 1-10 所示的菜单【绘图】→【直线】即可调用"直线"命令。

经验之谈

为有效地提高操作速度，用户可记住一些常用的快捷键。例如，CTRL 键 + L 可绘制直线，CTRL 键 + Z 可放弃刚执行的命令等。

二、响应命令

为完成需要的操作，用户在调用命令后，需通过输入点的坐标、选择对象或选择有关选项来响应命令。

1. 在命令行操作

在命令行操作是 AutoCAD 传统的操作方法。在调用某个命令后，根据命令行的提示，通过键盘输入坐标或有关参数后再按ENTER 键或空格键确认即可执行有关的操作。

2. 在绘图区操作

用户通过在绘图区选择对象或使用鼠标在绘图区单击以拾取点来响应命令。

3. 动态输入栏

从 AutoCAD 2006 开始，AutoCAD 新增了动态输入功能，用户可直接在光标所在位置调用命令、读取提示和输入值，以使用户更方便地响应命令。

单击状态行上的〖动态输入〗可打开或关闭动态输入功能，当打开动态输入功能时，在光标附近将显示"动态输入"工具栏。用户可在创建或编辑几何图形时动态查看标注值，如长度和角度，通过TAB 键可在这些值之间切换，以输入对应的参数。

三、放弃与重做

1. 放弃

"放弃"命令允许用户从最后一个命令开始，逐一取消已经执行了的命令。调用命令的方式如下：

➤ 菜单命令：【编辑】→【放弃】（"AutoCAD 经典"工作空间）

➤ 工具栏：〖快速访问〗→〖放弃〗

  〖标准〗→〖放弃〗 （"AutoCAD 经典"工作空间）

➤ 键盘命令：UNDO 或U

➤ 快捷键：CTRL 键 + Z

2. 重做

"重做"命令可以恢复因执行"放弃"命令而放弃的操作。调用命令的方式如下：

➤ 菜单命令：【编辑】→【重做】（"AutoCAD 经典"工作空间）

➤ 工具栏：〖快速访问〗→〖重做〗

  〖标准〗→〖重做〗 （"AutoCAD 经典"工作空间）

➤ 键盘命令：REDO

➤ 快捷键：CTRL 键 + Y

四、中止命令

"中止"命令即中断正在执行的命令，回到等待命令状态。调用命令的方式如下：

➤ 键盘命令：ESC 键

➤ 鼠标操作：右击→【取消】。

五、重复命令

重复命令即将刚执行完的命令再次调用。例如，要绘制几个矩形，在调用"矩形"命令画完一个矩形后按ENTER 键即可再次调用"矩形"命令。使用该方式能快速调用刚执行完的命令，因此可以提高操作速度。调用命令的方式如下：

➤ 键盘命令：ENTER 键。

➤ 鼠标操作：右击→【重复××】（××代表命令名）。

延伸操练

1. 分别使用快捷图标和程序菜单启动 AutoCAD 2013。

2. 熟悉 AutoCAD 2013 的程序界面，掌握 AutoCAD 2013 程序界面各组成部分的名称及作用。

3. 利用快速访问工具栏和状态栏，在不同工作空间之间进行切换。

4. 切换功能区的不同表现形式，熟悉其操作方法。

5. 练习打开、关闭各工具栏，以及调整工具栏的位置等操作。

6. 使用各种方法绘制任意直线，熟练掌握其方法。

模块一

模块二

AutoCAD 2013 的基本操作

学习目标

1. 掌握 AutoCAD 2013 图形文件的管理。
2. 掌握 AutoCAD 2013 绘图环境的基本设置。

 要点预览

要使用好一种软件，首先要掌握一些基本的操作方法，在这个基础上才能进一步去熟悉和掌握更多的功能。本模块的主要内容如下：AutoCAD 2013 图形文件的管理；AutoCAD 2013 的绘图单位、绘图环境、绘图界限及图层等的基本设置。

任务一 图形文件的管理

为方便对用户绘制的图形进行管理，AutoCAD 2013 将其作为一个文件来进行管理和使用。AutoCAD 2013 的图形文件与 Windows 中其他应用程序的文件管理方法基本相同，包括新建、打开、保存和另存为等。

一、新建

"新建"命令可创建一个新的图形文件。调用命令的方式如下：

➤ 菜单命令：〖菜单浏览器〗→【新建】→【图形】

　　　　　　【文件】→【新建】（"AutoCAD 经典"工作空间）

➤ 工具栏：〖快速访问〗→〖新建〗🗋

　　　　　　〖标准〗→〖新建〗🗋（"AutoCAD 经典"工作空间）

➤ 键盘命令：NEW 或 QNEW

调用"新建"命令后，弹出如图 2-1 所示"选择样板"对话框。在该对话框中给出的样板文件名称列表框中选择某个样板文件后双击，即可以相应的样板文件创建新的图形文件。

样板文件是扩展名为 .dwt 的 AutoCAD 文件，样板文件中包含了图形的所有设置，包括图层、标注样式、文字样式等，因此用户可通过样板文件来新建图形文件，以避免重复设置，同时还可规范图形文件。

如果用户有自行设置的样板文件，可在"查找范围"下拉列表中选择相应路径以进行选取。如果用户没有自定义的样板文件，可直接选择"acadiso"。

 经验之谈

在上述操作中，用户也可先选择需要的样板文件，然后再单击〖打开〗，以新建文件。但显而易见，直接双击对应的样板文件的效率要高得多。

二、打开

"打开"命令可将已经存在的图形文件调入内存以进行操作。调用命令的方式如下：

图 2-1 "选择样板"对话框

➢ 菜单命令：〖菜单浏览器〗→【打开】→【图形】

   【文件】→【打开】（"AutoCAD 经典"工作空间）

➢ 工具栏：〖快速访问〗→〖打开〗

   〖标准〗→〖打开〗 （"AutoCAD 经典"工作空间）

➢ 键盘命令：OPEN。

调用"打开"命令后，弹出如图 2-2 所示"选择文件"对话框。用户可根据已有图形文件的保存位置选择相应路径，找到需要的图形文件后双击即可打开。为方便用户了解所选图形文件的内容，"选择文件"对话框中提供了"预览"功能。

图 2-2 "选择文件"对话框

操作提示

　　AutoCAD 默认的保存路径为"我的文档",但为便于操作和管理,建议用户将图形文件保存在指定位置的专用文件夹中。

三、保存

　　"保存"命令可将当前的图形文件数据从内存保存到外部存储器的指定位置,以保证数据的安全并便于以后再次使用。调用命令的方式如下:

➤ 菜单命令:〖菜单浏览器〗→【保存】

　　　　　　【文件】→【保存】("AutoCAD 经典"工作空间)

➤ 工具栏:〖快速访问〗→〖保存〗 💾

　　　　　〖标准〗→〖保存〗 💾 ("AutoCAD 经典"工作空间)

➤ 键盘命令:QSAVE

➤ 快捷键:CTRL 键 + S

　　调用"保存"命令后,弹出如图 2-3 所示"图形另存为"对话框。用户可在"保存于"下拉列表中指定文件保存的路径。文件名既可以用默认的 Drawing*n*. dwg 的形式,也可由用户自行指定。如果当前的图形文件曾经保存过,则系统将直接使用当前的图形文件名保存在原指定的路径下,不需要用户再进行选择。

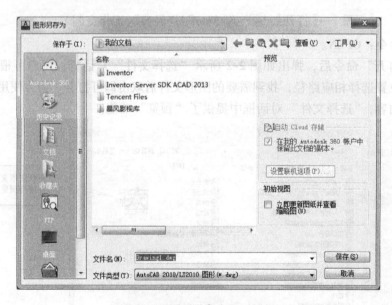

图 2-3 "图形另存为"对话框

　　一般高版本的软件会增加一些低版本所没有的功能,所以用低版本的软件通常无法打开使用高版本软件所创建的文件。如果用户的图形文件需要在低版本中使用,则可在"文件类型"下拉列表中进行选择,如图 2-4 所示。如果用户希望将当前的图形文件保存为样板文件,也可在此处进行选择。为方便在新建图形文件时选取用户自行设置的样板文件,建议将其保存到系统用于保存样板文件的默认文件夹 Template 中。

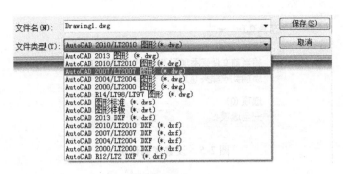

图 2-4 选择保存文件的类型

 经验之谈

AutoCAD 2013 允许用户使用汉字命名文件，为方便使用和管理，在给图形文件命名时最好做到"见名知意"。

按需要将各参数设置完毕后，单击〖保存〗即可将当前图形文件按用户设定的文件名、文件类型及路径进行保存。

 操作提示

为简洁起见，本书后述的各项操作中均只在最后步骤列出了"保存图形文件"，但为避免因断电或死机造成数据的丢失，强烈建议用户在新建图形文件后即设置好保存参数，并在绘图过程中经常保存。

四、另存为

"另存为"命令可对已经保存过的当前图形文件的文件名、保存路径、文件类型等进行修改。调用命令的方式如下：

> 菜单命令：〖菜单浏览器〗→【另存为】→【图形】
> 　　　　　　【文件】→【另存为】（"AutoCAD 经典"工作空间）

> 工具栏：〖快速访问〗→〖另存为〗

> 键盘命令：SAVEAS 或 SAVE

执行"另存为"命令后，弹出如图 2-3 所示"图形另存为"对话框，各项设置方法如前所述。

五、密码保护

从 AutoCAD 2004 开始，AutoCAD 软件增加了图形文件密码保护的功能，可以对图形文件进行加密保护，对于一些需要保护商业机密的用户而言，这是一个很实用的功能。

在如图 2-3 所示的"图形另存为"对话框中，单击［工具］→在如图 2-5 所示的下拉菜单中选择【安全选项】→弹出如图 2-6 所示对话框，在｛密码｝的"用于打开此图形的密码或短语"文本框中输入密码→［确定］。为避免用户无意之中输错密码，AutoCAD 2013 弹出"确认密码"对话框，用户必须将密码再输入一次，当两次密码完全一样时返回到"图形另

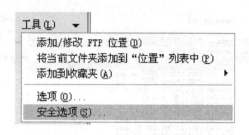

图 2-5　设置密码保护

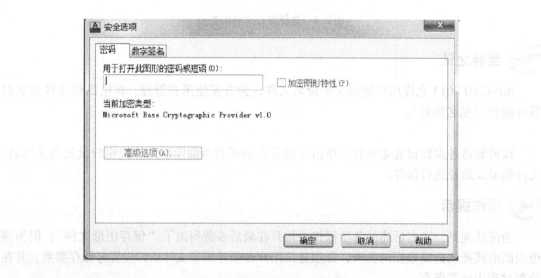

图 2-6　"安全选项"对话框

存为"对话框，单击〖保存〗即可。下次打开该图形文件时，AutoCAD 2013 将弹出一个对话框，要求用户输入密码，否则将无法打开该文件。

任务二　AutoCAD 环境的基本设置

为规范绘图过程，提高绘图的效率，用户在使用 AutoCAD 2013 时需要对其进行一些设置，其中最基本的设置包括绘图单位、绘图环境、图形界限、图层等内容。

一、绘图单位

在 AutoCAD 2013 中的图形都是以真实比例进行绘制的，因此，无论是在确定图形之间的缩放和标注比例，还是在最终打印出图都需要对图形单位进行设置。AutoCAD 2013 提供了适合不同专业的绘图单位，如 mm、m 等。除了公制单位外，还有 in（英寸）、ft（英尺）等英制单位。

在图形文件中，用户可根据需要来设置图形单位。调用命令的方式如下：

➢ 菜单命令：《菜单浏览器》→【图形实用工具】→【单位】

　　　　　　　【格式】→【单位】（"AutoCAD 经典"工作空间）

➢ 键盘命令：UNITS 或 UN

调用该命令后弹出如图 2-7 所示的"图形单位"对话框，可对长度和角度的类型及精度、插入时的缩放单位等参数进行设置。

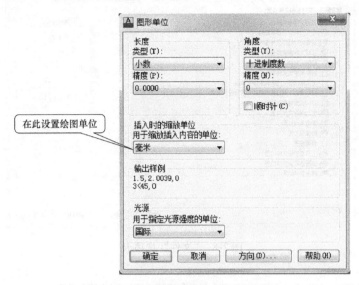

图 2-7   "图形单位"对话框

二、绘图环境

当用户安装了 AutoCAD 2013 后即可在默认状态下绘制图形，但为了提高绘图效率以及满足用户使用领域的其他特殊要求，需要对绘图环境及系统参数做一些必要的设置。调用命令的方式如下：

➤ 菜单命令：〖菜单浏览器〗→[选项]

　　　　　　【工具】→【选项】（"AutoCAD 经典"工作空间）

➤ 键盘命令：OPTIONS

➤ 鼠标操作：绘图区右击→【选项】

"选项"对话框包括｛文件｝、｛显示｝、｛打开和保存｝、｛打印和发布｝、｛系统｝、｛用户系统配置｝、｛绘图｝、｛三维建模｝、｛选择集｝、｛配置｝、｛联机｝11 个选项卡，下面简要介绍其中的 6 个选项卡，其他的选项卡用户可在涉及相关内容时再进行设置。

1. 文件

"文件"选项卡如图 2-8 所示。在此用户可对搜索路径、文件名和文件位置等项目进行设置。

2. 显示

"显示"选项卡如图 2-9 所示。在此用户可对 AutoCAD 2013 绘图区的背景颜色、显示精度、十字光标大小等项目进行设置。模块一的任务一中将绘图区的背景颜色设置为白色即是在此选项卡中进行操作的。

3. 打开和保存

"打开和保存"选项卡如图 2-10 所示。在此用户可对文件打开、保存特性等项目进行设置，还可对文件的自动保存时间间隔进行设置。

图 2-8 "文件"选项卡

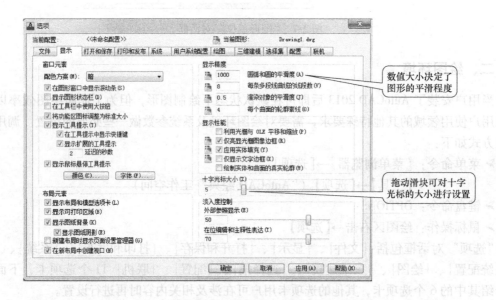

数值大小决定了图形的平滑程度

拖动滑块可对十字光标的大小进行设置

图 2-9 "显示"选项卡

4. 用户系统配置

"用户系统配置"选项卡如图 2-11 所示。在此用户可对 AutoCAD 2013 的系统操作进行相关设置。单击［自定义右键单击］，弹出图 2-12 所示对话框，用户可根据自己的操作习惯进行设置。

5. 绘图

"绘图"选项卡如图 2-13 所示。在此用户可对绘图时的捕捉参数等项目进行设置。

6. 选择集

"选择集"选项卡如图 2-14 所示。在此用户可对拾取框大小、夹点尺寸等项目进行设置。

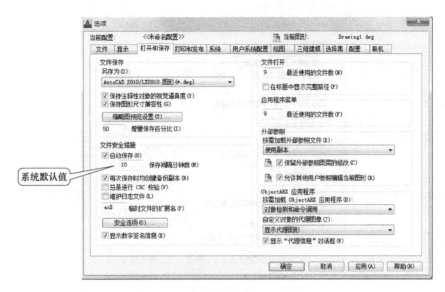

图 2-10 "打开和保存"选项卡

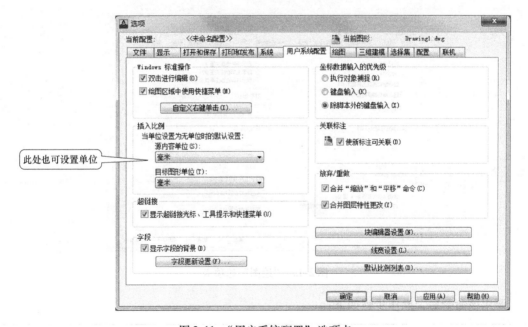

图 2-11 "用户系统配置"选项卡

三、图形界限

AutoCAD 2013 的绘图区是无限大的，但如果要将绘制的图形打印到纸上，则必须指定图纸的大小。用户可根据绘制图形的尺寸和比例在绘图区中设置一个假想的矩形区域，此即图形界限，如图 2-15 所示。

"图形界限"命令可以进行图形界限的设置。调用命令方式如下：

➢ 菜单命令：【格式】→【图形界限】（"AutoCAD 经典"工作空间）

➢ 键盘命令：LIMITS

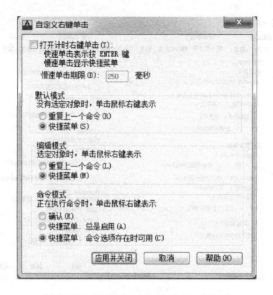

图 2-12 "自定义右键单击"对话框

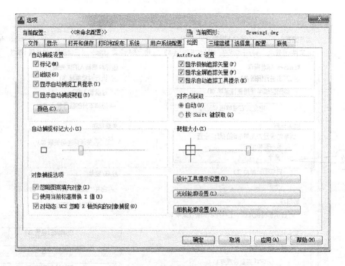

图 2-13 "绘图"选项卡

调用该命令后，操作步骤如下：

命令：'_limits	//调用"图形界限"命令
重新设置模型空间界限：	//系统提示
指定左下角点或 [开(ON)/关(OFF)] <0.0000,0.0000>：✓	
	//指定图形界限的左下角，此处回车接受默认值
指定右上角点 <420.0000,297.0000>：✓	//指定图形界限的右上角，此处回车接受默认值，用户也可自行设置

模块二

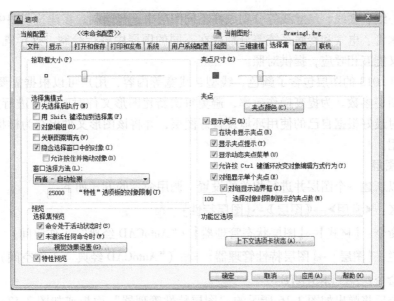

图 2-14 "选择集"选项卡

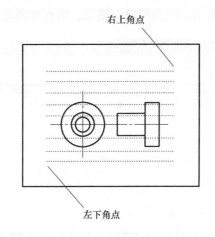

图 2-15 图形界限

　　用户可自行设置图形界限的尺寸，不过为了规范起见，建议尽量采用标准数值。常用图纸尺寸可按表 2-1 所列的数值进行设置。

表 2-1 基本图纸幅面 （单位：mm）

幅面代号	A0	A1	A2	A3	A4
尺寸 $B \times L$	841×1189	594×841	420×594	297×420	210×297

四、图层

　　可将 AutoCAD 2013 的图层理解为一张透明的纸，用户在绘制图形时可以任意选择其中的某个图层进行操作，而不会受到其他图层上图形的影响。用户还可根据需要，将某个图层显示出来以方便定位，也可将某个图层隐藏起来，以避免干扰。例如，在机械制图中，可将轮廓线、中心线、虚线、尺寸线等分别放在不同图层中进行绘制；在建筑制图中，可以将基础、楼层、水管、电气和冷暖系统等分别放在不同的图层中进行绘制。这样既可彼此独立，互不干扰，又能互相呼应，提供对照。

AutoCAD 2013 的图层包含了颜色、线型、线宽等内容，用户可以根据需要自行设置不同的图层及图层参数。为提高操作效率，避免每次新建图形文件时对图层进行重复的设置，用户在使用时最好根据自己的使用环境设置好图层，并将该图形文件保存为样板文件，以方便以后的使用。

1. 新建图层

用户可以新建一个图层并进行相关的设置。调用命令的方式如下：

➢ 功能区：◄常用▶→〖图层〗→【图层特性】

➢ 菜单命令：【格式】→【图层状态管理器】（"AutoCAD 经典"工作空间）

➢ 工具栏：〖图层〗→〖图层特性管理器〗（"AutoCAD 经典"工作空间）

➢ 键盘命令：LAYERSTATE

调用命令后将弹出如图 2-16 所示的"图层特性管理器"面板或如图 2-17a 所示的"图层状态管理器"对话框，在"图层状态管理器"对话框中单击右下角的箭头，可展开该对话框，展开内容如图 2-17b 所示，因当前没有图层，所有选项均为灰色不可用状态。

模块二

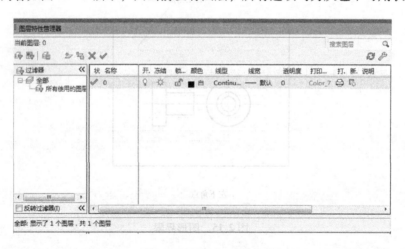

图 2-16 "图层特性管理器"面板

下面以"图层特性管理器"面板为例介绍新建图层的方法。单击 [新建图层]，创建一个图层，为便于管理和选择，可对 AutoCAD 2013 提供的默认图层名进行重命名。通常情况下可按表 2-2 所列内容进行图层各项内容的设置。表中没有给出线条的颜色，用户可根据自己的喜好进行设置。

（1）图层的属性

1）设置颜色。如图 2-18 所示，在对话框中单击新建图层的 [颜色]，即可对该图层线条的颜色进行设置。

2）设置线宽。如图 2-18 所示，在对话框中单击新建图层的 [线宽]，即可对该图层线条的线宽进行设置。

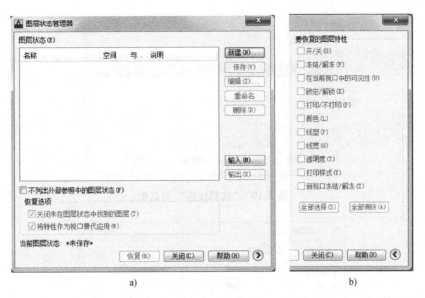

图 2-17 "图层状态管理器"对话框

表 2-2 图层的设置内容

图层名称	线条样式	线型	线宽	用途
粗实线	粗实线	Continuous	0.3mm	可见轮廓线
细实线	细实线	Continuous	默认	波浪线、剖面线等
点画线	点画线	Center	默认	对称中心线、轴线
虚线	虚线	Dashed	默认	不可见轮廓线、不可见过渡线
双点画线	双点画线	Phantom	默认	假想线
尺寸线	细实线	Continuous	默认	尺寸线和尺寸界线
文字	细实线	Continuous	默认	文字

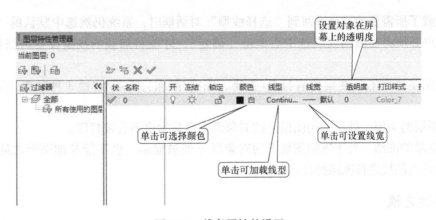

图 2-18 线条属性的设置

3）设置线型。如图 2-18 所示，在对话框中单击新建图层的［线型］，弹出如图 2-19 所示的"选择线型"对话框，系统默认只提供"Continuous"一种线型，对于中心线和虚线等线型，可按表 2-2 所列加载其他线型。单击［加载］，在弹出如图 2-20 所示的"加载或

图 2-19 "选择线型"对话框

图 2-20 "加载或重载线型"对话框

重载线型"对话框中选中需要的线型→[确定]→回到"选择线型"对话框，选定需要的线型→[确定]，即可对该图层需要的线型进行加载。

 操作提示

在加载了所需要的线型返回到"选择线型"对话框时，系统仍然选中默认的"Continuous"，用户必须将加载的线型选中后单击[确定]，才能将加载的线型设置为当前图层的线型。

（2）图层的状态　图层共有打开/关闭、冻结/解冻、锁定/解锁 3 种状态，如图 2-21 所示。

1）图层的关闭。处于关闭图层上的对象既不会显示也不会被打印。

2）图层的冻结。处于冻结图层上的对象既不能被显示，也不能参加图形之间的运算。用户不能对当前层进行冻结操作。

 经验之谈

从可见性来说，冻结的图层与关闭的图层是相同的，但前者不参加运算，后者则要参加运算，所以在复杂的图形中冻结不需要的图层可以加快系统运行速度。

3）图层的锁定。处于锁定图层上的对象既能显示出来，也能被选择，但不能对该图层上的对象进行修改。因此可将锁定图层上的对象理解为具有"只读"属性。

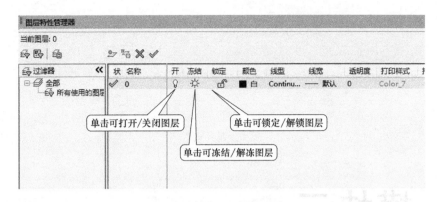

图 2-21　图层状态的设置

2. 设置当前图层

用户可根据需要创建多个图层，但具体操作时只能在其中某个图层上进行，这个图层称为当前图层。要将某个图层设置为当前图层，可在选择该图层后单击如图 2-22 所示对话框上的［置为当前］ ✔ 。

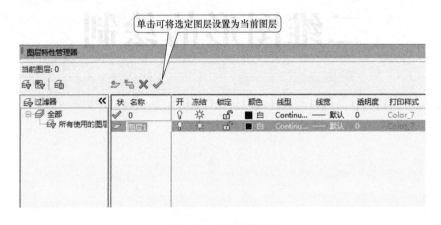

图 2-22　设置当前图层

延伸操练

1. 在 AutoCAD 2013 中新建一个图形文件，将其保存在新建的 "E:\AutoCAD 2013 操作\CAD 练习" 文件夹中，并命名为 "文件保存练习"。

2. 将题 1 的文件以 "另存为练习" 为文件名保存在新建的 "D:\AutoCAD 2013 操作\CAD 练习" 文件夹中。

3. 新建一个图形文件，保存路径为 "E:\AutoCAD 2013 操作\CAD 练习"，文件名为 "密码保护练习"，密码为 "AutoCAD 2013"。保存后再重新打开。

4. 按表 2-1 所列的图纸幅面进行图形界限的设置，并以幅面代号为文件名分别保存在 "E:\AutoCAD 2013 操作\CAD 练习" 中。

模块二

模块三

二维图形的绘制

学习目标

1. 掌握 AutoCAD 2013 中，图形缩放和平移方法。
2. 掌握 AutoCAD 2013 中，点的输入方法。
3. 掌握 AutoCAD 2013 中，选择对象的方法。
4. 掌握 AutoCAD 2013 中，二维图形的绘制和编辑方法。
5. 掌握 AutoCAD 2013 中，精确快速绘图的方法。
6. 掌握 AutoCAD 2013 中，夹点模式的相关内容。
7. 掌握 AutoCAD 2013 中，面域和布尔运算的操作方法。

 要点预览

图形是表达和交流技术思想的工具，随着 CAD（Computer Aided Design，计算机辅助设计）技术的飞速发展和普及，越来越多的工程设计人员开始使用计算机软件绘制各种图形，从而解决了传统手工绘图中存在的效率低、绘图准确度差及劳动强度大等缺点。AutoCAD 作为当今世界上最为流行的计算机辅助设计软件，二维图形的绘制是其强项。本模块的主要内容是利用 AutoCAD 2013 提供的丰富的处理功能完成各种二维图形的绘制及编辑。

任务一 简单直线图形的绘制

 任务分析

如图 3-1 所示的图形比较简单，由水平线、竖直线、斜线组成，调用"直线"、"正交"、"对象捕捉"、"对象追踪"等命令可完成该图形的绘制（图中的字母和尺寸标注为绘图提示，现阶段不要求绘制，本模块其他任务要求相同）。

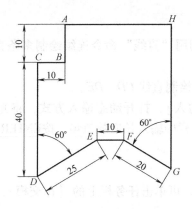

图 3-1 简单直线图形

 **任务实施**

第 1 步 分析图形，确定绘制方法及步骤。

在 AutoCAD 2013 中只要确定两个点，即可绘制出直线。因此只要将 A 至 H 各个点的位置确定，即可绘制出图形。通过分析，尺寸标注主要集中在左边和下方，因此从点 A 开始按逆时针方向进行绘制可以利用已知尺寸，将整个图形绘制出来。

 经验之谈

在绘制图形特别是复杂图形时，首先应对图形进行分析，了解各部分之间的关系，分析已知量和未知量，从而确定绘制方法及步骤。

第 2 步 从点 A 开始沿逆时针方向使用绝对直角坐标绘制直线 AB。

单击《常用》→《绘图》→〖直线〗✏️，指定直线第一点，即起点 A 的坐标为<u>50，50</u>（当然也可指定为其他数值），按<u>ENTER</u> 键确认；指定直线第二点，即终点 B 的坐标为<u>50，40</u>，按<u>ENTER</u> 键确认，直线 AB 绘制完成。

 经验之谈

在绘制直线时，为便于利用坐标确定点，避免干扰，此时可将状态栏上的"动态输入"状态关闭。

 操作提示

如果用户设置了较粗的线宽，但画出的线条宽度与较细的线条没有区别，是因为当前"显示线宽"没有起作用，单击状态栏上的〖显示/隐藏线宽〗即可。

第 3 步 使用相对直角坐标绘制直线 BC。

在 AutoCAD 2013 中，"直线"命令可以自动重复，即将上一条直线的终点作为下一条直线的起点，所以在绘制完直线 AB 接着绘制直线 BC 时，自动将起点定为点 B，只需直接确定其终点 C 即可。输入<u>@ − 10，0</u>，按<u>ENTER</u> 键确认，即输入终点 C 相对于起点 B 直角坐标的变化值，绘制出直线 BC。

 操作提示

虽然在 AutoCAD 中可以调用"直线"命令连续绘制多条直线，但每一条直线都是彼此独立的。

第 4 步 使用动态工具栏绘制直线 CD、DE。

单击状态栏上的〖动态输入〗，打开动态输入方式，将光标向下移动，当角度显示为 270°时，在"动态输入"工具栏中输入长度数值<u>40</u>，按<u>ENTER</u> 键确认，绘制直线 CD。

 经验之谈

为使直线 CD 更容易绘制，可单击任务栏上的〖正交模式〗，使直线只能沿着横平竖直的方向移动。

DE 是倾斜线，此时应将正交状态关闭。向右上方移动光标，当角度显示为 30°时，在"动态输入"工具栏中输入长度 25，按<u>ENTER</u> 键确认，完成 DE 的绘制。

第 5 步 使用相对极坐标绘制直线 EF、FG。

输入<u>@ 10 ＜0</u>，按<u>ENTER</u> 键确认，绘制直线 EF。输入<u>@ 20 ＜ − 30</u>，按<u>ENTER</u> 键确认，

模块三

绘制直线 FG。

第 6 步 使用"对象追踪"功能确定点 H 的水平位置。

因为 GH 是竖直线，为提高绘图效率，可将正交状态重新打开。将光标移到点 A 上，待出现绿色方框，即拾取框后再向右移动，此时屏幕上出现的水平虚线即点 A 的高度位置，由于在正交状态下只能绘制水平线或竖直线，因此只需将光标稍向右移，在该水平虚线没有消失的前提下单击即可快速地绘制出直线 GH。

第 7 步 将光标移到点 A 附近，当出现拾取框时，单击捕捉点 A 即可绘制直线 HA。

第 8 步 保存图形文件。

 知识链接

一、直线

"直线"命令可以绘制直线，该命令可自动重复，直至用户取消。调用命令的方式在模块一中已经作过介绍，此处汇总如下：

> 功能区：◂常用▸→《绘图》→〖直线〗 ╱

> 菜单命令：【绘图】→【直线】（"AutoCAD 经典"工作空间）

> 工具栏：〖绘图〗→〖直线〗 ╱（"AutoCAD 经典"工作空间）

> 键盘命令：LINE 或 L

AutoCAD 2013 的直线其实是几何意义上的线段，因此只要给出两个端点即可完成直线的绘制。

二、点的输入

在 AutoCAD 2013 中，点的输入既可使用鼠标拾取，也可通过键盘输入。在任务实施中已有所应用，归纳如下：

1. 直接拾取

直接拾取即通过鼠标在绘图区单击以拾取点，如图 3-2 所示。这种输入点的方法非常方便快捷，但不能用来精确定点。在实际应用中，一般借助

图 3-2 鼠标直接拾取点

"对象捕捉"功能来拾取某些特殊点，任务实施中的第 7 步即是利用此方法快速精确地捕捉到直线 AB 的端点 A。

2. 输入坐标

使用键盘输入点坐标时有如下 4 种方法：

（1）绝对直角坐标 通过输入 X，Y，Z 的坐标值来指定点的位置，输入的坐标值表示该点相对于当前坐标原点的坐标值。在绘制平面图形时，Z 坐标默认为 0，可以省略。

比如输入 10,6，表示当前点的 X，Y 坐标值分别为 10mm 和 6mm。

（2）相对直角坐标 相对直角坐标用该点相对于上一点的直角坐标值的增量来确定点的位置。为与绝对坐标值区别，输入 X，Y 增量时，其前必须加"@"，其格式为"@X，Y"。

例如，输入 @10,8，表示指定点的 X，Y 坐标值分别相对于上一点增加了 10mm 和 8mm。

如图 3-3 所示，点 O 是坐标原点，点 A 的绝对坐标为（20,20），点 B 的绝对坐标为（20,35），点 C 的绝对坐标为（40,35），点 A 相对于坐标原点的相对坐标为@20，20，点 B 相对于点 A 的相对坐标为@0，15，点 C 相对于点 B 的相对坐标为@20,0。

（3）绝对极坐标 绝对极坐标用"长度<角度"的形式来表示。其中，"长度"是指该点与坐标原点的距离，"角度"是指该点与坐标原点的连线和 X 轴正向之间的夹角，逆时针方向为正，顺时针方向为负。

（4）相对极坐标 相对极坐标用该点相对于上一点的距离、与上一点的连线和 X 轴正向之间的夹角来指定点的位置，其格式为"@长度<角度"。

如图 3-4 所示，点 A 的绝对极坐标是"20 < −30"，点 B 的绝对极坐标是"15 <75"，点 C 相对点 B 的相对极坐标为"@20 <20"，点 B 相对于点 C 的相对极坐标为@"20 < −160"。

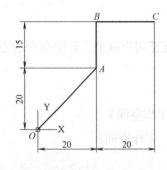

图 3-3　直角坐标

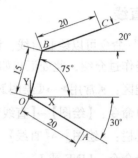

图 3-4　极坐标

三、对象捕捉

"对象捕捉"可以使用拾取框很方便地捕捉一些特殊点，以提高绘图的精度和效率。对象捕捉是一种特殊的点的输入方法，只有在调用某个命令需要指定点时才能使用，不能单独操作。

1. "捕捉对象"的设置

（1）弹出菜单　右击状态栏上的〖对象捕捉〗，在弹出菜单中根据需要对捕捉对象进行选择。捕捉对象名称前的小图标上若有方框，表示已被选中，如图 3-5 所示的第 1、3 等项；否则表示未被选中，如图 3-5 所示的第 2、4 等项。在对应图标上单击即可对两种状态进行切换。每个小图标都很形象，便于用户在捕捉对象时进行识别。

（2）对话框　右击状态栏上的〖对象捕捉〗→【设置】，"对象捕捉"选项卡中对象捕捉模式前的复选框内有对钩，表示被选中，否则表示未被选中，如图 3-6 所示。

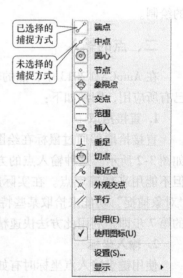

图 3-5　"捕捉对象"的弹出菜单

"对象捕捉"为透明命令，可在进行其他操作期间进行设置。

在"草图设置"对话框中，AutoCAD 2013 新增了"三维对象捕捉"和"选择循环"两个选项卡，用户可在进行相关内容操作时再具体了解，此处不再赘述。

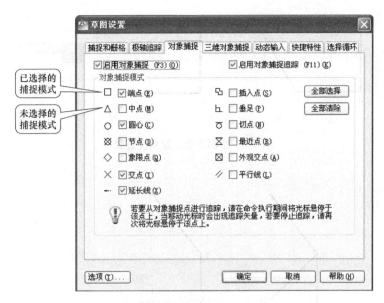

图 3-6　"对象捕捉"的设置

经验之谈

对象捕捉模式选择的数量并非多多益善，一般情况下只需打开端点、中点、圆心、交点几种常用模式即可，其他的模式可在需要时再打开，以免捕捉时对象互相干扰。

2. 拾取框的设置

任务实施的第 6 步、第 7 步中，当光标移动至点 A 附近时，出现的绿色小方框即为拾取框。用户可使用 {选择集} 对拾取框的大小进行设置，拖动滑块即可改变其大小，如图 2-14所示。

四、对象追踪

"对象追踪"是一种捕捉工具，使用该工具可按照指定的角度或与其他对象的特定关系来绘制对象。由于可以沿预先指定的追踪方向精确定位，因此在精确绘图时可作为一种辅助工具进行定位。

要使用"对象追踪"功能必须保证状态栏中的"对象捕捉"和"对象追踪"两项功能处于打开状态。在执行一个绘图命令后，将十字光标移动到一个对象的捕捉点处作为临时获取点，但此时不能单击，当显示出捕捉点标识之后，停留片刻即可获取该点。在获取点后，移动鼠标将显示相对于获取点的水平、垂直或极轴对齐的追踪线。

如图 3-7a 所示，直线 CD 与水平方向的夹角是 60°，且点 D 与点 A 在水平方向上平齐，在确定点 D 时，将光标移到点 A 上，停留片刻后向右移动，即出现如图 3-7b 所示的追踪线，当夹角显示为 60°时单击，即可确定点 D 的位置，绘制出直线 CD。

如图 3-8a 所示，直线 BD 上点的 D 与点 C 在竖直方向上对齐，与直线 AB 的中点在水平方向上对齐，在确定点 D 时，将光标移到点 C 上，停留片刻后向下移动，此时出现一条竖直追踪线，接着将光标移到直线 AB 上，捕捉到直线 AB 的中点后向右移动，此时出现一条

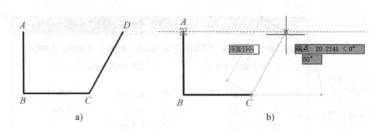

图 3-7　绘制定点、定角度直线

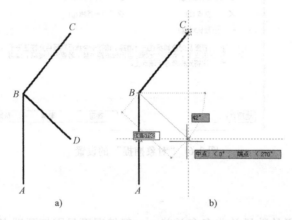

图 3-8　绘制指定直线

水平追踪线，当出现如图 3-8b 所示两条追踪线相交时单击，即可在此位置确定点 *D*，绘制出直线 *BD*。

经验之谈

　　使用"对象追踪"功能可以很方便地捕捉一些特殊的点，灵活地使用"对象追踪"功能可不必借助辅助线即能快速、准确地进行相关图形的绘图工作。

五、正交

　　在"正交"模式下，用户只能绘制平行于 *X* 轴的水平线或平行于 *Y* 轴的竖直线，在进行图形的移动、复制等操作时也只能沿平行于 *X* 轴或平行于 *Y* 轴方向进行。在"正交"模式下，使用输入数值的方法可创建指定长度的正交线或将对象正交移动指定的距离。

　　"正交"为透明命令，可在绘制操作期间随时打开或关闭"正交"状态，如图 3-9 所示。在用户输入坐标或指定对象捕捉时将忽略"正交"状态。如果需要临时打开或关闭"正交"状态，可按住 SHIFT 键，此时不能通过动态输入栏输入数值。

图 3-9　操作期间随时可以切换"正交"状态

六、缩放

　　在 AutoCAD 2013 中，绘图区是没有边界的，利用视窗缩放功能，可使绘图区放大或缩小。因此，无论多大的图形，都可以置于其中，这也正是 AutoCAD 的方便之处。用户可调用"缩放"命令来放大或缩小视图的比例,这样满足了用户既要观察图形中的细部结构,又要了解图形全貌的需求。该命令就像照相机的镜头,可以对观察对象进行缩放,但图形的实际尺寸是不会改变的。调用命令的方式如下:

➤ 功能区:◀视图▶→《二维导航》→〖范围〗 范围·(单击下拉箭头,选择缩放方式,如图 3-10 所示)

➤ 菜单命令:【视图】→【缩放】,如图 3-11 所示("AutoCAD 经典"工作空间)。

➤ 工具栏:〖标准〗→选择相应按钮,如图 3-12 所示("AutoCAD 经典"工作空间);〖缩放〗→选择相应按钮,如图 3-13 所示("AutoCAD 经典"工作空间)。

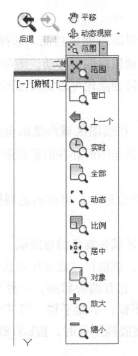

图 3-10 "缩放"下拉列表

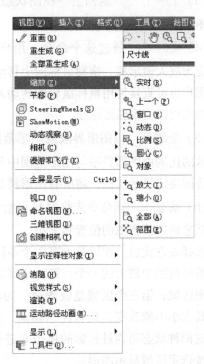

图 3-11 "缩放"菜单

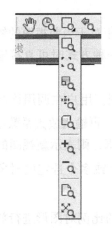

图 3-12 "标准"工具栏的相关按钮

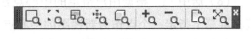

图 3-13 "缩放"工具栏

模块三

➤ 键盘命令：ZOOM 或 Z

以功能区的按钮为例，说明各命令的作用。

（1）范围 对图形进行缩放以将图形全部显示在视窗内，即将图形对象最大限度地充满整个视窗。

（2）窗口 由用户指定一个矩形窗口的两个角点，以确定要观察的区域，这两个点的选取既可通过键盘输入也可使用鼠标拾取。此时窗口的中心变成新的显示中心，窗口内的区域被放大或缩小，以满屏显示。

（3）上一个 返回上一视图状态，连续调用该命令，可逐步后退，依次返回到以前的视图状态。

（4）实时 通过这个命令，用户可以很方便地实现动态缩放功能。选择此方式后，光标变为放大镜形状。拖动鼠标向上移动，图形放大；拖动鼠标向下移动，图形缩小。

用户也可直接使用鼠标滚轮的转动来进行缩放，向上转动滚轮可以实现图形放大，向下转动滚轮可以实现图形缩小。

（5）全部 以图形界限或图形范围的尺寸为依据，在绘图区域内显示全部图形。图形显示的比例由图形界限与图形范围中尺寸较大者决定，即当图形处在图形界限以外时，由图形范围决定显示比例，将所有图形都显示出来。

（6）动态 该命令先临时显示整个图形，同时自动构造一个可移动的视图框，用此视图框来确定新视图的位置和大小。

选择该方式后，在屏幕上有 3 个不同的区域：第一个区域是蓝色的虚线框，显示图形界限和图形范围中较大的一个；第二个区域是绿色的虚线框，该框区域就是使用这一选项之前的视图区域；第三个区域是视图框，为黑色的细实线框，它有两种状态，一种是平移视图框，其大小不能改变，只可任意移动，另一种是缩放视图框，不能平移，但其大小可以调节。这两种状态可通过鼠标的单击来进行切换。移动或缩放视图框时，按ENTER 键确定后即可按选定区域显示图形。

（7）比例 保持图形的中心点位置不变，允许用户输入新的缩放比例对图形进行缩放。

该命令提供了两种选项：一种是数字后加字母 X，表示相对于当前视图的缩放；另一种是数字后加字母 XP，表示相对于图纸空间的缩放。使用第一种方式时可直接输入数字，将字母 X 省略。

（8）居中 根据用户指定的中心点建立一个新的视图。用户在调用该命令时，可直接在屏幕上指定一个点作为新视图的中心点，确定中心点后，再输入放大系数或新视图的高度。如果输入的数值后加字母 X，表示放大系数；未加字母 X，则表示新视图的高度。

（9）对象 该命令用于在缩放时尽可能大地显示一个或多个选定的对象并使其位于绘图区域的中心。

（10）放大 /缩小 选择一次"放大"，将以 2 倍的比例对图形进行放大；选择一次"缩小"，将以 0.5 倍的比例对图形进行缩小。

经验之谈

当用户调用某个绘图命令后没有显示绘图结果时，可调用"全部"方式查看是否因为所绘对象处在视窗之外。

七、平移

由于视窗的大小是有限的，在绘图时，如果图形比较大，必然会有部分内容无法显示。如果想查看处在视窗外的图形，就可以调用平移命令。

图形的平移有以下 3 种方法。

（1）实时平移　调用命令的方式如下：

➤ 功能区：◀视图▶→《二维导航》→【平移】 ✋，如图 3-14 所示

图 3-14　"平移"按钮

➤ 菜单命令：【视图】→【平移】→【实时】（"AutoCAD 经典"工作空间）

➤ 工具栏：〖标准〗→〖实时平移〗 ✋（"AutoCAD 经典"工作空间）

➤ 键盘命令：PAN

调用"实时平移"命令后，光标变成小手的形状，拖动鼠标可将图形沿相应的方向移动。要退出这种状态，可按 ESC 键或 ENTER 键。

用户也可使用按住鼠标滚轮并移动的方法来进行实时平移。

（2）定点平移　调用命令的方式如下：

➤ 菜单命令：【视图】→【平移】→【点】（"AutoCAD 经典"工作空间）

➤ 键盘命令：-PAN

调用该命令后，用户可指定两个点，根据这两个点的方向和距离来确定视图移动的方向和距离。

如果用户只指定第一个点，用空格键或 ENTER 键跳过第二个点的输入，AutoCAD 2013 将视为该点相对于原点的位移并据此进行相应的移动。

（3）指定方向平移　调用命令的方式如下：

➤ 菜单命令：【视图】→【平移】→【左】/【右】/【上】/【下】（"AutoCAD 经典"工作空间）

缩放、平移均为透明命令，方便用户在操作时根据需要调节图形对象的显示情况。

 操作提示

"范围缩放"和"实时平移"在 AutoCAD 中使用较为频繁，因此除了"AutoCAD 经典"外的其他几种工作空间均提供了一个如图 3-15 所示的浮动工具栏，包含了这两个按钮，以方便用户的操作。

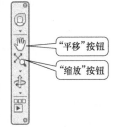

图 3-15　浮动工具栏

任务二　规则直线图形的绘制

 任务分析

如图 3-16 所示的图形比较规则，各线条的尺寸及线条间的距离有规律，调用"栅格""偏移""矩形"等命令可完成该图形的绘制。

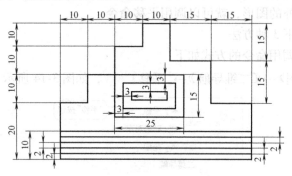

图 3-16　规则直线图形

 任务实施

第 1 步　分析图形，确定绘制方法及步骤。

该图形直接使用任务一中所介绍的直线绘制方法完全可以完成，本任务引入一些新命令，以快速精确地进行绘制。

第 2 步　设置栅格。

右击状态栏上的〖栅格〗→【设置】→在｛捕捉和栅格｝中将"启用捕捉"和"启用栅格"复选框分别选中，将"捕捉间距"和"栅格间距"分别设置为"5"和"10"，如图 3-17 所

图 3-17　"捕捉和栅格"的设置

示，单击［确定］，在绘图区出现的灰色方格即栅格。

第3步 利用"栅格"快速定位，绘制外形。

调用"直线"命令，由于打开了栅格和栅格捕捉，光标只能定位在栅格上，因此能够快速地绘制直线。在此状态下绘制出图形外形，如图3-18所示。

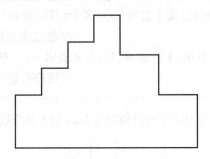

图3-18 使用"栅格"绘制图形

 操作提示

调用"栅格"绘制图形时，可根据需要对"捕捉间距"和"栅格间距"进行设置，利用栅格快速定位，将有规律的部分（不一定局限于直线）快速绘制出来。对于不在栅格上的对象，可将栅格关闭后再进行绘制。

第4步 调用"偏移"命令绘制直线。

单击◀常用▶→《修改》→〖偏移〗 ，操作步骤如下：

命令：_offset //调用"偏移"命令
当前设置：删除源＝否 图层＝源 OFFSETGAPTYPE＝0
指定偏移距离或［通过(T)/删除(E)/图层(L)］＜通过＞：2↙
//输入偏移距离2mm，按ENTER键确定
选择要偏移的对象，或［退出(E)/放弃(U)］＜退出＞：
//选择最下方直线
指定要偏移的那一侧上的点，或［退出(E)/多个(M)/放弃(U)］＜退出＞：
//在选定直线的上方单击
选择要偏移的对象，或［退出(E)/放弃(U)］＜退出＞：
//选择刚偏移的直线
指定要偏移的那一侧上的点，或［退出(E)/多个(M)/放弃(U)］＜退出＞：
//在选定直线的上方单击
选择要偏移的对象，或［退出(E)/放弃(U)］＜退出＞：
//选择刚偏移的直线
指定要偏移的那一侧上的点，或［退出(E)/多个(M)/放弃(U)］＜退出＞：
//在选定直线的上方单击
选择要偏移的对象，或［退出(E)/放弃(U)］＜退出＞：
//选择刚偏移的直线

指定要偏移的那一侧上的点,或［退出(E)/多个(M)/放弃(U)］<退出>:
　　　　　　　　　　　　　　//在选定直线的上方单击

选择要偏移的对象,或［退出(E)/放弃(U)］<退出>:
　　　　　　　　　　　　　　//选择刚偏移的直线

指定要偏移的那一侧上的点,或［退出(E)/多个(M)/放弃(U)］<退出>:
　　　　　　　　　　　　　　//在选定直线的上方单击

选择要偏移的对象,或［退出(E)/放弃(U)］<退出>: * 取消 *
　　　　　　　　　　　　　　//按ESC键退出"偏移"命令

通过以上操作,将与最下方直线平行且相距为2mm的5条直线依次绘出,如图3-19所示。

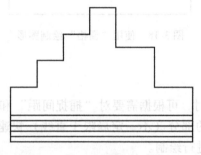

图 3-19　使用"偏移"绘制图形

第5步　调用"矩形"命令绘制图形中间部分。
AutoCAD 2013 提供了专门的"矩形"命令用于绘制矩形,而不需要逐条边地绘制。
单击◀常用▶→《绘图》→〖矩形〗 [] ,操作步骤如下:

命令: _rectang　　　　　　　　　　　　　//调用"矩形"命令
指定第一个角点或［倒角(C)/标高(E)/圆角(F)/厚度(T)/宽度(W)］:
　　　　　　　　　　　　　　//捕捉点A,指定一个矩形角点
指定另一个角点或［面积(A)/尺寸(D)/旋转(R)］: @25, -15
　　　　　　　　　　　　　　//用相对直角坐标指定另一个角点

通过以上操作,将最大的矩形绘出,如图3-20所示。其他两个小矩形也可调用"矩

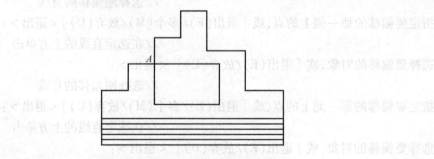

图 3-20　使用"矩形"命令绘制图形

形"命令，但矩形角点不太好定位，分析尺寸特点，可调用"偏移"命令，偏移距离为3mm，重复两次即可完成整个图形的绘制。

第6步　保存图形文件。

 知识链接

一、栅格

1. 栅格的作用

栅格是按照设置的间距显示在图形区域中的方格，可理解为数学中使用的坐标纸。利用栅格可以对齐对象并直观显示对象之间的距离和位置，在"启用捕捉"打开时，可以借助栅格方便地进行定位。

栅格是一种辅助定位工具，仅供视觉参考，不是图形文件的组成部分，因此在输出图形时不会被打印。

2. 设置栅格间距和捕捉间距

如图 3-17 所示，根据需要对"捕捉间距"和"栅格间距"分别进行设置。捕捉间距不需要和栅格间距相同。绘图时为避免栅格显示过密，可以设置较宽的栅格间距作参照，使用较小的捕捉间距以保证定位点时的精确性。例如，上述实例中栅格间距是 10mm，而捕捉间距是 5mm。

 经验之谈

设置栅格时，栅格间距和捕捉间距应根据所绘图形的具体尺寸设置合适的大小。太大或太小都不能起到很好的定位作用。

3. "捕捉模式"的设定

单击状态栏上的〖捕捉模式〗可打开或关闭栅格捕捉。栅格捕捉是 AutoCAD 2013 中约束光标移动的工具，当打开栅格和栅格捕捉时，用户上下左右移动鼠标时，将发现状态栏上的坐标值会有规律地变化，而十字光标就像带磁性一样自动被吸附在栅格点上，从而可以提高定位速度。

4. 栅格的显示和隐藏

单击状态栏上的〖栅格显示〗，可显示或隐藏栅格。不管栅格是否显示，只要"栅格捕捉"处于打开状态，栅格都起作用。当用户在移动鼠标时，移动不流畅而是呈跳动状态时，往往就是这个原因造成的。

 经验之谈

用户在操作时，有时光标不能在绘图区正常操作，而在绘图区外又是正常时，有可能是因为用户打开了栅格捕捉，而且捕捉间距相对于绘图范围而言设置得太大。这时只要关闭栅格捕捉或减小栅格捕捉间距即可解决这一问题。

二、选择

在 AutoCAD 2013 中操作时，经常需要选择操作对象。当命令行提示"选择对象："时，

43

光标变成拾取框，即可开始进行对象的选择。AutoCAD 2013 提供了多种选择对象的方法，用户可以根据需要灵活地使用这些方法。

1. 单击选择

将十字光标移到被选对象上，单击即可选取该对象。AutoCAD 2013 允许用户分次选择多个对象而不需要其他功能键的配合。其特点是方便灵活，可依次选择不连续的对象，但当需选择对象较多时，操作较为繁琐。

2. "窗口"方式

如果有较多对象需要选择，且对象比较集中时，可使用"窗口"方式。该方式通过先拾取左上角，后拾取右下角的顺序指定两个角点来确定一个矩形窗口，完全包含在窗口内的所有对象将被选中，与窗口相交的对象则不在选择之列。在默认状态下 AutoCAD 2013 中使用"窗口"方式时其选择区域是蓝色的。

3. "窗交"方式

"窗交"方式也称"交叉窗口"方式，操作方法类似于"窗口"方式。不同之处是在确定矩形窗口时，先拾取右下角，后拾取左上角。在"窗交"方式下，与窗口相交的对象和窗口内的所有对象都被选中。在默认状态下 AutoCAD 2013 中使用"窗交"方式时其选择区域是绿色的。

图 3-21 所示为"窗口"方式与"窗交"方式在选择对象时的区别：如图 3-21a 所示的"窗口"方式只选中小矩形，而如图 3-21b 所示的"窗交"方式将除大矩形外的其他对象全部选中。

图 3-21 窗口方式与窗交方式的区别

a) 窗口方式 b) 窗交方式

 操作提示

"窗口"方式和"窗交"方式在使用上很相似，仅仅是确定矩形窗口时角点的选择顺序不同，但两种方式选中的对象却大相径庭，在实际应用中可以根据需要选择对象的具体情况进行选用。

4. "全部"方式

使用"全部"方式可将图形中除冻结、锁定图层上的所有对象选中。当命令行提示为"选择对象："时，输入**ALL**，按**ENTER**键即可。

用户也可直接使用快捷键**CTRL + A**对图形对象进行全选。

5. "上一个"方式

如果需要将图形窗口内可见图像中最后创建的对象选中，可以使用"上一个"方式进行选择。当命令行提示为"选择对象："时，输入**L**，按**ENTER**键即可。

6. "栏选"方式

使用选择栏可以很容易地选择复杂图形中的对象，根据需要可以指定多个点，通过各点构成一条折线，与折线相交的对象将被选中，直至按 ENTER 键结束选择。当命令行提示为"选择对象:"时，输入 <u>F</u>，用折线将需要选择的对象串起来。

如图 3-22 所示，若要选取图形中的矩形，利用该方法在恰当的位置单击确定选择栏的转折点，利用折线（图中的虚线）将图中的矩形选中而不选择其他对象。

7. "圈围"方式和"圈交"方式

当命令提示为"选择对象:"时，输入 <u>WP</u> 或 <u>CP</u> 分别对应于"圈围"方式和"圈交"方式。这两种方式均由用户通过指定一系列的点，直至按 ENTER 键结束的方式来构建一个多边形，其选择对象的方式与"窗口"方式和"窗交"方式一样，"圈围"方式只选中完全包含在多边形中的对象，而"圈交"方式则将与多边形相交的对象和包含在多边形中的所有对象都选中。

如图 3-23 所示的图形，若深色的多边形区域是按"圈围"方式构建的，则只有完全被包含在该多边形区域中的圆被选中；若多边形区域是按"圈交"方式构建的，则被完全包含在其中的圆，以及与多边形区域相交的 3 个矩形都将被选中。

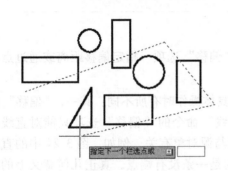

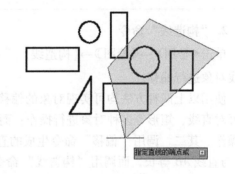

图 3-22 栏选方式选择所有的矩形　　　图 3-23 圈围方式与圈交方式的多边形

 操作提示

"栏选"、"圈围"和"圈交"方式比较适合于选择分布位置比较零散且有其他对象干扰的情况，在应用时可根据具体情况选择合适的方式。

三、删除

在绘图过程中，经常要对多余或绘制错误的对象进行删除。调用命令的方式如下：

➤ 功能区：《常用》→《修改》→〖删除〗 ✐

➤ 菜单命令：【编辑】→【删除】（"AutoCAD 经典"工作空间）

➤ 工具栏：〖修改〗→〖删除〗 ✐ （"AutoCAD 经典"工作空间）

➤ 键盘命令：ERASE

➤ 键盘按键：DELETE 键

在删除对象时，既可以先调用命令再选择对象，也可以先选择对象再调用命令。

模块三

四、偏移

1."偏移"命令

单击《常用》→《修改》→〖偏移〗 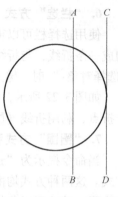，即可调用偏移命令。该
命令有以下两种方式。

（1）指定偏移距离　该方式是通过给定一个具体的数值将选中
对象进行偏移，任务实施中的第 4 步采用的即为此种方法。

（2）通过　如图 3-24 所示，绘制直线 *CD*，要求其通过圆的最
右侧点且平行于直线 *AB*。由于两直线间的距离是未知的，因此不能
使用第一种方式。在调用"偏移"命令后，选择"通过"选项，指
定直线通过的点就能完成直线 *CD* 的绘制。操作步骤如下：

图 3-24　偏移直线
到指定位置

指定偏移距离或〔通过(T)/删除(E)/图层(L)〕<通过>：t↙　　//选择"通过"选项
选择要偏移的对象，或〔退出(E)/放弃(U)〕<退出>：　　　　//选择直线 *AB*
指定通过点或〔退出(E)/多个(M)/放弃(U)〕<退出>：　　　//捕捉圆的最右侧点

2."构造线"命令

单击《常用》→《绘图》→〖构造线〗 ↗→选择"偏移"选项→指定偏移距离或通过点将
直线对象进行偏移。

使用以上两种方法均可实现对象的偏移，但在具体操作时有所不同：其一，"偏移"命
令可对直线、矩形等多种对象进行操作；而"构造线"命令的"偏移"选项只能对直线进
行操作。其二，调用"偏移"命令生成的直线长度与源对象有关，例如，图 3-24 中的直线
CD 与直线 *AB* 等长，而调用"构造线"命令生成的是一条没有端点，真正几何意义上的直
线。其三，调用"偏移"命令可将偏移对象的属性保留下来（包括线型、线宽等）；调用
"构造线"命令生成对象的属性取决于当前图层的属性，与源对象的属性无关。

在具体应用时可根据不同的需要进行选择。

有关构造线的其他选项将在模块六的任务一中详细介绍。

五、矩形

AutoCAD 2013 的"矩形"命令可以绘制矩形，除标准的矩形外，还可绘制带倒角或圆
角等不同形式的矩形。矩形在 AutoCAD 2013 中是一个整体，即不能单独对其中的某一条边
进行操作，若要进行这种操作，必须调用"分解"命令对其进行分解（"分解"命令将在任
务六中进行介绍）。调用命令的方式如下：

➢ 功能区：《常用》→《绘图》→〖矩形〗 ▢
➢ 菜单命令：【绘图】→【矩形】（"AutoCAD 经典"工作空间）
➢ 工具栏：〖绘图〗→〖矩形〗 ▢ （"AutoCAD 经典"工作空间）
➢ 键盘命令：RECTANG

调用"矩形"命令后，通过选择不同的选项以实现不同的效果。

1. 指定角点

这是默认绘制矩形的方法，通过指定两个对角点来确定矩形的大小及位置。在指定了第一个角点后，有4个选项可供选择：

（1）直接指定第二个角点　可采用输入绝对坐标、相对坐标或光标捕捉的方式来指定第二个角点，任务实施中即是使用输入相对坐标的方法绘制矩形的。

（2）"面积"选项　使用该选项只要给定了矩形的面积，系统即可根据矩形一条边的长度计算出另一边的长度，以两边边长为依据绘制矩形。调用"矩形"命令，操作步骤如下：

命令：_rectang	//调用"矩形"命令
指定第一个角点或［倒角（C）/标高（E）/圆角（F）/厚度（T）/宽度（W）］：	
	//指定第一个角点
指定另一个角点或［面积（A）/尺寸（D）/旋转（R）］：a✓	//选择"面积"选项
输入以当前单位计算的矩形面积＜100.0000＞：　600✓	//给定矩形面积
计算矩形标注时依据［长度（L）/宽度（W）］＜长度＞：✓	//已知矩形的长度
输入矩形长度＜10.0000＞：30✓	//给定矩形的长度为30mm

通过以上操作，绘制出一个长度为30mm，宽度为20mm，面积为600mm^{2}的矩形，其中长度和面积为已知量，宽度为系统自动计算的数值。

 操作提示

使用"面积"选项时，将第一个角点设置在左下角。长度是指 X 轴方向的数值，宽度是指 Y 轴方向的数值。

（3）"尺寸"选项　使用该选项可通过指定矩形的长度和宽度绘制矩形。调用"矩形"命令，操作步骤如下：

命令：_rectang	//调用"矩形"命令
指定第一个角点或［倒角（C）/标高（E）/圆角（F）/厚度（T）/宽度（W）］：	
	//指定第一个角点
指定另一个角点或［面积（A）/尺寸（D）/旋转（R）］：d✓	//选择"尺寸"选项
指定矩形的长度＜20.0000＞:60✓	//输入矩形的长度60mm
指定矩形的宽度＜30.0000＞:30✓	//输入矩形的宽度30mm

在给定长度和宽度后，通过鼠标的移动，可将第一个角点设定在矩形4个角点中的任意一个位置，即大小已定的矩形在固定第一个角点的情况下有4种情况可供选择。

（4）"旋转"选项　使用该选项可绘制倾斜的矩形。调用"矩形"命令，操作步骤如下：

命令：_rectang	//调用"矩形"命令
指定第一个角点或［倒角（C）/标高（E）/圆角（F）/厚度（T）/宽度（W）］：	
	//指定第一个角点
指定另一个角点或［面积（A）/尺寸（D）/旋转（R）］：r✓	//选择"旋转"选项
指定旋转角度或［拾取点（P）］＜0＞：　30✓	//指定旋转角度为30°

模块三

指定了旋转角度后，可在第一个角点已经固定的情况下通过鼠标的移动，对矩形的 4 个方位进行选择。通过以上操作，可得到如图 3-25a 所示的图形。

如果要根据已有图形来确定矩形的旋转角度，则可在上述命令执行示例的最后一步选择"拾取点"选项，根据先后拾取的两个点来确定矩形的旋转角度。如图 3-25b 所示矩形是在选择了"拾取点"后，先后捕捉三角形斜边的两个顶点后绘制的，矩形与三角形的斜边平行。

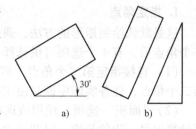

图 3-25　旋转矩形
a）指定角度旋转　b）根据已有对象旋转

2. 倒角矩形和圆角矩形

如果需要绘制带倒角或圆角的矩形，可直接调用"矩形"命令的相关选项进行绘制。调用"矩形"命令，操作步骤如下：

命令：_rectang　　　　　　　　　　　　　　　//调用"矩形"命令
指定第一个角点或［倒角（C）/标高（E）/圆角（F）/厚度（T）/宽度（W）］：c✓
　　　　　　　　　　　　　　　　　　　　　　//选择"倒角"选项
指定矩形的第一个倒角距离 <0.0000> : 2✓　　//设置倒角距离为 2mm
指定矩形的第二个倒角距离 <2.0000> :✓　　　//两边距离相同直接按ENTER 键
指定第一个角点或［倒角（C）/标高（E）/圆角（F）/厚度（T）/宽度（W）］：
　　　　　　　　　　　　　　　　　　　　　　//指定第一个角点
指定另一个角点或［面积（A）/尺寸（D）/旋转（R）］：//指定另一个角点

通过以上操作得到如图 3-26 所示的带倒角的矩形。

绘制带圆角矩形的方法与上述操作步骤类似，在选择"圆角"选项后按相应提示进行操作即可。

3. "标高"选项

指定矩形所在的平面高度，该选项一般用于三维绘图。

4. "厚度"选项

按给定的厚度绘制矩形，该选项一般用于三维绘图。

5. "宽度"选项

以指定的线宽绘制矩形。

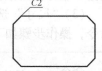

图 3-26　带倒角
的矩形

 操作提示

"矩形"命令的"旋转"、"倒角"、"圆角"等选项均具有记忆功能，即会将上次设置的参数记录下来，如果要绘制其他类型的矩形，则需要对相应参数重新进行设置。

任务三　复杂直线图形的绘制

 任务分析

如图 3-27 所示的图形，由一些正交线、倾斜线组成，内外两个图形对象间有确定的位置关系，调用"极轴追踪""参考追踪""修剪""延伸"等命令可完成该图形的绘制。

模块三

任务实施

第1步 分析图形，确定绘制方法及步骤。

通过对图3-27的分析，可将左上角的 A 点定为关键点，从此处开始按逆时针方向进行整个图形的绘制。

第2步 绘制直线 AB、BC。

在正交状态下绘制直线 AB、BC。

第3步 使用"极轴追踪"和"对象追踪"绘制直线 CD、DE、EF、FG。

1）关闭正交状态，右击状态栏上的〖极轴〗→【设置】→{极轴追踪}→将增量角设置为10°→［确定］。沿直线 CD 方向移动光标，当极轴夹角显示为30°时，在动态输入工具栏中输入直线 CD 的长度数值10，按ENTER键确定。

2）沿直线 DE 方向移动光标，当极轴夹角显示为120°时，在动态输入工具栏中输入直线 DE 的长度数值4，按ENTER键确定。

3）由于直线 EF 上的点 F 高度与点 A 的高度一致，因此可将光标移到点 A 上停留片刻后向右移动，此时出现的水平追踪线即代表点 A 的高度，当极轴夹角显示为90°时，单击即可绘制直线 EF。

第4步 绘制直线 FA。

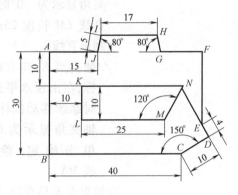

图3-27 复杂直线图形

图3-28 对象捕捉菜单

继续直线的绘制，捕捉点 A 后单击，绘制直线 FA。按ENTER键结束直线的绘制。

第5步 使用"参考追踪"和"极轴追踪"继续绘制直线。

1）调用"直线"命令，按住SHIFT键并右击，弹出如图3-28所示的菜单→【自】，操作步骤如下：

命令:_line 指定第一点:_from 基点:<偏移>:@15,0↙	//选择点 A 作基点,输入相对点 A 的偏移量,按ENTER键确定
指定下一点或［放弃(U)］:5↙	//将光标向上移动,当极轴夹角显示为80°时,输入

直线 *JI* 长度 5mm,绘制
该直线

2）沿直线 *IH* 方向移动光标,当极轴夹角显示为 0°时,在动态输入工具栏中输入 *IH* 的长度数值 17mm, 按ENTER键确定。

3）沿直线 *HG* 方向移动光标,当极轴夹角显示为 80°时,在动态输入工具栏中输入 *HG* 的长度数值 5mm, 按ENTER 键确定。

第 6 步　绘制图形的中间部分。

调用"直线"命令,按住SHIFT 键并右击→【自】,操作步骤如下:

命令:_line 指定第一点:_from 基点:＜偏移＞:@10, –10✓	//选择点 *A* 作基点,输入点 *K* 相对点 *A* 的偏移量以确定点 *K* 的位置
指定下一点或［放弃(U)］:10✓	//将光标向下移动,当极轴夹角显示为 90°时,输入直线 *KL* 长度 10mm,绘制该直线
指定下一点或［放弃(U)］:25✓	//将光标向右移动,当极轴夹角显示为 0°时,输入直线 *LM* 长度 25mm,绘制该直线
指定下一点或［闭合(C)/放弃(U)］:	//捕捉点 *K*,向右移动光标,在出现水平追踪线时继续移动鼠标,当极轴夹角显示为 60° 时,单击确定,绘制直线 *MN*
指定下一点或［闭合(C)/放弃(U)］:✓	//捕捉点 *K* 后单击,将图形闭合,按 ENTER 键结束"直线"命令

第 7 步　修剪直线 *AF* 多余部分。

单击◀常用▶→《修改》→〖修剪〗 ,操作步骤如下:

命令:_trim	//调用"修剪"命令
当前设置:投影 = UCS,边 = 无	//系统提示
选择剪切边 …	//系统提示
选择对象或＜全部选择＞: 找到 1 个	//选择直线 *IJ* 作为剪切边
选择对象:找到 1 个,总计 2 个	//选择直线 *HG* 作为剪切边

50

选择对象:↙　　　　　　　　　　　　　//按ENTER键结束剪切边
　　　　　　　　　　　　　　　　　　 的选择

选择要修剪的对象,或按住 Shift 键选择要延伸的对象,或
[栏选(F)/窗交(C)/投影(P)/边(E)/删除(R)/放弃(U)]:　//选择直线 AF 多余部分
选择要修剪的对象,或按住 Shift 键选择要延伸的对象,或
[栏选(F)/窗交(C)/投影(P)/边(E)/删除(R)/放弃(U)]:↙　//按ENTER键结束"修剪"
　　　　　　　　　　　　　　　　　　 命令

 操作提示

在 AutoCAD 2013 中调用"修剪"命令时,必须先选择修剪边,然后选择修剪对象,且在选择修剪对象时必须选择需删除的部分。

 经验之谈

为提高修剪效率,在熟悉基本操作方法后,不必按先逐一选择修剪边再选择修剪对象的步骤进行操作,可先将相关对象全部选中作为修剪边,然后再选择修剪对象需要删除的部分。

例如,要绘制如图 3-29a 所示图形,可将如图 3-29b 所示图形方框中的两纵两横线条全部选作修剪边,然后再按要求逐一选择修剪对象。

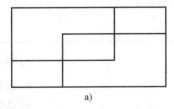
a)
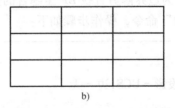
b)

图 3-29　快速修剪

第 8 步　延伸直线 DE。

单击《常用》→《修改》→〖修剪〗后的下拉箭头,选择〖延伸〗，操作步骤如下:

命令:_extend　　　　　　　　　　　　//调用"延伸"命令
当前设置:投影 = UCS,边 = 无　　　　　//系统提示
选择边界的边 …　　　　　　　　　　　//系统提示
选择对象或 < 全部选择 >:　　　　　　 //选择直线 MN
找到 1 个　　　　　　　　　　　　　　//系统提示
选择对象:↙　　　　　　　　　　　　 //按ENTER键,结束对象选择
选择要延伸的对象,或按住 Shift 键选择要修剪的对象,
或[栏选(F)/窗交(C)/投影(P)/边(E)/放弃(U)]:　//在靠近点 E 处选择直线 DE
或[栏选(F)/窗交(C)/投影(P)/边(E)/放弃(U)]:↙　//按ENTER键结束"延伸"命令

第 9 步　保存图形文件。

知识链接

一、修剪

"修剪"命令可以利用修剪边将整个对象分割成若干部分,并将其中一部分删除。调用命令的方式如下:

> 功能区:◀常用▶→《修改》→〖修剪〗╾/╌
> 菜单命令:【修改】→【修剪】("AutoCAD 经典"工作空间)
> 工具栏:〖修改〗→〖修剪〗╾/╌("AutoCAD 经典"工作空间)
> 键盘命令:TRIM 或 TR

"修剪"命令有两种方式,分别介绍如下:

1. "普通"方式

"普通"方式修剪对象,必须首先选择剪切边,然后再选择被修剪的对象,且两者必须相交。如任务实施中以直线 IJ 和 GH 为剪切边对直线 AF 进行修剪即属此种情况。

2. "延伸"方式

如果被修剪的对象与剪切边不相交,但剪切边的延长线与被修剪对象有交点,则可以采用"延伸"方式修剪。如图 3-30a 所示,直线 EF 与直线 AB、CD 没有相交,在此模式下可以直线 AB、CD 为边界修剪直线 EF 至隐含的交点处。

调用"修剪"命令,操作步骤如下:

命令:_trim	//调用"修剪"命令
当前设置:投影 = UCS,边 = 无	//系统提示
选择剪切边 …	//系统提示
选择对象或 <全部选择>: 指定对角点:找到 2 个	//选择两条直线 AB、CD
选择对象:↙	//按 ENTER 键,结束剪切边的选择
选择要修剪的对象,或按住 Shift 键选择要延伸的对象,或	
〔栏选(F)/窗交(C)/投影(P)/边(E)/删除(R)/放弃(U)〕:e↙	//选择"边"选项,按 ENTER 键确定
输入隐含边延伸模式 〔延伸(E)/不延伸(N)〕<不延伸>:e↙	//选择"延伸"选项,按 ENTER 键确定
选择要修剪的对象,或按住 Shift 键选择要延伸的对象,或	
〔栏选(F)/窗交(C)/投影(P)/边(E)/删除(R)/放弃(U)〕:	//选择需修剪直线 EF 的左端
选择要修剪的对象,或按住 Shift 键选择要延伸的对象,或	
〔栏选(F)/窗交(C)/投影(P)/边(E)/删除(R)/放弃(U)〕:	//选择需修剪直线 EF 的右端
选择要修剪的对象,或按住 Shift 键选择要延伸的对象,或	

52

[栏选（F）/窗交（C）/投影（P）/边（E）/删除（R）/放弃（U）]：↙	//按ENTER 键，结束"修剪"命令

通过以上操作，得到如图 3-30b 所示图形。

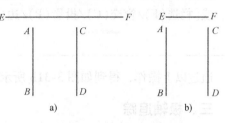

图 3-30　"延伸"方式修剪对象
a) 原始图形　b) 修剪后的图形

二、延伸

"延伸"命令可以将指定的图形延伸到选定的边界。调用命令的方式如下：

➢ 功能区：◀常用▶→《修改》→〖延伸〗

➢ 菜单命令：【修改】→【延伸】（"Auto-CAD 经典"工作空间）

➢ 工具栏：〖修改〗→〖延伸〗（"AutoCAD 经典"工作空间）

➢ 键盘命令：EXTEND或EX

"延伸"命令有两种方式，分别介绍如下：

1."普通"方式

当被延伸对象延伸后可与边界相交时，可以采用"普通"方式进行延伸。如任务实施中以直线 MN 为边界，延伸直线 DE 即属此种情况。

2."延伸"方式

当被延伸对象延伸后不与边界相交时，可以采用"延伸"方式进行延伸。

如图 3-31a 所示，直线 CD 在直线 AB 的延长线之外，此时可采用"延伸"方式延伸直线 AB，调用延伸命令，操作步骤如下：

命令：_extend	//调用"延伸"命令
当前设置：投影 = UCS，边 = 无	//系统提示，"边 = 无"表示当前为普通延伸方式
选择边界的边 ...	//系统提示
选择对象或 <全部选择>：	//选择直线 CD
找到 1 个	//系统提示
选择对象：↙	//按ENTER键结束对象的选择
选择要延伸的对象，或按住 Shift 键选择要修剪的对象，或 [栏选（F）/窗交（C）/投影（P）/边（E）/放弃（U）]：e↙	//选择"边"选项，按 ENTER 键确定
输入隐含边延伸模式 [延伸（E）/不延伸（N）] <不延伸>：e↙	//选择"延伸"选项，按 ENTER 键确定
选择要延伸的对象，或按住 Shift 键选择要修剪的对象，	

或[栏选(F)/窗交(C)/投影(P)/边(E)/放弃(U)]：	//在靠近点 A 处选择直 线 AB
选择要延伸的对象,或按住 Shift 键选择要修剪的对象, 或[栏选(F)/窗交(C)/投影(P)/边(E)/放弃(U)]:↙	//按ENTER键,结束"延 伸"命令

通过以上操作, 得到如图 3-31b 所示图形。

三、极轴追踪

"极轴追踪"是指在绘图过程中, 系统按所设置的极轴角度为用户提供长度和角度参考, 如图 3-32 所示。

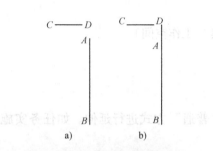

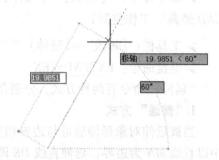

图 3-31 "延伸"方式延伸对象

a) 原始图形 b) 延伸后的图形

图 3-32 极轴追踪

极轴角度可由用户进行设定, 右击状态栏上的〖极轴追踪〗→〖设置〗, 在 "极轴追踪" 选项卡中可对 "极轴角设置" 选项组中的 "增量角" 进行设定, 如图 3-33 所示。

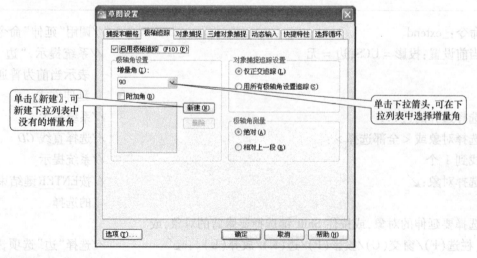

图 3-33 "极轴追踪"的设置

 操作提示

"极轴追踪" 和 "正交" 模式不能同时打开, 打开 "极轴追踪" 将关闭 "正交" 模式。

任务四 圆形图形的绘制

 任务分析

如图 3-34 所示的图形，主要由一些圆弧和圆组成，调用"点""圆弧""圆"等命令可完成该图形的绘制。

 任务实施

第 1 步 分析图形，确定关键点和绘制方法。

通过对图 3-34 的分析可以看出该图形中除了直线外，还包含了圆弧和圆。在 AutoCAD 2013 中，可以调用"圆弧"和"圆"两类不同的命令来完成其绘制。此图中 5 段圆弧均与直线 AB 有关联，最上面的半圆弧以直线 AB 为直径；最下面的优弧以直线 AB 为弦，半径为 $R40mm$，中间 3 段圆弧将直线 AB 等分为 3 等分，$\phi40mm$ 圆与 $R40mm$ 圆弧同心。根据图形特点，应首先绘制已知长度直线 AB，然后以此为基准绘制各段圆弧。圆弧绘制完成后再以 $R40mm$ 的圆弧圆心为基准，绘制 $\phi40mm$ 的圆。

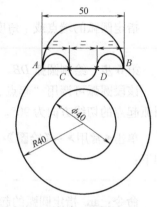

图 3-34 圆形图形

第 2 步 绘制直线 AB。

调用"直线"命令，绘制长度为 50mm 的水平直线 AB。

第 3 步 绘制等分点。

调用"点"命令，定数等分直线 AB，等分数量为 3。单击 ◀常用▶→《绘图》→〖定数等分〗，操作步骤如下：

命令：_divide	//调用"定数等分"命令
选择要定数等分的对象：	//选择直线 AB
输入线段数目或［块（B）］：3↙	//输入等分数目

第 4 步 绘制圆弧 AC。

该段圆弧可调用"起点、端点、角度"命令进行绘制。该圆弧的起点为 C，端点为 A，角度即圆弧的圆心角为 180°。

将对象捕捉中的"节点"选项选中，单击 ◀常用▶→《绘图》→〖圆弧〗 的下拉箭头→〖起点、端点、角度〗，操作步骤如下：

命令：_arc 指定圆弧的起点或［圆心（C）］：	//捕捉起点 C
指定圆弧的第二个点或［圆心（C）/端点（E）］：_e	//系统提示
指定圆弧的端点：	//捕捉端点 A
指定圆弧的圆心或［角度（A）/方向（D）/半径（R）］：_a 指定包含角:180↙	//输入圆弧的圆心角

55

操作提示

调用"点"命令绘制的点也是图形的组成部分，要捕捉上述操作中的等分点，必须在"对象捕捉"设置中选中"节点"。

第 5 步 绘制圆弧 *CD*。

该段圆弧可调用"起点、圆心、端点"命令进行绘制。该圆弧的起点为 *C*，圆心为直线 *AB* 的中点，端点为 *D*。

单击《常用》→《绘图》→【圆弧】的下拉箭头→【起点、圆心、端点】，操作步骤如下：

命令：_arc 指定圆弧的起点或［圆心（C）］：　　　　　　　　　　//捕捉起点 *C*

指定圆弧的第二个点或［圆心（C）/端点（E）］：_c 指定圆弧的圆心：　//捕捉直线 *AB* 的中点

指定圆弧的端点或［角度（A）/弦长（L）］：　　　　　　　　　　//捕捉端点 *D*

第 6 步 绘制圆弧 *DB*。

该段圆弧可调用"起点、端点、方向"命令进行绘制。该圆弧的起点为 *B*，端点为 *D*，圆弧起点的切线方向为 90°。

单击《常用》→《绘图》→【圆弧】的下拉箭头→【起点、端点、方向】，操作步骤如下：

命令：_arc 指定圆弧的起点或［圆心（C）］：　　　　　　　　　　//捕捉起点 *B*

指定圆弧的第二个点或［圆心（C）/端点（E）］：_e　　　　　　　//系统提示

指定圆弧的端点：　　　　　　　　　　　　　　　　　　　　　　//捕捉端点 *D*

指定圆弧的圆心或［角度（A）/方向（D）/半径（R）］：_d 指定圆弧的起点切向：90

　　　　　　　　　　　　　　　　　　　　　　　　　　　　　//将光标移到圆弧起点处，指定切向角度为 90°

第 7 步 绘制上方半圆弧 *BA*。

该段圆弧可调用"圆心、起点、端点"命令进行绘制。该圆弧的圆心为直线 *AB* 的中点，起点为 *B*，端点为 *A*。

单击《常用》→《绘图》→【圆弧】的下拉箭头→【圆心、起点、端点】，操作步骤如下：

命令：_arc 指定圆弧的起点或［圆心（C）］：_c 指定圆弧的圆心：　//捕捉直线 *AB* 的中点

指定圆弧的起点：ㅤㅤㅤㅤㅤㅤㅤㅤㅤㅤㅤㅤㅤㅤㅤㅤ//捕捉起点 B

指定圆弧的端点或［角度（A）/弦长（L）］：ㅤㅤㅤㅤ//捕捉端点 A

第 8 步ㅤ绘制优弧 AB。

该段圆弧可调用"起点、端点、半径"命令进行绘制。该圆弧的起点为 A，端点为 B，半径为 40mm。

单击‹常用›→《绘图》→〖圆弧〗的下拉箭头→〖起点、端点、半径〗，操作步骤如下：

命令:_arc 指定圆弧的起点或［圆心（C）］：ㅤㅤㅤㅤ//捕捉起点 A

指定圆弧的第二个点或［圆心（C）/端点（E）］:_eㅤㅤ//系统提示

指定圆弧的端点：ㅤㅤㅤㅤㅤㅤㅤㅤㅤㅤㅤㅤㅤㅤㅤ//捕捉端点 B

指定圆弧的圆心或［角度（A）/方向（D）/半径（R）］:_r

指定圆弧的半径：–40↙ㅤㅤㅤㅤㅤㅤㅤㅤㅤㅤㅤㅤㅤ//将光标移到圆弧外，输入
ㅤㅤㅤㅤㅤㅤㅤㅤㅤㅤㅤㅤㅤㅤㅤㅤㅤㅤㅤㅤㅤㅤㅤㅤ圆弧的半径 40mm

 操作提示

调用"起点、端点、半径"命令绘制圆弧时，如半径为正，则绘制劣弧（小于半圆的圆弧）；如半径为负，则绘制优弧（大于半圆的圆弧）。

第 9 步ㅤ绘制直径为 40mm 的圆。

单击‹常用›→《绘图》→〖圆〗的下拉箭头→〖圆心、半径〗，捕捉 R40mm 圆弧的圆心为其圆心，输入半径数值"20"，按 ENTER 键即可。

第 10 步ㅤ保存图形文件。

 知识链接

一、点

1. 设置点样式

在 AutoCAD 2013 中可以设置点的形状和大小，即进行点样式的设置。调用命令的方式如下：

➢ 功能区：‹常用›→《实用工具》→〖点样式〗

➢ 菜单命令：【格式】→【点样式】（"AutoCAD 经典"工作空间）

➢ 键盘命令：DDPTYPE

调用"点样式"命令后，弹出如图 3-35 所示的"点样式"对话框。在该对话框中，共有 20 种不同类型的点样式，用户可根据需要对点的样式及大小进行设置。

2. 绘制点

1）绘制一个或多个点，调用命令的方式如下：

➢ 功能区：‹常用›→《绘图》→〖多点〗

➢ 菜单命令：【绘图】→【点】→【单点】/【多点】
（"AutoCAD 经典"工作空间）

➢ 工具栏：〖绘图〗→〖点〗 （"AutoCAD 经典"工作
空间）

➢ 键盘命令：POINT或PO

调用该命令可以在指定位置绘制一个或多个点。

2）绘制定数等分点，调用命令的方式如下：

➢ 功能区：《常用》→《绘图》→〖定数等分〗

➢ 菜单命令：【绘图】→【点】→【定数等分】（"AutoCAD
经典"工作空间）

➢ 键盘命令：DIVIDE或DIV

调用"定数等分"命令可将选定的对象等分成指定的段
数，即在选定对象上绘制等分点。

3）绘制定距等分点，调用命令的方式如下：

➢ 功能区：《常用》→《绘图》→〖测量〗

➢ 菜单命令：【绘图】→【点】→【定距等分】（"AutoCAD 经典"工作空间）

➢ 键盘命令：MEASURE或ME

调用"定距等分"命令可沿对
象的长度或周长按指定间距进行等
分，直到余下部分不足一个间距
为止。

在已知直线上每隔8mm绘制一
个点，如图 3-36a 所示。

图 3-35 "点样式"对话框

图 3-36 "定距等分"直线
a）原始图形 b）定距等分

调用"定距等分"命令，操作步骤如下：

命令：_measure	//调用"定距等分"命令
选择要定距等分的对象：	//选择直线
指定线段长度或［块 b］:8✓	//输入等分距离

通过以上操作，将直线分成 4 段，最后一段为剩余的 1mm，如图 3-36b 所示。

二、圆弧

在 AutoCAD 2013 中可以根据不同的条件绘制圆弧。调用命令的方式如下：

➢ 功能区：《常用》→《绘图》→〖圆弧〗 →单击下拉箭头，选择绘制圆弧的方式，
如图 3-37a 所示

➢ 菜单命令：【绘图】→【圆弧】（"AutoCAD 经典"工作空间），如图 3-37b 所示

➢ 工具栏：〖绘图〗→〖圆弧〗 （"AutoCAD 经典"工作空间）

➢ 键盘命令：ARC或A

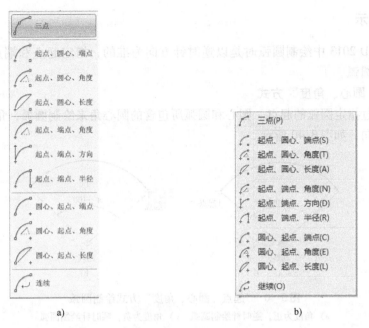

图 3-37　"圆弧"命令

a) 功能区面板上的按钮　b) 菜单命令

使用键盘命令绘制圆弧时，通过选择不同的选项能组合成 10 种不同的绘制方式。在如图 3-37 所示的功能区面板和菜单命令中可直观地看到绘制圆弧的不同方法。此处以功能区面板上的按钮为例介绍"圆弧"命令的使用。

1. "三点"方式

该方式按先指定圆弧的起点，再指定圆弧上除起点和终点外的任一点，最后指定端点（即终点）的顺序来绘制圆弧，如图 3-38 所示。

2. "起点、圆心、端点"方式

该方式通过指定圆弧的起点、圆心和端点来绘制圆弧。当在不同的位置指定起点和端点时，圆弧的形状有所不同，如图 3-39 所示。

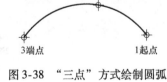

图 3-38　"三点"方式绘制圆弧

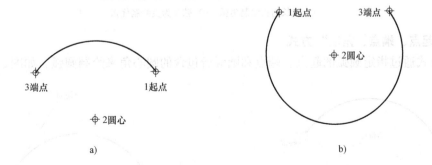

图 3-39　"起点、圆心、端点"方式绘制圆弧

a) 绘制劣弧　b) 绘制优弧

操作提示

在 AutoCAD 2013 中绘制圆弧时是以逆时针方向为准的，指定起点和端点的顺序不同，可绘制不同的圆弧。

3."起点、圆心、角度"方式

该方式通过指定圆弧的起点、圆心和圆弧所包含的圆心角来绘制圆弧，角度的正负表示圆弧的不同方向，如图 3-40 所示。

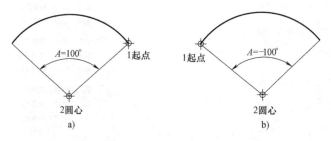

图 3-40 "起点、圆心、角度"方式绘制圆弧

a) 角度为正，逆时针绘制圆弧　b) 角度为负，顺时针绘制圆弧

4."起点、圆心、长度"方式

该方式通过指定圆弧的起点、圆心和圆弧的弦长来绘制圆弧，弦长的正负表示圆弧为劣弧或优弧，如图 3-41 所示。

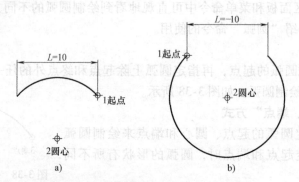

图 3-41 "起点、圆心、长度"方式绘制圆弧

a) 弦长为正绘制劣弧　b) 弦长为负绘制优弧

5."起点、端点、角度"方式

该方式通过指定圆弧的起点、端点和圆弧所包含的圆心角来绘制圆弧，如图 3-42 所示。

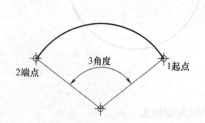

图 3-42 "起点、端点、角度"方式绘制圆弧

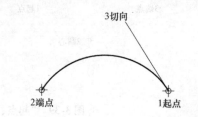

图 3-43 "起点、端点、方向"方式绘制圆弧

6."起点、端点、方向"方式

该方式通过指定圆弧的起点、端点和圆弧起点的切线方向来绘制圆弧，如图3-43所示。

7."起点、端点、半径"方式

该方式通过指定圆弧的起点、端点和圆弧的半径来绘制圆弧，半径的正负可决定圆弧为劣弧或优弧，如图3-44所示。

8."圆心、起点、端点"方式

该方式通过指定圆弧的圆心、起点和端点来绘制圆弧，如图3-45所示。

9."圆心、起点、角度"方式

该方式通过指定圆弧的圆心、起点和圆弧所包含的圆心角来绘制圆弧，如图3-46所示。

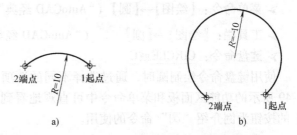

图3-44　"起点、端点、半径"方式绘制圆弧

a）半径为正绘制劣弧　b）半径为负绘制优弧

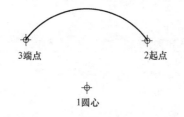

图3-45　"圆心、起点、端点"方式绘制圆弧

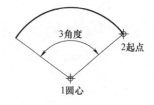

图3-46　"圆心、起点、角度"方式绘制圆弧

10."圆心、起点、长度"方式

该方式通过指定圆弧的圆心、起点和圆弧的弦长来绘制圆弧，如图3-47所示。弦长的正负可决定圆弧为劣弧或优弧。

11."继续"方式

该方式以刚绘制完成图形的终点为起点绘制与该图形相切的圆弧，如图3-48所示。

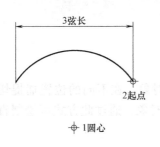

图3-47　"圆心、起点、长度"方式绘制圆弧

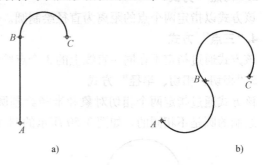

图3-48　"继续"方式绘制圆弧

a）绘制完直线AB后再绘制圆弧BC

b）绘制完圆弧AB后再绘制圆弧BC

三、圆

在AutoCAD 2013中提供了6种圆的绘制方法。调用命令的方式如下：

➤ 功能区：◀常用▶→《绘图》→〖圆〗 ⊙ →单击下拉箭头，选择绘制圆的方式，如图
　　3-49a 所示

➤ 菜单命令：【绘图】→【圆】（"AutoCAD 经典"工作空间），如图 3-49b 所示

➤ 工具栏：〖绘图〗→〖圆〗 ⊙ （"AutoCAD 经典"工作空间）

➤ 键盘命令：CIRCLE或C

使用键盘命令绘制圆时，通过选择不同的选项能按不同的条件完成圆的绘制。在如图
3-49 所示的功能区面板和菜单命令中可直观地看到不同绘制圆的方法。下文以功能区面板
上的按钮为例介绍"圆"命令的使用。

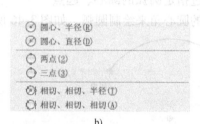

a)　　　　　　　　　　　　　　　　b)

图 3-49 "圆"命令

a) 功能区面板上的图标按钮　b) 菜单命令

1. "圆心、半径"方式

该方式先指定圆心，然后再给出圆的半径绘制圆。

2. "圆心、直径"方式

该方式先指定圆心，然后再给出圆的直径绘制圆。

3. "两点"方式

该方式以指定两个点的距离为直径绘制圆。

4. "三点"方式

该方式通过指定不在同一直线上的 3 个点绘制圆。

5. "相切、相切、半径"方式

该方式通过指定两个相切对象和半径绘制圆。对于相同的对象，在不同的位置捕捉切
点，绘制的圆是不相同的。如图 3-50 所示的圆 A 和圆 B 为已有对象，通过此方式可绘制直

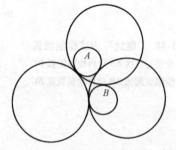

图 3-50 "相切、相切、半径"方式绘制圆

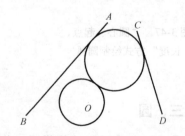

图 3-51 "相切、相切、相切"方式绘制圆

径相同的多个圆，图中所示为其中的 3 种不同情形。

6."相切、相切、相切"方式

该方式通过指定 3 个相切对象绘制圆。如图 3-51 所示的直线 AB、CD 和圆 O 为已有对象，可绘制与之相切的圆。

四、快捷特性

在 AutoCAD 2013 中使用"快捷特性"可以让用户方便地查看和修改对象属性。用户可以通过状态栏上的"快捷特性"打开或关闭快速属性。当"快捷特性"被打开后，选择一个对象，即会弹出如图 3-52 所示的面板，用户可通过该面板了解所选对象有关图层、线型、坐标，以及与所选对象相关的几何量等方面的属性。如果有需要，用户还可直接在该面板中对相关属性进行编辑。例如，用户可通过修改半径或直径数值来改变圆的大小。

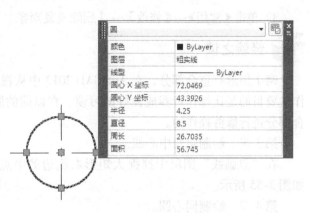

图 3-52　"快捷特性"面板

任务五　对称图形的绘制

 任务分析

如图 3-53 所示的图形主要由圆弧、直线等组成，上下对称，调用"移动""圆角""倒角""镜像""夹点模式"等命令可完成该图形的绘制。

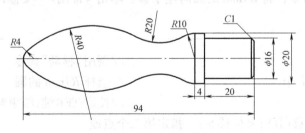

图 3-53　对称图形

 **任务实施**

第 1 步　分析图形，确定绘制方法及步骤。

该图形上下对称，在绘制时可以先画一半，然后调用"镜像"命令进行另一半的复制以提高绘图的速度和效率。分析该图形的特点，可将左侧的圆弧部分先绘制一半，然后用镜像的方法进行复制。

第2步　调用"矩形"命令绘制右侧直线部分。

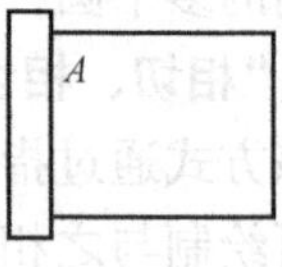

1）在"粗实线"图层中绘制矩形，尺寸为 20mm×16mm。

2）按ENTER键继续调用矩形命令，使用"参考追踪"功能，确定左侧小矩形相对于右侧大矩形的位置，按住SHIFT键并右击→【自】，以点 A 为基点，输入相对于该点的偏移距离：@0，2，指定矩形第一个角点，第二个角点为@ -4，-20，绘制左侧小矩形，如图 3-54 所示。

图 3-54　绘制两个矩形

3）单击◀常用▶→《修改》→〖删除重复对象〗 ，将两个矩形重合的部分删除。

经验之谈

两个矩形有重合部分，在 AutoCAD 2013 中从视觉效果上看，是没有影响的，此处的操作主要目的是让操作者养成良好的习惯。在以前的版本中一般是调用"修剪"命令来对重合部分进行修剪操作的。

第3步　绘制定长中心线。

在"点画线"图层中捕捉大矩形右侧边的中点 B 并绘制长度为 90mm 的水平中心线，如图 3-55 所示。

第4步　绘制同心圆。

在"粗实线"图层中以小矩形左侧边的中点 C 为圆心绘制 R10mm 和 R4mm 的两个同心圆，如图 3-56 所示。

图 3-55　绘制定长中心线 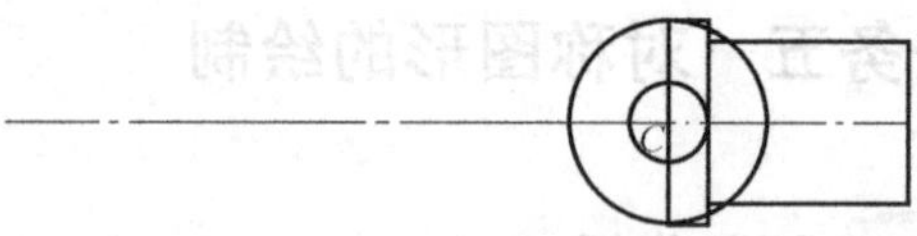　　　　　　　　　　图 3-56　绘制两个同心圆

第5步　移动 R4mm 的圆。

调用"移动"命令，将 R4mm 的圆向左平移。单击◀常用▶→《修改》→〖移动〗 ，操作步骤如下：

命令:_move　　　　　　　　　　　　　　//调用"移动"命令
选择对象:找到 1 个　　　　　　　　　　 //选择 R4mm 的圆
选择对象:✓　　　　　　　　　　　　　　//按ENTER键,结束对象的选择
指定基点或 [位移(D)] <位移>:　指定第二个点或
 <使用第一个点作为位移>:　　　　　　　//捕捉圆心为基点,捕捉中心线的左侧
　　　　　　　　　　　　　　　　　　　　　 端点为目标点

通过以上操作，得到如图 3-57 所示的图形。

第6步　绘制圆及圆弧。

调用"圆"命令的"相切、相切、半径"方式，绘制与 R4mm 和 R10mm 两个圆相切且半

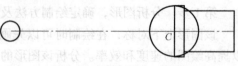

图 3-57　移动 R4mm 的圆

径为 $R40mm$ 的圆。调用"圆角"命令绘制 $R20mm$ 的圆弧。

单击《常用》→《修改》→〖圆角〗 ⬜ ，操作步骤如下：

命令:_fillet   //调用"圆角"命令

当前设置:模式 = 修剪,半径 = 0.0000   //系统提示

选择第一个对象或［放弃(U)/多段线(P)/半径(R)/

修剪(T)/多个(M)］:r↙   //选择"倒圆半径"选项

指定圆角半径 <0.0000>:20↙   //设置倒圆角半径

选择第一个对象或［放弃(U)/多段线(P)/半径(R)/

修剪(T)/多个(M)］:   //选择 $R40mm$ 的圆

选择第二个对象,或按住 Shift 键选择要应用角点的对象://选择 $R10mm$ 的圆

通过以上操作得到,如图 3-58 所示图形。

AutoCAD 2013 中提供了倒圆角的效果预览,在选择第二个对象时即可看到倒圆角的效果。

第 7 步　修剪多余线条。

调用"修剪"命令将多余线条修剪,为保证左端小圆的左侧为一个整体,在此不进行修剪,如图 3-59 所示。

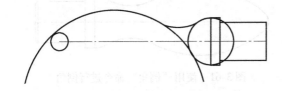

图 3-58　绘制圆及圆弧

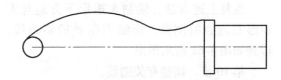

图 3-59　延伸并修剪多余图线

第 8 步　调用"镜像"命令复制圆弧线段。

单击《常用》→《修改》→〖镜像〗 ⚟ ，操作步骤如下：

命令:_mirror   //调用"镜像"命令

选择对象:指定对角点:找到 3 个   //用"窗口"方式选择图 3-59 中的 3 段
                                                      圆弧

选择对象:↙   //按ENTER键,结束对象选择

指定镜像线的第一点: //捕捉中心线左端

指定镜像线的第二点: //捕捉中心线右端

要删除源对象吗?［是(Y)/否(N)］<N>:↙   //按ENTER键选择默认的选项"否",保
                                                      留源对象

通过以上操作,得到如图 3-60 所示图形,此时再对左侧小圆进行修剪。

第 9 步　绘制倒角部分。

单击 ◀常用▶→《修改》→〖倒角〗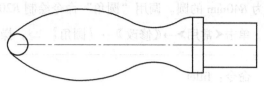
（与"圆角"命令在同一个按钮上，单击
"圆角"图标右侧的箭头可进行选择），操
作步骤如下：

图 3-60　使用"镜像"命令复制对象

命令：_chamfer //调用"倒角"命令
（"修剪"模式）当前倒角距离 1 = 0.0000,距离 2 = 0.0000 //系统提示
选择第一条直线或［放弃(U)/多段线(P)/距离(D)/角度(A)/
修剪(T)/方式(E)/多个(M)］：d✓ //选择"距离"选项
指定第一个倒角距离 < 0.0000 >：1✓ //设置第一倒角距离为 1mm
指定第二个倒角距离 < 1.0000 >：✓ //按ENTER键，接受默认的第
　　　　　　　　　　　　　　　　　　　　　　二个倒角距离

选择第一条直线或［放弃(U)/多段线(P)/距离(D)/角度(A)/
修剪(T)/方式(E)/多个(M)］： //选择大矩形上方边
选择第二条直线,或按住 Shift 键选择要应用角点的直线： //选择大矩形右侧边

AutoCAD 2013 中提供了倒角的效果预览,
在选择第二条直线时即可看到倒角的效果。
重复上述方法,绘制大矩形下方边与大
矩形右侧边的倒角,绘制倒角处的铅垂线,
得到如图 3-61 所示图形。

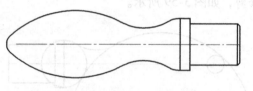

图 3-61　使用"倒角"命令进行倒角

第 10 步　调整有关图线。

调用"拉长"命令动态调整中心线左端的长度。单击 ◀常用▶→《修改》→〖拉长〗
，操作步骤如下：

命令：_lengthen //调用"拉长"命令
选择对象或［增量(DE)/百分数(P)/全部(T)/动态(DY)］：dy✓
　　　　　　　　　　　　　　　　　　　　　　//选择"动态"选项
选择要修改的对象或［放弃(U)］： //拾取中心线
指定新端点： //拖动中心线至适当位置后
　　　　　　　　　　　　　　　　　　　　　　单击确定
选择要修改的对象或［放弃(U)］：✓ //按ENTER键,结束"拉长"
　　　　　　　　　　　　　　　　　　　　　　命令

采用"夹点模式"中的"拉伸"操作调整中心线右端的长度,操作步骤如下：

命令： //选择中心线,出现夹点

＊＊拉伸＊＊	//捕捉右端点，激活夹点，系统默认为"夹点拉伸"
指定拉伸点或［基点(B)/复制(C)/放弃(U)/退出(X)］：	//根据需要调整中心线的长度

 经验之谈

在使用"夹点模式"的"拉伸"操作时，拉长对象比较容易控制，而缩短对象则比较难操作。上述操作中，如需缩短中心线，可先将激活的夹点拖到图形的轮廓线上，然后再向外拉长至合适位置。

通过以上操作，完成所有图形的绘制。

第 11 步　保存图形文件。

 知识链接

一、移动

"移动"命令可以将选中的对象移到指定的位置。调用命令的方式如下：

➤ 功能区：◀常用▶→《修改》→〖移动〗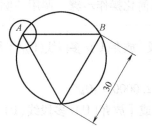

➤ 菜单命令：【修改】→【移动】（"AutoCAD 经典"工作空间）

➤ 工具栏：〖修改〗→〖移动〗 （"AutoCAD 经典"工作空间）

➤ 键盘命令：MOVE 或 M

AutoCAD 2013 在移动对象时提供了两种方式，分别介绍如下：

1. "两点"方式

该方式先指定基点作为源点，然后指定第 2 点作为目标点，以先后指定的两个点来确定移动的方向和距离。

如图 3-62a 所示的图形，若需将圆从点 A 移至点 B，可在选定圆后将其圆心 A 指定为源点，然后将点 B 指定为目标点，即可实现移动，如图 3-62b 所示。

2. "位移"方式

该方式在选择要移动的对象后直接输入位移量来实现移动的操作。

如图 3-62a 所示的图形，若需将圆从点 A 移至点 B，因 AB 间的距离为已知值，故可在调用"移动"命令时选择"位移"选项，输入相对距离"30，0"来进行位移操作，如图 3-62b 所示。

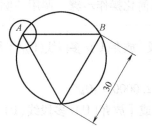
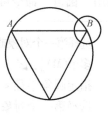

a)　　　　　　　　　　b)

图 3-62　移动对象

a) 移动前　b) 移动后

 经验之谈

在调用"移动"命令时，若使用"位移"选项，系统默认为相对坐标形式，因此在使用相对直角坐标的形式指定移动距离时，不必加上"@"标记。

二、圆角

"圆角"命令可以将两个对象用一段圆弧光滑过渡，AutoCAD 2013 中提供了倒圆角的效果预览，用户可在操作过程中了解执行命令的结果。调用命令的方式如下：

➤ 功能区：◄常用►→《修改》→〖圆角〗 ⬜
➤ 菜单命令：【修改】→【圆角】（"AutoCAD 经典"工作空间）
➤ 工具栏：〖修改〗→〖圆角〗 ⬜（"AutoCAD 经典"工作空间）
➤ 键盘命令：FILLET

"圆角"命令有 4 种不同的操作方式，分别介绍如下：

1. 指定半径倒圆角

在使用该方法进行倒圆角时，可根据需要对其中的"修剪"参数进行设置，图 3-63a 所示为不修剪的结果，图 3-63b 所示为修剪的结果。

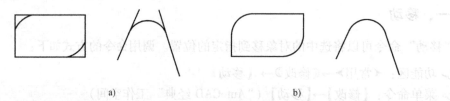

a)   b)

图 3-63   指定半径倒圆角
a)"不修剪"方式   b)"修剪"方式

2. 由系统自动计算半径

如图 3-64 所示的图形，通常可先绘制两条直线和两个圆，然后再将多余的半圆部分进行修剪。如果调用"圆角"命令，只需先绘制两条平行直线，然后分别选择这两条直线作为倒圆角的对象，即可完成图形的绘制，圆弧的半径由两条平行直线的距离自动确定。

图 3-64   由系统自动计算半径倒圆角

3. 指定半径为 0

如图 3-65a 所示，若要将两条直线延伸至交点处，调用"圆角"命令可简化操作步骤。调用"圆角"命令后，操作步骤如下：

选择第一个对象或［放弃(U)/多段线(P)/半径(R)/修剪(T)/
多个(M)］:r✓   //选择"半径"参数
指定圆角半径 <2.0000>:0✓   //指定圆角半径为 0
选择第一个对象或［放弃(U)/多段线(P)/半径(R)/修剪(T)/多个(M)］:
                                                                 //选择第一条直线
选择第二个对象，或按住 Shift 键选择要应用角点的对象：   //选择第二条直线

通过以上操作，得到如图 3-65b 所示图形。

经验之谈

调用"圆角"命令求交点时，必须在"修剪"方式下进行，否则无法完成操作。

4. 绘制内公切线

如图 3-66 所示，调用"圆角"命令绘制两段 *R*10mm 的圆弧。

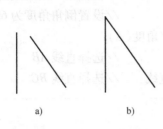

<table>
<tr><td>a）</td><td>b）</td></tr>
</table>

图 3-65　"圆角"命令求交点

a）原始图形　b）延伸两直线至交点处

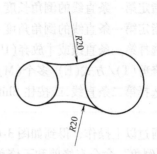

图 3-66　"圆角"命令绘制内公切线

三、倒角

"倒角"命令是用一条斜线连接两条不平行的直线，AutoCAD 2013 中提供了倒角的效果预览，用户可在操作过程中了解执行命令的结果。调用命令的方式如下：

➢ 功能区：◀常用▶→《修改》→〖倒角〗

➢ 菜单命令：【修改】→【倒角】（"AutoCAD 经典"工作空间）

➢ 工具栏：〖修改〗→〖倒角〗（"AutoCAD 经典"工作空间）

➢ 键盘命令：CHAMFER 或 CHA

"倒角"命令有两种方式，分别介绍如下：

1."倒角距离"方式

分别设置两条直线的倒角距离进行倒角处理。当两边倒角距离不同时，倒角的形式与选择对象的先后次序有关，如图 3-67 所示。

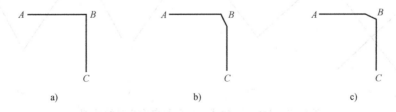

<table>
<tr><td>a）</td><td>b）</td><td>c）</td></tr>
</table>

图 3-67　倒角距离分别为 1mm 和 2mm

a）原始图形　b）先选直线 *AB*，后选直线 *BC*　c）先选直线 *BC*，后选直线 *AB*

2."倒角距离和倒角角度"方式

先指定第一条直线的倒角距离，然后指定倒角角度。单击◀常用▶→《修改》→〖倒角〗，操作步骤如下：

命令:_chamfer	//调用"倒角"命令
("修剪"模式) 当前倒角距离 1 = 0.0000, 距离 2 = 0.0000	//系统提示
选择第一条直线或 [放弃(U)/多段线(P)/距离(D)/角度(A)/ 修剪(T)/方式(E)/多个(M)]: A↙	//选择"角度"选项
指定第一条直线的倒角长度 <0.0000>:1↙	//设置第一倒角距离为1mm
指定第一条直线的倒角角度 <0>:60↙	//设置倒角角度为60°
选择第一条直线或 [放弃(U)/多段线(P)/距离(D)/角度(A)/ 修剪(T)/方式(E)/多个(M)]:	//选择直线 AB
选择第二条直线,或按住 Shift 键选择要应用角点的直线:	//选择直线 BC

通过以上操作,得到如图 3-68 所示图形。

"倒角"命令有修剪和不修剪两种模式,如图 3-69 所示。可选择该命令的"修剪"选项进行设置。

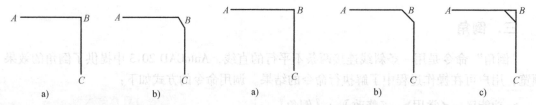

图 3-68 指定"倒角距离和
倒角角度"进行倒角
a) 原始图形 b) 倒角后

图 3-69 "倒角"命令"修剪"与"不修剪"的区别
a) 原始图形 b) "修剪"模式 c) "不修剪"模式

 经验之谈

在对两条不平行的直线进行倒角处理时,当两个倒角距离均为 0 时,在"修剪"模式下,将修剪或延伸这两个对象至交点,如图 3-70 所示。

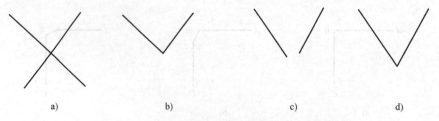

图 3-70 "修剪"模式下倒角距离为 0 时的处理
a) 原始图形 b) 修剪对象 c) 原始图形 d) 延伸对象

四、镜像

"镜像"命令可以将选中的对象沿一条指定的直线进行对称复制。调用命令的方式如下:

➢ 功能区：◀常用▶→《修改》→〖镜像〗

➢ 菜单命令：【修改】→【镜像】（"AutoCAD 经典"工作空间）

➢ 工具栏：〖修改〗→〖镜像〗（"AutoCAD 经典"工作空间）

➢ 键盘命令：MIRROR 或 MI

调用"镜像"命令时，源对象既可以删除也可以保留，如图 3-71 所示。

调用"镜像"命令可以对文字进行镜像复制，要防止镜像文字被反转及倒置，应将系统变量 MIRRTEXT 设置为 0，如图 3-72 所示。

图 3-71　"镜像"命令源对象的保留与否
a）原始图形　b）不删除源对象　c）删除源对象

图 3-72　文字的镜像
a）MIRRTEXT = 1　b）MIRRTEXT = 0

五、拉长

"拉长"命令可以拉长或缩短直线、圆弧的长度。调用命令的方式如下：

➢ 功能区：◀常用▶→《修改》→〖拉长〗

➢ 菜单命令：【修改】→【拉长】（"AutoCAD 经典"工作空间）

➢ 工具栏：〖修改〗→〖拉长〗（"AutoCAD 经典"工作空间）

➢ 键盘命令：LENGTHEN 或 LEN

"拉长"命令有 4 种方式，分别介绍如下：

1. "增量"方式

此方式通过输入长度增量拉长或缩短直线对象，也可以通过输入角度增量拉长或缩短圆弧。输入正值为拉长，输入负值则为缩短。

2. "百分数"方式

此方式通过指定对象总长度的百分数来改变对象的长度。当输入的值大于 100（即 100%）时，拉长所选对象；若输入的值小于 100（即 100%）时，则缩短所选对象。

3. "全部"方式

此方式通过指定对象的总长度来改变选定对象的长度，也可以按照指定的总角度来改变选定圆弧的包含角。

如图 3-73a 所示，直线原长为 20mm，分别指定总长度为 30mm 和 10mm，在提示选择要修改的对象时选择直线的下端，可得到不同长度的直线。如图 3-73b 所示，圆弧原角度为 150°，分别指定总角度为 160°和 120°，在提示选择要修改的对象时选择圆弧的下端，得到不同角度的圆弧。

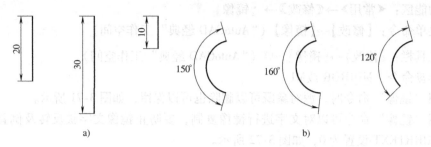

图 3-73　使用"全部"方式拉长对象

a）指定总长度　b）指定总角度

4. "动态"方式

此方式通过拖动选定对象的端点来改变其长度。

六、夹点模式

在没有调用命令的情况下，选择要编辑的对象，被选取对象上出现的若干个带颜色的实心小方框即为夹点。对夹点执行的编辑操作称为夹点模式。

单击〖菜单浏览器〗→【选项】→｛选择集｝，在此选项卡中可以对是否启用夹点，以及夹点的大小、颜色等进行设置，如图 3-74 所示。

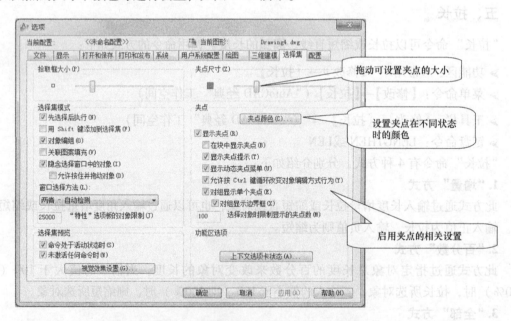

图 3-74　"选择集"选项卡中的夹点设置

夹点有冷态和热态两种不同的状态。冷态是指未被激活的夹点，当选择对象时，在该对象的特征点上出现的夹点即为冷态。热态是指被激活的夹点，在出现夹点后单击其中某个夹点，则这个夹点被激活，用户可以执行不同的夹点模式。被激活的夹点，通过按ENTER键或空格键响应，能完成拉伸、移动、旋转、比例缩放、镜像等五种编辑模式的切换，相应的提示顺序如下所示：

＊＊ 拉伸 ＊＊

指定拉伸点或［基点(B)/复制(C)/放弃(U)/退出(X)］：//进行"拉伸"操作或切换至
下一模式

＊＊ 移动 ＊＊

指定移动点或［基点(B)/复制(C)/放弃(U)/退出(X)］：//进行"移动"操作或切换至
下一模式

＊＊ 旋转 ＊＊

指定旋转角度或［基点(B)/复制(C)/放弃(U)/参照(R)/
退出(X)］：　　　　　　　　　　　　　　//进行"旋转"操作或切换至
下一模式

＊＊ 比例缩放 ＊＊

指定比例因子或［基点(B)/复制(C)/放弃(U)/参照(R)/
退出(X)］：　　　　　　　　　　　　　　//进行"比例缩放"操作或切
换至下一模式

＊＊ 镜像 ＊＊

指定第二点或［基点(B)/复制(C)/放弃(U)/退出(X)］：//进行"镜像"操作或切换至
下一模式

1."拉伸"操作

通过将选中夹点移动到新位置来伸缩对象。

2."移动"操作

将选定的对象进行移动。

3."旋转"操作

将选定的对象绕选中的夹点旋转。

4."比例缩放"操作

将选定的对象以选中的夹点为基点进行缩放。

5."镜像"操作

将选定的对象以选中的夹点为基点进行镜像。

 **操作提示**

在对夹点进行操作时，任何一种操作状态下，选择"复制"选项，系统都将按指定的
编辑模式多重复制对象，直至按ENTER键结束。

任务六　组合图形的绘制

 任务分析

如图3-75所示的图形主要由多边形、椭圆、圆环等组成，调用"多边形""圆环""椭
圆""对齐"等命令可完成该图形的绘制。

任务实施

第 1 步　分析图形，确定绘制方法。

上述图形包含了圆、直线、多边形、椭圆、圆环等对象，在 AutoCAD 2013 中均有对应命令可以进行绘制。为提高绘制速度，可先将相关倾斜对象水平绘制，然后引入新命令进行相关操作。

第 2 步　绘制中心线。

1）选择"点画线"图层，调用"直线"命令绘制水平中心线和左侧竖直中心线。

2）调用"偏移"命令，将左侧竖直中心线分别向右偏移 15mm 和 54mm。

3）从中间竖直中心线处绘制一条 20°的倾斜线。

第 3 步　绘制圆及切线。

选择"粗实线"图层，分别以左右竖直中心线与水平中心线的交点 A 和 B 为圆心，绘制 $\phi20$mm 和 $\phi36$mm 的圆及两圆切线，如图 3-76 所示。

第 4 步　绘制六边形。

单击◀常用▶→《绘图》→【多边形】

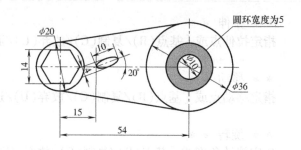

图 3-75　组合图形

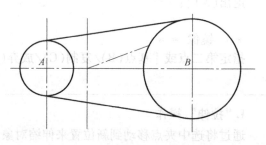

图 3-76　绘制中心线、圆及切线

，操作步骤如下：

命令:_polygon 输入边的数目 < 4 > :6↙	//调用"多边形"命令,输入多边形的边数
指定正多边形的中心点或［边(E)］:	//捕捉点 A 为正多边形的中心点
输入选项［内接于圆(I)/外切于圆(C)］< I > :c↙	//正多边形外切于已知圆
指定圆的半径:7↙	//输入圆半径

 操作提示

在 AutoCAD 2013 的功能区中，"多边形"命令与"矩形"命令是合在一起的，单击"矩形"命令右侧的下拉箭头，可调用"多边形"命令。

第 5 步　绘制圆环。

单击◀常用▶→《绘图》→【圆环】 ◎，操作步骤如下：

命令:_donut	//调用"圆环"命令
指定圆环的内径 < 0.5000 > :10↙	//指定圆环的内径

指定圆环的外径 <1.0000>:20✓   //指定圆环的外径

指定圆环的中心点或 <退出>:   //捕捉点 B 为圆环的圆心点

指定圆环的中心点或 <退出>:✓   //按ENTER键结束"圆环"命令

通过以上操作得到如图 3-77 所示图形，图中给定的圆环尺寸与圆环命令要求的参数不一致，必须通过计算才能确定。

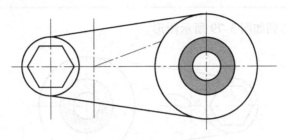

图 3-77　绘制多边形及圆环

第 6 步　绘制椭圆。

单击《常用》→《绘图》→〖椭圆〗 ，操作步骤如下：

命令:_ellipse   //调用"椭圆"命令

指定椭圆的中心点: //捕捉中心线的交点 C

指定轴的端点:@5,0   //指定半轴长度，在动态工具栏中只需
                                   要输入 X 轴向长度 5mm 即可

指定另一条半轴长度或 [旋转(R)]:2   //指定另一条半轴的长度

通过以上操作得到图 3-78 所示图形。

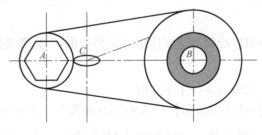

图 3-78　绘制椭圆

第 7 步　偏转椭圆。

单击《常用》→《修改》→〖对齐〗 ，操作步骤如下：

命令:_align   //调用"对齐"命令

选择对象:找到 1 个   //选择椭圆

选择对象:✓   //按ENTER键,结束对象选择

指定第一个源点: //捕捉椭圆左端点

指定第一个目标点：	//捕捉点 *C*
指定第二个源点：	//捕捉椭圆右端点
指定第二个目标点：	//捕捉倾斜中心线的右侧端点
指定第三个源点或＜继续＞：↙	//按ENTER键，结束指定点
是否基于对齐点缩放对象？［是(Y)/否(N)］＜否＞：	
	//按ENTER键，不缩放图形，结束命令

通过以上操作，得到如图3-79所示图形。

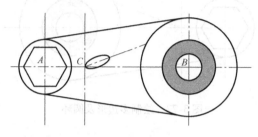

图3-79   偏转椭圆

 经验之谈

为提高绘图速度，对于图形中的倾斜部分，可先按水平或竖直位置绘制，以充分利用已知图线或"正交"等绘图辅助工具，然后再将其旋转或对齐到所需位置。

第8步   调整各中心线的长度，删除多余的中心线，得到如图3-75所示图形。

第9步   保存图形文件。

 知识链接

一、多边形

利用"多边形"命令可以绘制等边多边形（正多边形），边数范围在3～1024之间。调用命令的方式如下：

➤ 功能区：◀常用▶→《修改》→【多边形】 ⬠

➤ 菜单命令：【绘图】→【正多边形】（"AutoCAD 经典"工作空间）

➤ 工具栏：【绘图】→【多边形】 ⬠（"AutoCAD 经典"工作空间）

➤ 键盘命令：POLYGON

1. 正多边形的绘制

AutoCAD 2013 中提供了3种方式绘制等边多边形，在实际应用中可根据具体情况进行选择。

（1）"内接于圆"方式   如图3-80所示的正五边形内接于已知半径的圆，可按此方式进行绘制。

（2）"外切于圆"方式   如图3-81所示的正五边形外切于已知半径的圆，可按此方式进行绘制。

模块 三

（3）"边"方式　如图3-82所示的正五边形的边长为已知量，可按此方式进行绘制。

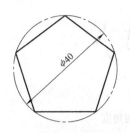

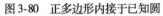

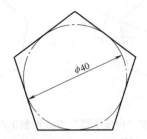

图 3-80　正多边形内接于已知圆　　　图 3-81　正多边形外切于已知圆　　　图 3-82　已知正多边形的边

2. 正多边形的旋转

以正六边形为例，按 AutoCAD 2013 默认的步骤绘制出来的正六边形为图 3-83 所示的方向。如果要绘制如图 3-84 所示方向的正六边形，可在输入半径时指定旋转角度。

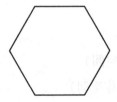

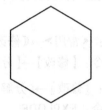

图 3-83　默认方向的正六边形　　　　　　图 3-84　另一种常用方向的正六边形

单击◀常用▶→《绘图》→〖多边形〗，操作步骤如下：

命令:_polygon 输入边的数目 <4 >:6↙　　　　　　//输入多边形的边数
指定正多边形的中心点或［边(E)］:　　　　　　　　//指定一点为正多边形的中
　　　　　　　　　　　　　　　　　　　　　　　　　　　　心点
输入选项［内接于圆(I)/外切于圆(C)］<I >:c↙　　//正多边形外切于已知圆
指定圆的半径:@10 <60↙　　　　　　　　　　　　　　//输入圆半径及旋转角度

通过以上操作，得到如图 3-84 所示图形。

 经验之谈

要绘制如图 3-84 所示正六边形，如果使用"外切于圆"方式，其半径为"@R <60"；如果使用"内接于圆"方式，其半径为"@R <30"（R 为外切或内接圆的半径）。

如果要绘制其他角度的正六边形，则可根据具体情况进行旋转。在绘制内接于圆的正六边形时，当系统提示"指定圆的半径:"时，输入@10 <20得到如图 3-85a 所示的正六边形；输入@10 < -20得到如图 3-85b 所示的正六边形。其中"@"后的数字为其半径，"<"后的数字决定正多边形的旋转角度，正值为逆时针旋转，负值为顺时针旋转。外切于圆的正六边形的绘制方法类似，只是输入旋转角度的正负符号相反。其他边数的正多边形均可按此方法进行绘制。

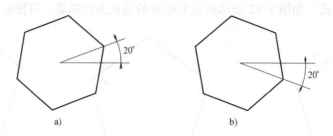

图 3-85　按"内接于圆"方式绘制正六边形设置的角度
a）半径为@10 < 20　b）半径为@10 < −20

二、分解

"分解"命令可以将组合对象分解成单个元素，AutoCAD 中将正多边形、块等作为一个复合对象来处理，若需要对其中某些单个对象进行操作，需将其先行分解。调用命令的方式如下：

> 功能区：《常用》→《修改》→〖分解〗 🔳
> 菜单命令：【修改】→【分解】（"AutoCAD 经典"工作空间）
> 工具栏：〖修改〗→〖分解〗 🔳 （"AutoCAD 经典"工作空间）
> 键盘命令：EXPLODE

图 3-86a 所示为选择调用"多边形"命令绘制的正六边形，图 3-86b 所示为选择对正六边形调用"分解"命令后的结果，此时，原来的单一对象被分解成为 6 个对象。

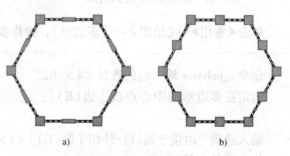

图 3-86　选择分解前后的正六边形
a）一个整体的正六边形　b）由 6 条直线组成的正六边形

三、圆环

"圆环"命令可以绘制一个或多个圆环或实心圆。调用命令的方式如下：

> 功能区：《常用》→《绘图》→〖圆环〗 ◎
> 菜单命令：【绘图】→【圆环】（"AutoCAD 经典"工作空间）
> 工具栏：〖绘图〗→〖圆环〗 ◎ （默认状态下〖绘图〗中没有此图标，如有必要用户可自行添加）（"AutoCAD 经典"工作空间）
> 键盘命令：DONUT

"圆环"命令为自动重复命令，调用后可多次执行，直至用户终止此命令。

四、椭圆

"椭圆"命令可以绘制椭圆或椭圆弧。调用命令的方式如下：

> 功能区：《常用》→《绘图》→〖椭圆〗 ⬭ ▾

➢ 菜单命令：【绘图】→【椭圆】（"AutoCAD 经典"工作空间）

➢ 工具栏：〖绘图〗→〖椭圆〗 ⬭ （"AutoCAD 经典"工作空间）

➢ 键盘命令：ELLIPSE

"椭圆"命令有 3 种不同的方式，分别介绍如下：

1. "圆心"方式

单击◀常用▶→《绘图》→〖椭圆〗，操作步骤如下：

命令:_ellipse	//调用"椭圆"命令
指定椭圆的轴端点或［圆弧（A）/中心点（C）］:_c✓	//选择"圆心"方式
指定椭圆的中心点:	//指定椭圆的中心点 O
指定轴的端点:@20,0✓	//给定椭圆一条半轴的长度
指定另一条半轴长度或［旋转（R）］:5✓	//给定椭圆另一条半轴的长度

通过以上操作，得到如图 3-87 所示椭圆。

2. "轴，端点"方式

单击◀常用▶→《绘图》→〖椭圆〗，操作步骤如下：

命令:_ellipse	//调用"椭圆"命令
指定椭圆的轴端点或［圆弧（A）/中心点（C）］:	//捕捉椭圆的一个端点 A
指定轴的另一个端点:	//捕捉椭圆的另一个端点 B
指定另一条半轴长度或［旋转（R）］:5	//输入椭圆另一条半轴长度的数值

图 3-88 所示为按上述操作步骤根据椭圆的两个端点 A、B 和另一条半轴的长度 5mm 绘制的椭圆。

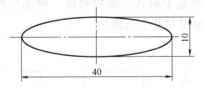

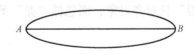

图 3-87 调用"圆心"方式绘制椭圆　　　　图 3-88 调用"轴，端点"方式绘制椭圆

3. "椭圆弧"方式

单击◀常用▶→《绘图》→〖椭圆弧〗，操作步骤如下：

命令:_ellipse	//调用"椭圆弧"命令
指定椭圆的轴端点或［圆弧（A）/中心点（C）］:_a✓	//系统提示
指定椭圆弧的轴端点或［中心点（C）］:	//指定椭圆的一个端点 A
指定轴的另一个端点:	//指定椭圆的另一个端点 B
指定另一条半轴长度或［旋转（R）］:	//指定椭圆另一条半轴的端点 C
指定起点角度或［参数（P）］:0✓	//给定椭圆弧的起始角度

指定端点角度或〔参数(P)/包含角度(I)〕:180↙   //给定椭圆弧的终止角度

通过以上操作,可得到如图3-89所示的椭圆弧。绘制椭圆弧与圆弧一样,也是按逆时针方向进行的。

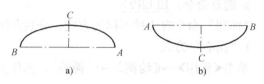

图 3-89　绘制椭圆弧
a) 从右向左确定椭圆轴　b) 从左向右确定椭圆轴

五、对齐

"对齐"命令可以将选定对象移动、旋转或倾斜,使之与另一个对象对齐。调用命令的方式如下:

➤ 菜单命令:《常用》→《修改》→〖对齐〗
➤ 菜单命令:【修改】→【三维操作】→【对齐】("AutoCAD 经典"工作空间)
➤ 键盘命令:ALIGN

"对齐"命令有3种操作方式,分别介绍如下:

1."一对点对齐"方式

"一对点对齐"方式即只使用源点和目标点一对点进行对齐操作,按ENTER键忽略继续指定源点和目标点的提示。该方式可将选定对象从源位置移至目标位置,其作用等同于"移动"命令。如图3-90所示,以圆B的圆心为源点,圆A的圆心为目标点,将小圆移至与大圆同心的位置。

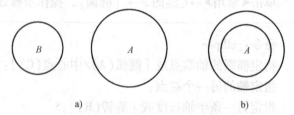

图 3-90　"一对点对齐"实现移动
a) 原始图形　b) 对齐后的图形

2."两对点对齐"方式

"两对点对齐"方式可以实现对齐(图3-91)或缩放(图3-92)。两图中,第一源点为A,第一目标点为A′;第二源点为B,第二目标点为B′。两者的区别在于当命令提示"是否基于对齐点缩放对象"时的选择,选择"否"只对齐对象,而选择"是"则可在对齐对象时对其实行缩放。

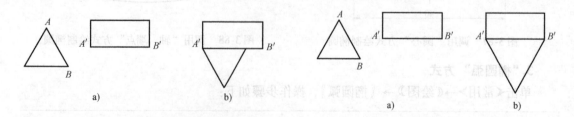

图 3-91　"两对点对齐"实现对齐
a) 原始图形　b) 对齐后的图形

图 3-92　"两对点对齐"实现缩放
a) 原始图形　b) 对齐后的图形

3."三对点对齐"方式

该方式可以在三维空间移动和旋转选定对象,使之与其他对象对齐,此选项主要用于三维图形,操作方法与前述方法一致。

任务七 倾斜图形的绘制

 任务分析

如图 3-93 所示的图形主要由多边形、圆等组成，调用"复制""缩放""旋转"等命令可完成该图形的绘制。

 任务实施

第 1 步 分析图形，确定绘制方法及步骤。

如图 3-93 所示的图形由 6 个相切的等直径且与三角形的三条边分别相切的圆组成，三角形倾斜成一个角度。为简化操作，可先将其绘制成水平方向后再进行旋转。该图形中只有一个尺寸，若按该尺寸直接进行绘制，必然要进行相关数据的计算，因此本任务先以任意尺寸绘制图形，然后再调用"缩放"命令以达到规定尺寸的要求，这样可避免数据的计算。从图形的结构特点来看，可先绘制圆，再绘制与圆相切的三角形。

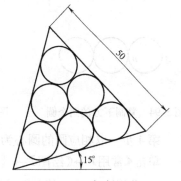

图 3-93 倾斜图形

第 2 步 绘制任意半径的圆。

以 5mm 为半径绘制 1 个圆，开始圆的绘制。

第 3 步 复制圆。

（1）使用复制方法绘制两个下方的圆 将"捕捉"模式的"象限点"和"圆心"打开，单击◄常用▶→《修改》→〖复制〗 ，操作步骤如下：

命令:_ copy	//调用"复制"命令
选择对象:指定对角点:找到 1 个	//选择 $R5mm$ 的圆
选择对象:↙	//按ENTER键结束对象的选择
当前设置： 复制模式 = 多个	//系统提示
指定基点或 ［位移(D)/模式(O)］＜位移＞:	//捕捉圆的左象限点 A 作为源点
指定第二个点或 ＜使用第一个点作为位移＞:	//捕捉圆的右象限点 B 作为目标点复制 1 个圆
指定第二个点或 ＜使用第一个点作为位移＞:	//捕捉复制圆的右象限点 C 作为目标点再复制 1 个圆
指定第二个点或 ［退出(E)/放弃(U)］＜退出＞:↙	//按ENTER键结束"复制"命令

通过以上操作，得到如图 3-94 所示的图形。

（2）使用复制方法绘制中间的两个圆 单击◄常用▶→《修改》→〖复制〗，操作步骤如下：

命令:_ copy	//调用"复制"命令

选择对象:指定对角点:找到 2 个	//选择两个圆 O_1、O_2
选择对象:✓	//按ENTER键结束对象的选择
当前设置: 复制模式＝多个	//系统提示
指定基点或［位移(D)/模式(O)］<位移>:	//捕捉圆 O_1 的圆心作为源点
指定第二个点或<使用第一个点作为位移>:@10<60	//指定位移复制选中的两个圆 O_1、O_2
指定第二个点或［退出(E)/放弃(U)］<退出>:✓	//按ENTER键结束"复制"命令

通过以上操作，得到如图 3-95 所示的图形。

（3）使用复制方法绘制最上方的圆　使用上述方法将圆 O_3 按指定位移方式进行复制，得到如图 3-96 所示的图形。

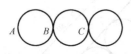

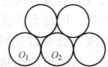

图 3-94　复制下方的两个圆　　　图 3-95　复制中间的两个圆　　　图 3-96　复制最上方的圆

第 4 步　以相应圆的圆心为顶点绘制三角形。

单击≪常用≫→《绘图》→〖多边形〗，操作步骤如下：

命令:_polygon 输入边的数目<4>:3	//输入正多边形的边数
指定正多边形的中心点或［边(E)］:e✓	//选择"边"方式
指定边的第一个端点:	//捕捉左下角圆的圆心 O_1
指定边的第二个端点:	//捕捉右下角圆的圆心 O_4

通过以上操作，得到如图 3-97 所示的图形。

第 5 步　偏移三角形。

以圆的半径 5mm 为偏移距离，将三角形向外偏移，如图 3-98 所示。删除第 4 步绘制的三角形。

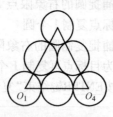

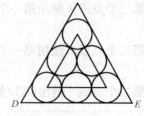

图 3-97　绘制三角形　　　　　　　　　　图 3-98　偏移三角形

 经验之谈

如果调用"直线"命令绘制三角形，在偏移时各条线段将无法自动伸缩。而调用"多边形"、"矩形"或"多段线"命令绘制的对象则可根据偏移距离自动调整各边的边长,以保证图形基本形状不变,如图 3-99 所示。

a)　　　　　　b)　　　　　　c)　　　　　　d)

图 3-99　不同对象偏移的结果

a) 三角形向外偏移　b) 三角形向内偏移　c) 3 条直线向外偏移　d) 3 条直线向内偏移

第 6 步　缩放对象。

单击《常用》→《修改》→〖缩放〗 ⬜,操作步骤如下:

命令:_ scale	//调用"缩放"命令
指定对角点:找到 7 个	//选择整个图形
选择对象:↙	//按ENTER键,结束对象的选择
指定基点:	//捕捉点 D
指定比例因子或［复制(C)/参照(R)］< 1.0000 >:　r↙	//选择"参照"选项
指定参照长度 < 1.0000 >:	//捕捉 D 点
指定第二点:	//捕捉 E 点
指定新的长度或［点(P)］< 1.0000 >:　50↙	//输入新长度,即指定 DE 缩放后的长度为 50mm

通过以上操作,将图形调整到规定的尺寸要求。

 经验之谈

执行"缩放"命令时,若要保留源对象,可选择"复制"选项。

第 7 步　旋转对象。

单击《常用》→《修改》→〖旋转〗 ↻,操作步骤如下:

命令:_rotate	//调用"旋转"命令
UCS 当前的正角方向:ANGDIR = 逆时针 ANGBASE = 0	//系统提示
选择对象:指定对角点:找到 7 个	//选择第 6 步完成的图形
选择对象:↙	//按ENTER键,结束对象选择
指定基点:	//捕捉点 D 为基点
指定旋转角度,或［复制(C)/参照(R)］:15	//输入旋转角度

模块三

通过以上操作，得到如图 3-93 所示图形。

第 8 步　保存图形文件。

 知识链接

一、复制

"复制"命令可以将选中的对象复制一个或多个到指定的位置。调用命令的方式如下：

➤ 功能区：◀常用▶→《修改》→〖复制〗 📋

➤ 菜单命令：【修改】→【复制】（"AutoCAD 经典"工作空间）

➤ 工具栏：〖修改〗→〖复制〗 📋 （"AutoCAD 经典"工作空间）

➤ 键盘命令：COPY、CO 或 CP

"复制"命令的使用有 4 种方式，分别介绍如下：

1. "指定两点"方式

该方式先指定基点，然后指定第二点，将复制对象以基点为基准复制到指定的第二点上。

2. "指定位移"方式

该方式通过输入被复制对象的位移（即相对距离）来确定复制对象的位置。如果使用直角坐标则可省略 "@"，因为 AutoCAD 2013 在此情况下默认为相对坐标形式。

3. "阵列"方式

该方式可以一次复制多个对象。单击◀常用▶→《修改》→〖复制〗，操作步骤如下：

命令:_copy	//调用"复制"命令
选择对象:找到 1 个	//选择圆作为复制对象
选择对象:✓	//按 ENTER 键结束对象的选择
当前设置：　复制模式 = 多个	//系统提示
指定基点或 [位移(D)/模式(O)] <位移>:	//捕捉圆心作为基点
指定第二个点或 [阵列(A)] <使用第一个点作为位移>:a	//选择"阵列"方式
输入要进行阵列的项目数:3	//输入阵列数目
指定第二个点或 [布满(F)]:　<正交 开> @15,0	//指定阵列相对于基点的距离和方向，其中 "@" 为系统自动添加
指定第二个点或 [阵列(A)/退出(E)/放弃(U)] <退出>:✓	//按 ENTER 键结束命令，操作结果如图 3-100a 所示
命令:	//系统提示
COPY	//重复调用"复制"命令
选择对象:找到 1 个	//选择圆作为复制对象

选择对象：↙　　　　　　　　　　　　　　　　　//按ENTER键结束对象
　　　　　　　　　　　　　　　　　　　　　　　　的选择

当前设置：　复制模式＝多个　　　　　　　　　//系统提示
指定基点或［位移(D)/模式(O)］＜位移＞：　　//捕捉圆心作为基点
指定第二个点或［阵列(A)］＜使用第一个点作为位移＞：a　//选择"阵列"方式
输入要进行阵列的项目数：3　　　　　　　　　//输入阵列数目
指定第二个点或［布满(F)］：f　　　　　　　 //选择"布满"方式
指定第二个点或［阵列(A)］：@15,0　　　　　 //指定阵列相对于基点
　　　　　　　　　　　　　　　　　　　　　　　　的距离和方向，其中
　　　　　　　　　　　　　　　　　　　　　　　　@为系统自动添加

指定第二个点或［阵列(A)/退出(E)/放弃(U)］＜退出＞：↙ //按ENTER键结束命令，
　　　　　　　　　　　　　　　　　　　　　　　　操作结果如图 3-100b
　　　　　　　　　　　　　　　　　　　　　　　　所示

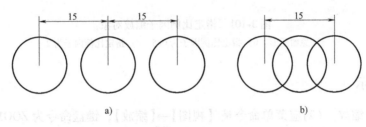

图 3-100　"复制"命令的"阵列"选项
a) 默认方式　b) "布满"方式

　　通过以上操作，可以了解"复制"命令的"阵列"选项两种不同方式的区别。在默认方式下，阵列中的第一个副本将按指定的位移放置，其余的副本使用相同的增量位移放置在超出该点的线性阵列中；如果选择"布满"方式，则阵列中的最终副本将按指定的位移放置，其他副本布满原始对象和最终副本之间的线性阵列中。

4. 改变复制模式

　　"复制"命令可由"模式"选项对复制的次数进行设置。"单个"选项表示调用"复制"命令只复制一次；"多个"选项表示调用"复制"命令可复制多次，直至结束该命令。

 操作提示

　　〖标准〗→〖复制〗（对应菜单命令是【编辑】→【带基点复制】）与〖修改〗→〖复制〗（对应菜单命令是【修改】→【复制】）有本质的区别。前者是将目标复制到剪贴板上，需执行"粘贴"命令才能完成复制工作，可实现各应用程序间图形选定对象的传递；后者只能实现文档内部的复制。

二、缩放

　　该命令可以将选定的对象以指定的基点为中心按指定的比例放大或缩小。调用命令的方式如下：

> 功能区：◀常用▶→《修改》→〖缩放〗
> 菜单命令：【修改】→【缩放】（"AutoCAD 经典"工作空间）
> 工具栏：〖修改〗→〖缩放〗 （"AutoCAD 经典"工作空间）
> 键盘命令：SCALE 或 SC

"缩放"命令的使用有两种方式，分别介绍如下：

1. "指定比例因子"方式

该方式通过指定的比例因子进行对象的缩放。比例因子必须为正数，当比例因子大于 1 时，放大对象；小于 1 时，缩小对象，如图 3-101 所示。

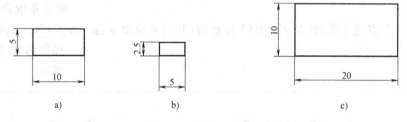

图 3-101　指定比例因子缩放对象
a）原始图形　b）指定比例因子为 0.5　c）指定比例因子为 2

操作提示

　　【标准】→【缩放】（对应菜单命令是【视图】→【缩放】，键盘命令为 ZOOM）与【修改】→【缩放】（对应菜单命令是【修改】→【缩放】，键盘命令为 SCALE）都可对图形进行缩小或放大，但两者有本质的区别，ZOOM 命令只是改变图形的视觉尺寸，图形的实际大小并没有改变（就像是用照相机去观察景物）；而 SCALE 命令则是改变图形的实际尺寸。

2. "参照"方式

该方式可在不知道缩放比例时对选择的对象进行缩放，由 AutoCAD 2013 自动计算指定的新长度与参照长度的比值，并以此作为比例因子缩放所选对象。

三、旋转

"旋转"命令能将选定对象绕指定的基点旋转。调用命令的方式如下：

> 功能区：◀常用▶→《修改》→〖旋转〗
> 菜单命令：【修改】→【旋转】（"AutoCAD 经典"工作空间）
> 工具栏：〖修改〗→〖旋转〗 （"AutoCAD 经典"工作空间）
> 键盘命令：ROTATE 或 RO

"旋转"命令的使用有 3 种方式，分别介绍如下：

1. "指定旋转角度"方式

该方式在选择基点，输入旋转角度后，将选定的对象绕基点旋转指定的角度。

2. "复制"方式

该方式在旋转对象的同时保留源对象。

3."参照"方式

该方式需要用户指定两个角度：首先指定参照角，用于确定相对于参考方向的参考角度，用户可直接输入具体的角度数值或选取两个点并通过这两个点的连线确定 1 个角度；然后确定相对参考方向的新角度，用户可直接输入 1 个角度或选取 1 个点，通过该点与旋转基点来确定新角度。

要将图 3-102a 所示右边三角形的边 *AB* 旋转至与左边三角形的边 *AC* 重合，单击◀常用▶→《修改》→〖旋转〗，操作步骤如下：

命令：_rotate	//调用"旋转"命令
UCS 当前的正角方向：ANGDIR = 逆时针 ANGBASE = 0	//系统提示
选择对象：指定对角点：找到 1 个	//选择右边三角形
选择对象：↙	//按ENTER键，结束对象选择
指定基点：	//捕捉点 A 为基点
指定旋转角度，或［复制（C）/参照（R）］：r↙	//选择"参照"方式
指定参照角 <0>：	//捕捉点 A
指定第二点：	//捕捉点 B
指定新角度或［点（P）］<120>：	//捕捉点 C,即将三角形的边 AB 旋转至与三角形的边 AC 重合

通过以上操作，得到如图 3-102b 所示的图形。

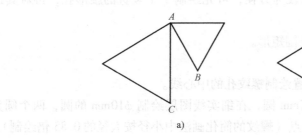

图 3-102　"参照"方式旋转对象

a）原始图形　b）旋转后

任务八　规则排列图形的绘制

 任务分析

如图 3-103 所示的图形主要由一些图形按一定的规律排列，调用"打断""阵列""拉伸"等命令可完成该图形的绘制。

 任务实施

第 1 步　分析图形，确定绘制方法及步骤。

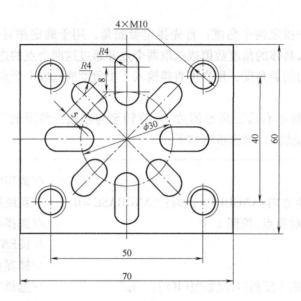

图 3-103 规则排列图形

该图形由螺纹孔、长腰形孔、短腰形孔 3 种对象按一定的规则排列在矩形中。可在绘制完每种对象后由前述的复制命令快速完成，本任务中引入一个效率更高的"阵列"命令来完成。长腰形孔和短腰形孔只有直线部分的尺寸不同，可以先绘制 1 个，另一个由"拉伸"命令来完成。"拉伸"命令当然也可以实现负拉伸，即缩短。此处按日常习惯，先绘制短腰形孔，再将其拉长。在正交位置绘图较为方便，可先绘制 1 个竖直的腰形孔，再对其进行复制。

第 2 步 绘制 70mm × 60mm 的外围矩形。

第 3 步 绘制 M10mm 的螺纹孔。

1）在"点画线"图层按指定位置绘制螺纹孔的中心线。

2）在"粗实线"图层绘制 ϕ8.5mm 圆，在细实线图层绘制 ϕ10mm 的圆，两个圆为同心圆，圆心为上一步所绘中心线的交点（螺纹的简化画法中小径按大径的 0.85 倍绘制）。

3）调用"打断"命令在点 A、点 B 之间打断代表螺纹大径的细实线。单击◀常用▶→〖修改〗→〖打断〗 ⌐，操作步骤如下：

命令:_ break 选择对象：   //调用"打断"命令，在打断
                                                           点 A 处选择圆

指定第二个打断点 或 [第一点(F)]：<对象捕捉 关>   //指定打断的第二点，为避免
                                                           其他点的干扰，此时可将对
                                                           象捕捉关闭，单击点 B
                                                           位置

通过以上操作，得到如图 3-104 所示图形。

第 4 步 矩形阵列螺纹孔。

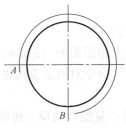

图 3-104　打断圆

单击◀常用▶→《修改》→〖矩形阵列〗 🔡，操作步骤如下：

命令：_arrayrect	//调用"阵列"命令
选择对象：指定对角点：找到 4 个	//选择螺纹孔及其中心线
选择对象：↙	//结束对象的选择
类型 = 矩形　关联 = 是	//系统提示
选择夹点以编辑阵列或［关联（AS）/基点（B）/计数（COU）/间距（S）/列数（COL）/行数（R）/层数（L）/退出（X）］＜退出＞：cou↙	//选择"计数"选项
输入列数数或［表达式（E）］＜4＞：2↙	//输入阵列列数
输入行数数或［表达式（E）］＜3＞：2↙	//输入阵列行数
选择夹点以编辑阵列或［关联（AS）/基点（B）/计数（COU）/间距（S）/列数（COL）/行数（R）/层数（L）/退出（X）］＜退出＞：s↙	//选择"间距"选项
指定列之间的距离或［单位单元（U）］＜28.0189＞：50↙	//指定列之间的距离
指定行之间的距离＜30.9575＞：40↙	//指定行之间的距离
选择夹点以编辑阵列或［关联（AS）/基点（B）/计数（COU）/间距（S）/列数（COL）/行数（R）/层数（L）/退出（X）］＜退出＞：↙	//按ENTER键接受阵列结果

通过以上操作，得到如图 3-105 所示图形。在 AutoCAD2013 中进行"阵列"操作时，可以预览阵列的结果。

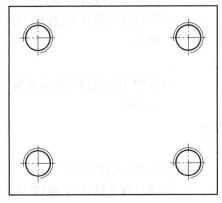

图 3-105　矩形阵列螺纹孔

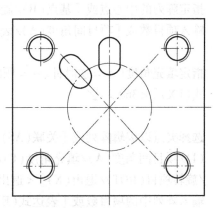

图 3-106　绘制两个腰形孔

模块三

第 5 步 绘制腰形孔。

1）绘制中间部分图形的中心线。

2）绘制一条起点距外围矩形左上角距离为（31mm，-15mm），向上长度为 5mm 的粗实线，向右偏移 8mm 后调用"圆角"命令对两条直线进行倒圆角处理，绘制出上方竖直的腰形孔。

3）调用"旋转"命令，选择其"复制"选项，将刚绘制出的竖直腰形孔以中心线圆的圆心为基点旋转 45°复制，如图 3-106 所示。

4）调整竖直腰形孔的尺寸。

单击◀常用▶→《修改》→〖拉伸〗 ，操作步骤如下：

命令:_stretch	//调用"拉伸"命令
以交叉窗口或交叉多边形选择要拉伸的对象...	//系统提示
选择对象:指定对角点:找到 4 个	//用交叉窗口方式选择竖直腰形孔上方圆弧及两条直线
选择对象:↙	//按 ENTER 键结束对象的选择
指定基点或 [位移(D)] <位移>:	//指定竖直中心线上任一点
指定第二个点或 <使用第一个点作为位移>:@0,3	//输入拉伸坐标

通过以上操作，将竖直腰形孔的尺寸调整到指定尺寸。

第 6 步 环形阵列腰形孔。

单击◀常用▶→《修改》→〖阵列〗后的下拉箭头，选择〖环形阵列〗 ，操作步骤如下：

命令:_arraypolar	//调用"环形阵列"命令
选择对象:指定对角点:找到 8 个	//选择第 5 步绘制的两个腰形孔
选择对象:↙	//结束对象的选择
类型 = 极轴 关联 = 是	//系统提示
指定阵列的中心点或 [基点(B)/旋转轴(A)]:	//选定中心线圆的圆心
输入项目数或 [项目间角度(A)/表达式(E)] <4>:↙	//项目数为默认值,按 ENTER 键确定
指定填充角度(+ =逆时针、 - =顺时针)或 [表达式(EX)] <360>:↙	//按 ENTER 键确定填充角度为 360°
选择夹点以编辑阵列或 [关联(AS)/基点(B)/项目(I)/项目间角度(A)/填充角度(F)/行(ROW)/层(L)/旋转项目(ROT)/退出(X)] <退出>:i↙	//选择"项目"选项
输入阵列中的项目数或 [表达式(E)] <4>:↙	//项目数为默认值,按 ENTER 键确定

选择夹点以编辑阵列或［关联(AS)/基点(B)/项目(I)
/项目间角度(A)/填充角度(F)/行(ROW)/层(L)/旋
转项目(ROT)/退出(X)]<退出>:f↙   //选择"填充角度"选项
指定填充角度(+ = 逆时针、- = 顺时针)或［表达式
(EX)]<360>:↙   //按ENTER键确定填充角度
                                         为360°

选择夹点以编辑阵列或［关联(AS)/基点(B)/项目
(I)/项目间角度(A)
/填充角度(F)/行(ROW)/层(L)/旋转项目(ROT)/退
出(X)]↙   //按ENTER键确定接受当前阵
                                         列结果

通过以上操作,得到如图 3-103 所示图形。
第 7 步 保存图形文件。

知识链接

一、打断

"打断"命令可以将 1 个整体图形进行部分删除或将图形分解成两部分。调用命令的方式如下:

➤ 功能区:◀常用▶→《修改》→〖打断〗 或〖打断于点〗
➤ 菜单命令:【修改】→【打断】("AutoCAD 经典"工作空间)
➤ 工具栏:〖修改〗→〖打断〗 或〖打断于点〗 ("AutoCAD 经典"工作空间)
➤ 键盘命令:BREAK 或 BR

1. 指定两个打断点

该方式将图形两打断点之间的部分删除。如图 3-107 所示,可将中心线在 *A*、*B* 两点间的部分删除。

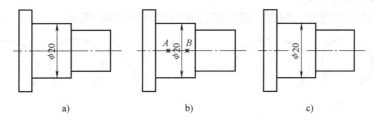

图 3-107 指定两个打断点
a) 原始图形 b) 指定两个打断点 c) 打断后的结果

2. 打断于点

该命令将图形分解成两部分,虽然从表面上看不出操作前后的区别,但通过调用该命令,可将原来的一个整体打断成两部分。

如图 3-108a 所示的直线,当选择该直线后可以很清楚地看到其为一个整体,单击◀常

用▶→《修改》→〖打断于点〗 ⬚，操作步骤如下：

命令：_ break 选择对象：   //调用"打断"命令，选择该直线
指定第二个打断点 或［第一点（F）］：_f   //系统提示
指定第一个打断点：   //在中点上单击，选择打断点
指定第二个打断点：@   //系统提示

再次选择该直线，如图 3-108b 所示，该直线已经从中点被分为两段了。

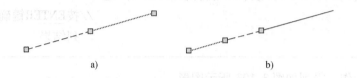

a)   b)

图 3-108　打断于点

a）原始图形　b）从中点打断为两个对象

 操作提示

"打断于点"命令可对直线、圆弧等对象进行操作，但不能在一点打断闭合对象（例如圆）。

二、合并

"合并"命令可以将多个图形合并成一个完整的对象，该命令可以合并直线、圆弧、椭圆弧、多段线或样条曲线。可将其视为"打断"命令的逆运算，即将打断的对象重新拼合起来。调用命令的方式如下：

➤ 功能区：◀常用▶→《修改》→〖合并〗 ✚
➤ 菜单命令：【修改】→【合并】（"AutoCAD 经典"工作空间）
➤ 工具栏：〖修改〗→〖合并〗 ✚（"AutoCAD 经典"工作空间）
➤ 键盘命令：JOIN 或 J

图 3-109a 所示的直线、圆弧、椭圆弧合并后如图 3-109b 所示。

a)   b)

图 3-109　"合并"命令的使用

a）原始图形　b）合并后的图形

 操作提示

对于源对象和要合并的对象，如是直线，必须共线；如是圆弧，必须位于同一假想的圆上；如是椭圆弧，必须位于同一椭圆上。对象之间既可以有间隙也可以没有间隙（如某个被打断成两个部分的对象）。

三、阵列

"阵列"命令可以将指定对象以矩形、环形或按指定路径的方式进行复制。以矩形阵列为例，调用命令的方式如下：

➢ 功能区：‹常用›→《修改》→〖矩形阵列〗 ⊞

➢ 菜单命令：【修改】→【矩形阵列】（"AutoCAD 经典"工作空间）

➢ 工具栏：〖修改〗→〖矩形阵列〗 ⊞ （"AutoCAD 经典"工作空间）

➢ 键盘命令：<u>ARRAY</u> 或 <u>AR</u>

对于呈矩形、环形规律分布或沿整个路径、部分路径平均分布的相同对象调用该命令可以大大提高绘图的效率。从 AutoCAD 2012 开始，"阵列"命令的功能有了很大的加强，取消了对话框设置参数的形式，用户可直接在命令行中设置参数，且在操作时可以实时预览阵列的结果。而 AutoCAD 2013 在此基础上又有了新的变动，功能更加强大，使用更加方便。该命令的使用有 3 种方式，分别介绍如下：

1. 矩形阵列

矩形阵列能将选定的对象以指定的行数和行间距、列数和列间距按矩形规律进行复制，在三维绘制中还能指定阵列的层数。

2. 环形阵列

环形阵列能将选定的对象绕一个中心点按圆形或扇形排列规律进行复制，并能设置阵列时是否将源对象进行旋转。

（1）源对象是否旋转 在执行"环形阵列"命令过程中，可通过"旋转项目"选项设置阵列时是否将源对象进行旋转。

图 3-110a 所示为阵列时旋转项目的结果，图 3-110b 所示为阵列时不旋转项目的结果。

（2）阵列角度 环形阵列可在整个圆周上进行，也可由用户指定阵列填充角度。输入填充角度为正，则按逆时针方向阵列；反之，按顺时针方向阵列。如图 3-

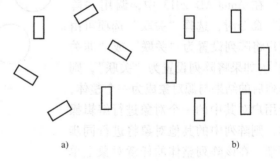

a)   b)

图 3-110 环形阵列时是否旋转

a）阵列时旋转 b）阵列时不旋转

111 所示，圆 A 以点 O 为阵列中心点进行阵列，填充角度不同，阵列的结果也不相同。

3. 路径阵列

将如图 3-112a 所示的圆，沿着样条曲线复制 4 次。单击‹常用›→《修改》→〖阵列〗 ⌁ ，操作步骤如下：

命令:_arraypath	//调用"路径阵列"命令
选择对象:找到 1 个	//选择圆
选择对象:↙	//结束对象的选择
类型 = 路径　关联 = 是	//系统提示

选择路径曲线：　　　　　　　　　　　　　　　　　//选择样条曲线

选择夹点以编辑阵列或［关联(AS)/方法(M)/基点(B)/切向(T)/项目(I)

/行(R)/层(L)/对齐项目(A)/

Z方向(Z)/退出(X)］＜退出＞:m↙　　　　　　　　//选择"方法"选项

输入路径方法［定数等分(D)/定距等分(M)］

　＜定距等分＞:d↙　　　　　　　　　　　　　　//选择"定数等分"选项

选择夹点以编辑阵列或［关联(AS)/方法(M)/基点(B)/切向(T)/项目(I)

/行(R)/层(L)/对齐项目(A)/

Z方向(Z)/退出(X)］＜退出＞:i↙　　　　　　　//选择"项目"选项

输入沿路径的项目数或［表达式(E)］＜8＞:5↙　　//输入项目数目

选择夹点以编辑阵列或［关联(AS)/方法(M)/基点(B)/切向(T)/项目(I)

/行(R)/层(L)/对齐项目(A)/

Z方向(Z)/退出(X)］＜退出＞:↙　　　　　　　//按ENTER键确定接受
　　　　　　　　　　　　　　　　　　　　　　　　当前阵列结果

通过以上操作，得到如图3-112b所示的图形。

"阵列"命令的关联与非关联区别如下：

在 AutoCAD 2013 中，调用"阵列"命令时，选择"关联"选项可由用户将阵列设置为"关联"或"非关联"。如果将阵列设置为"关联"，则阵列后的结果与源对象成为一个整体，若用户对其中的一个对象进行编辑操作，则阵列中的其他对象将进行同步更新。在该阵列整体的任意对象上单

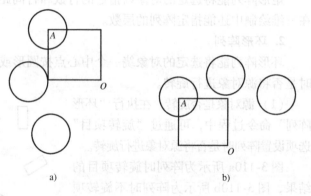

图 3-111　环形阵列时的填充角

a) 填充角为90°　b) 填充角为 -90°

击，将在功能区的位置显示如图3-113所示的"阵列"选项卡，若双击对象，则除了该选项卡外，还将弹出如图3-114所示的"快捷特性"面板，以对阵列对象进行编辑操作。单击《阵列》→《选项》→〖编辑来源〗，可对阵列中的某个对象进行编辑操作。编辑完成后，单击如图3-115所示的《编辑阵列》→〖保存更改〗/〖放弃更改〗，可将阵列中的其他对象进行同样的更改或放弃刚做的更改。

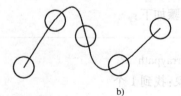

图 3-112　沿路径阵列对象

a) 原始图形　b) 沿路径阵列

图 3-113　"阵列"选项卡

图 3-114　"阵列""快捷特性"面板　　　　　图 3-115　"编辑阵列"面板

四、拉伸

"拉伸"命令可以拉伸或收缩以"窗交"方式或"圈交"方式选中的对象。调用命令的方式如下：

> 功能区：《常用》→《修改》→【拉伸】
> 菜单命令：【修改】→【拉伸】（"AutoCAD 经典"工作空间）
> 工具栏：〖修改〗→〖拉伸〗（"AutoCAD 经典"工作空间）
> 键盘命令：STRETCH 或S

调用"拉伸"命令时，必须以"窗交"方式或"圈交"方式选择要拉伸的对象，与选择边界相交的对象被拉伸/压缩，而完全位于选择区域内的对象只移动不变形。如图 3-116a 所示，使用"窗交"方式选择右侧圆弧和两条水平线，向右拉伸后与选择边界相交的两条水平线的长度发生变化，而完全位于选择区域内的圆弧则只是移动了位置，如图 3-116b 所示。调用"拉伸"命令时，选择对象时的位置不同，拉伸的结果也有所不同。如图 3-117

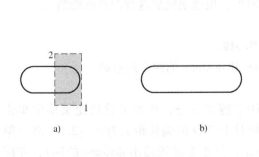

图 3-116　"拉伸"命令的使用

a）原始图形　b）拉伸后的图形

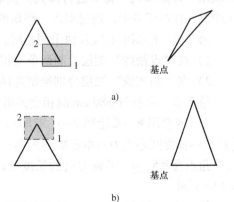

图 3-117　选择位置对拉伸结果的影响

a）选择右下角后向正上方拉伸

b）选择顶角后向正上方拉伸

模块三

95

所示，同样以三角形的左下角为基点向正上方拉伸，图 3-117a 所示为选择右下角区域拉伸的结果；图 3-117b 所示为选择顶角区域拉伸的结果。

任务九　均匀分布图形的绘制

 任务分析

如图 3-118 所示图形由数量众多的相同要素均匀分布构成的，调用"面域""布尔运算"等命令可完成该图形的绘制。

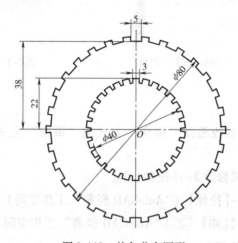

图 3-118　均匀分布图形

 任务实施

第 1 步　分析图形，确定绘制方法。

上述图形以圆心为对称中心均匀分布，在绘制时可以考虑先绘制出一个单元的图形，然后调用"环形阵列"命令进行阵列。但通过对图形进行分析，单元图形的形状并不容易快速绘制，在本任务中，通过引入一些新的命令来简单、快速地完成这种图形的绘制。

第 2 步　绘制中心线及两个同心圆。

1）在"点画线"图层绘制两条互相垂直的中心线。

2）在"粗实线"图层分别绘制直径为 φ80mm 和 φ40mm 的两个同心圆。

第 3 步　绘制与 φ80mm 圆相交的矩形。

单击◀常用▶→《绘图》→【矩形】，按住 SHIFT 键并右击，在弹出的快捷菜单中单击【自】→捕捉圆心点 O→指定矩形的第一个角点相对于点 O 的偏移距离为@ −2.5，38→第二个角点为@5，4（Y 轴方向的长度可以任意指定，但矩形必须超出 φ80mm 的圆），如图 3-119 所示。

第 4 步　绘制与 φ40mm 圆相交的矩形。

按第 3 步的方法绘制与 φ40mm 圆相交的矩形，矩形第一个角点相对于点 O 的偏移距离为@ −1.5，22，第二个角点的相对坐标为@3，−4，如图 3-120 所示。

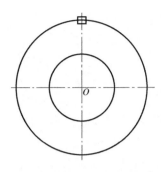

图 3-119　绘制与 ϕ80mm 圆相交的矩形

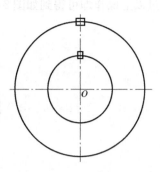

图 3-120　绘制与 ϕ40mm 圆相交的矩形

第 5 步　将上述 4 个对象创建为面域。

单击◀常用▶→《绘图》→〖面域〗 ⬚ ，调用"面域"命令，操作步骤如下：

命令:_region	//调用"面域"命令
选择对象:找到 1 个	//选择 ϕ80mm 圆
选择对象:找到 1 个,总计 2 个	//选择 ϕ40mm 圆
选择对象:找到 1 个,总计 3 个	//选择与 ϕ80mm 圆相交的矩形
选择对象:找到 1 个,总计 4 个	//选择与 ϕ40mm 圆相交的矩形
选择对象:↙	//按 ENTER 键结束对象的选择
已提取 4 个环	//系统提示已提取到 4 个封闭线框
已创建 4 个面域	//系统提示已创建 4 个面域

第 6 步　环形阵列矩形。

将已经转换为面域的两个矩形进行环形阵列，选择点 O 为阵列的中心点，项目数为 30，填充角度为 360°，阵列后的结果如图 3-121 所示。"阵列"默认为"关联"方式，此处 60 个矩形成为一个整体，为方便后继的操作，调用"分解"命令，将阵列后的矩形分解为单个对象。

第 7 步　调用"布尔运算"命令对阵列后的图形进行处理。

将工作空间切换到"三维基础"，调用"差集"命令，从 ϕ80mm 圆中减去阵列后的所有矩形和 ϕ40mm 圆。单击◀常用▶→《编辑》→〖差集〗 ◎ ，操作步骤如下：

命令:_subtract 选择要从中减去的实体或面域...	//调用"差集"命令
选择对象:找到 1 个	//选择 ϕ80mm 圆
选择对象:↙	//按 ENTER 键结束选择
选择要减去的实体或面域..	//选择需减去的面域
选择对象:找到 65 个	//系统提示
选择对象:↙	//按 ENTER 键结束选择

通过以上操作即可得到如图 3-118 所示的图形。

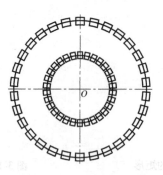

图 3-121 　环形阵列矩形

 经验之谈

在调用"差集"命令时，逐个选择要减去的对象比较繁琐，可直接用窗口方式将所有对象全部选中进行快速选择。

 操作提示

在调用"差集"命令时，必须要分清被减对象与减去对象：先选择的是被减的对象，按 ENTER 键后再选择的是减去的对象。

第 8 步　保存图形文件。

 知识链接

一、面域

"面域"命令可以将二维封闭线框转化为面域。调用"面域"命令的方式如下：

➤ 功能区：≪常用≫→《绘图》→〖面域〗 ⊙

➤ 菜单命令：【绘图】→【面域】（"AutoCAD 经典"工作空间）

➤ 工具栏：〖绘图〗→〖面域〗 ⊙ （"AutoCAD 经典"工作空间）

➤ 键盘命令：REGION 或 REG

面域是使用形成闭合环的对象创建的二维闭合区域，具有一定的物理特性（如质心等）。闭合环可以是直线、多段线、圆、圆弧、椭圆、椭圆弧和样条曲线的组合。组成闭合环的对象必须闭合或通过与其他对象共享端点而形成闭合的区域，

虽然面域从表现形式来看与二维线框图并没有区别，但其本质已经发生改变。若将二维线框图比作风筝的骨架的话，面域就是在骨架上蒙了纸后的风筝了。

二、布尔运算

布尔运算用于对二维面域或三维实体进行"并集""交集""差集"运算，以创建新的二维面域或三维实体。为节约篇幅，此处将三维实体一并介绍，用户可在掌握三维实体的基

本操作后再对照练习。

1. 并集

"并集"命令将多个二维面域或三维实体合并为一个新的二维面域或三维实体。调用命令的方式如下：

➤ 功能区：◀常用▶→《编辑》→【并集】 ⊗ （"三维基础"工作空间）

　　　　　◀常用▶→《实体编辑》→【并集】 ⊗ （"三维建模"工作空间）

➤ 菜单命令：【修改】→【实体编辑】→【并集】（"AutoCAD 经典"工作空间）

➤ 工具栏：〖建模〗→〖并集〗 ⊗ （"AutoCAD 经典"工作空间）

➤ 键盘命令：UNION 或UNI

调用"并集"命令可将图 3-122a 中的 A、B 两个面域合并成一个整体。

单击◀常用▶→《编辑》→【并集】，操作步骤如下：

命令:_union　　　　　　　　　　　　　　//调用"并集"命令

选择对象:指定对角点:找到 2 个　　　　　//选择面域A、B

选择对象:↙　　　　　　　　　　　　　 //按ENTER 键结束选择

通过以上操作，得到如图 3-122b 所示图形。

"并集"命令同样适用于三维实体，如图 3-123 所示。

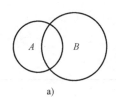
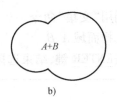
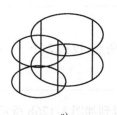
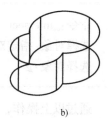

a)　　　　　　　　b)　　　　　　　　　　　　　　　a)　　　　　　　　b)

图 3-122　二维面域进行"并集"运算　　　　　　　图 3-123　三维实体进行"并集"运算

　a）原始图形　b）"并集"运算结果　　　　　　　　a）原始图形　b）"并集"运算结果

2. 差集

"差集"命令从一个二维面域或三维实体选择集中减去另一个二维面域或三维实体选择集，从而创建一个新的二维面域或三维实体，调用"差集"命令的方式如下：

➤ 功能区：◀常用▶→《编辑》→【差集】 ⊗ （"三维基础"工作空间）

　　　　　◀常用▶→《实体编辑》→【差集】 ⊗ （"三维建模"工作空间）

➤ 菜单命令：【修改】→【实体编辑】→【差集】（"AutoCAD 经典"工作空间）

➤ 工具栏：〖建模〗→〖差集〗 ⊗ （"AutoCAD 经典"工作空间）

➤ 键盘命令：SUBTRACT 或SU

如图 3-124、图 3-125 所示为进行"差集"运算的结果。

模块三

3. 交集

"交集"命令将多个二维面域或三维实体相交的部分创建为一个新的二维面域或三维实体。调用命令的方式如下：

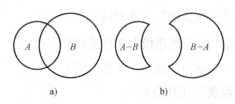

图 3-124　二维面域进行"差集"运算
a）原始图形　b）"差集"运算结果

图 3-125　三维实体进行"差集"运算
a）原始图形　b）"差集"运算结果

➢ 功能区：◀常用▶→《编辑》→〖交集〗 ◍（"三维基础"工作空间）

　　　　　◀常用▶→《实体编辑》→〖交集〗 ◍（"三维建模"工作空间）

➢ 菜单命令：【修改】→【实体编辑】→【交集】（"AutoCAD 经典"工作空间）

➢ 工具栏：〖建模〗→〖交集〗 ◍（"AutoCAD 经典"工作空间）

➢ 键盘命令：INTERSECT 或 IN

调用"交集"命令将图 3-126a 中 A、B 两个面域的相交部分创建成一个新的面域。单击◀常用▶→《编辑》→〖交集〗，操作步骤如下。

命令：_intersect	//调用"交集"命令
选择对象：指定对角点：找到 2 个	//选择面域 A、B
选择对象：✓	//按 ENTER 键，结束选择

通过以上操作，得到如图 3-126b 所示图形

"交集"命令同样适用于三维实体，如图 3-127 所示。

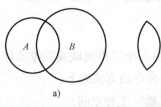 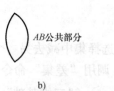 AB公共部分

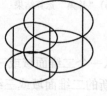

a）　　　　　b）

图 3-126　二维面域进行"交集"运算
a）原始图形　b）"交集"运算结果

a）　　　　　b）

图 3-127　三维实体进行"交集"运算
a）原始图形　b）"交集"运算结果

 延伸操练

绘制如图 3-128 至图 3-166 所示图形（不需标注尺寸）：

模块三

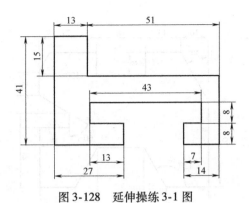

图 3-128 延伸操练 3-1 图

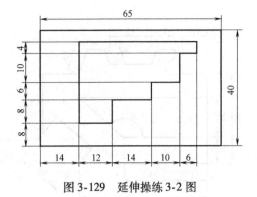

图 3-129 延伸操练 3-2 图

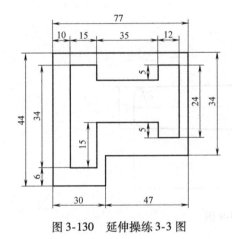

图 3-130 延伸操练 3-3 图

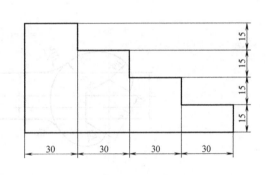

图 3-131 延伸操练 3-4 图

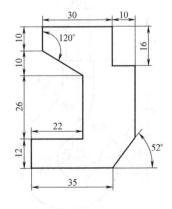

图 3-132 延伸操练 3-5 图

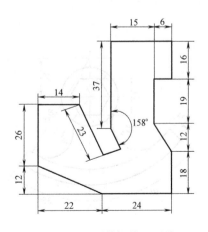

图 3-133 延伸操练 3-6 图

模
块
三

101

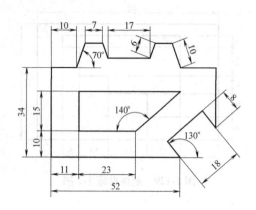

图 3-134　延伸操练 3-7 图

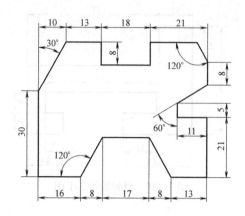

图 3-135　延伸操练 3-8 图

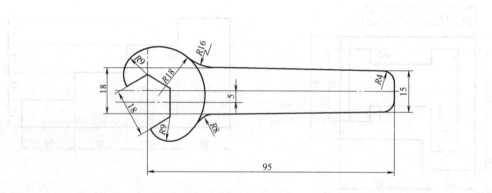

图 3-136　延伸操练 3-9 图

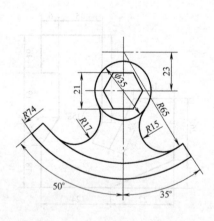

图 3-137　延伸操练 3-10 图

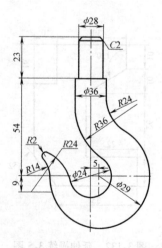

图 3-138　延伸操练 3-11 图

模块三

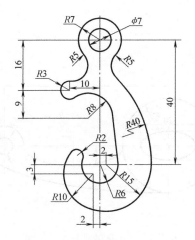

图 3-139　延伸操练 3-12 图

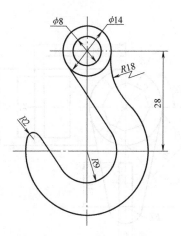

图 3-140　延伸操练 3-13 图

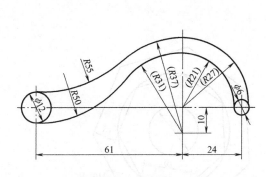

图 3-141　延伸操练 3-14 图

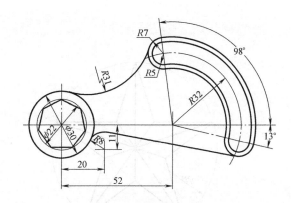

图 3-142　延伸操练 3-15 图

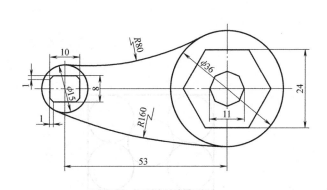

图 3-143　延伸操练 3-16 图

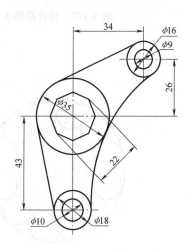

图 3-144　延伸操练 3-17 图

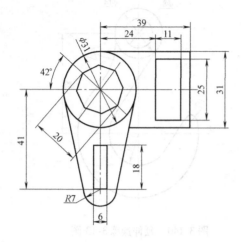

图 3-145　延伸操练 3-18 图

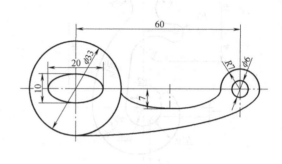

图 3-146　延伸操练 3-19 图

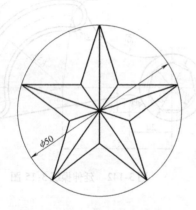

图 3-147　延伸操练 3-20 图

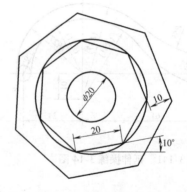

图 3-148　延伸操练 3-21 图

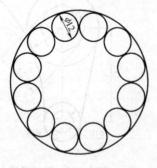

图 3-149　延伸操练 3-22 图

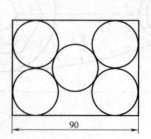

图 3-150　延伸操练 3-23 图

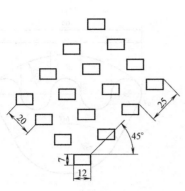

图 3-151 延伸操练 3-24 图

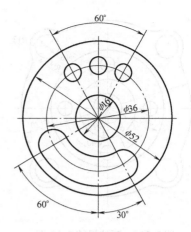

图 3-152 延伸操练 3-25 图

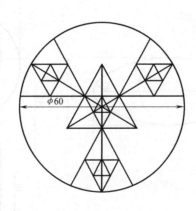

图 3-153 延伸操练 3-26 图

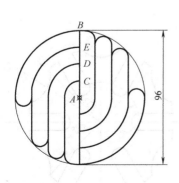

图 3-154 延伸操练 3-28 图

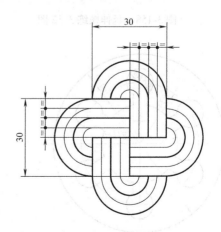

图 3-155 延伸操练 3-29 图

模块三

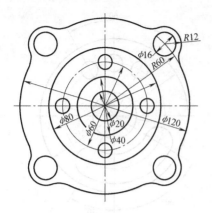

图 3-156　延伸操练 3-30 图

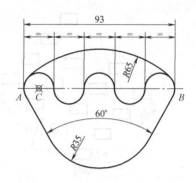

图 3-157　延伸操练 3-31 图

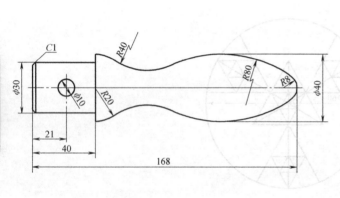

图 3-158　延伸操练 3-32 图

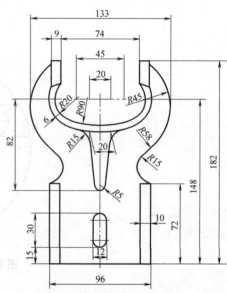

图 3-159　延伸操练 3-33 图

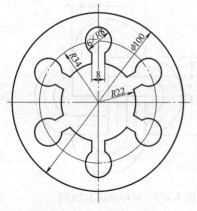

图 3-160　延伸操练 3-34 图

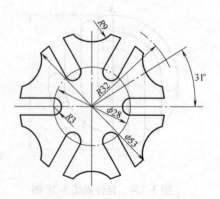

图 3-161　延伸操练 3-35 图

模块
三

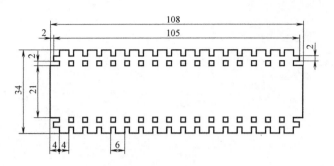

图 3-162　延伸操练 3-36 图

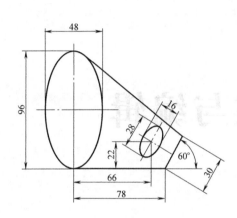

图 3-163　延伸操练 3-37 图

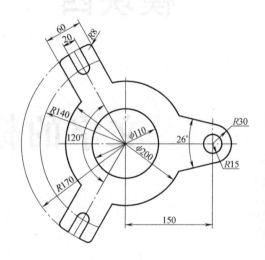

图 3-164　延伸操练 3-38 图

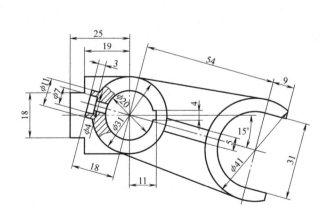

图 3-165　延伸操练 3-39 图

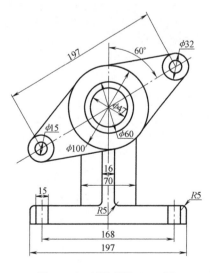

图 3-166　延伸操练 3-40 图

模块四

文字的标注与编辑

学习目标

1. 掌握创建文字样式的方法。
2. 掌握标注文字及编辑文字的方法。
3. 掌握创建多重引线样式的方法。
4. 掌握标注多重引线的方法。

 要点预览

图形表达的特点是形象直观，而文字的特点是能准确地表达出一些图形难以表达的内容。要使工程图能更好地表达设计思想，传达设计意图，有必要将图形、文字两种表达方式结合起来。本模块的主要内容是使用 AutoCAD 2013 进行文字的标注与编辑。

任务一 创建文字样式

 任务分析

在 AutoCAD 2013 中，用户可根据使用领域的相关要求，调用"文字样式"命令按需要创建文字样式。本任务创建两种文字样式：一种为"工程字"，选用"gbenor. shx"字体及"gbcbig. shx"大字体；另一种为"长仿宋字"，选用"仿宋_ GB2312"字体，宽度比例为"0.7"。创建后将"工程字"设置为当前文字样式。

 任务实施

第 1 步 调用"文字样式"命令。

单击◀注释▶→《文字》→〖文字样式〗→〖管理文字样式〗，弹出如图 4-1 所示的"文字样式"对话框。

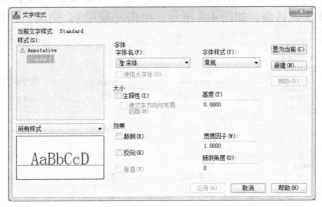

图 4-1 "文字样式"对话框

第 2 步 创建文字样式并命名为"工程字"。

单击"文字样式"对话框中的［新建］，在如图 4-2 所示的"新建文字样式"对话框中输入样式名为"工程字"，单击［确定］，返回"文字样式"对话框。在"SHX 字体"下拉列表中选择"gbenor.shx",选中"使用大字体"复选框;在"大字体"下拉列表中选择"gbcbig.shx"。在左下角的预览框中可预览"工程字"文字样式,如图 4-3 所示。单击〔应用〕,完成"工程字"的创建。

图 4-2 "新建文字样式"对话框

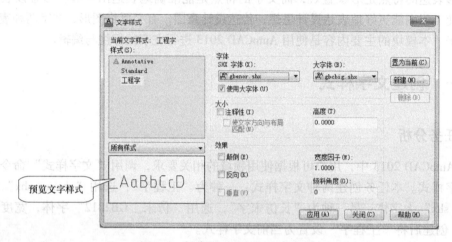

图 4-3 创建"工程字"文字样式

第 3 步 创建文字样式并命名为"长仿宋字"。

单击"文字样式"对话框中的〔新建〕,在"新建文字样式"对话框中输入样式名为"长仿宋字",单击〔确定〕,返回"文字样式"对话框。不选择"使用大字体"复选框,在"字体名"下拉列表中选择"仿宋_GB2312";在"宽度因子"文本框内输入宽度比例值"0.7",其余设置采用默认值,如图 4-4 所示。单击〔应用〕,完成"长仿宋字"的创建。

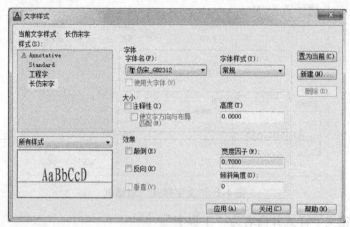

图 4-4 创建"长仿宋字"文字样式

模块四

第 4 步　将"工程字"设置为当前文字样式。

在"文字样式"对话框的"样式"列表框中有当前可使用的文字样式，选择"工程字"，单击［置为当前］，即可将其设置为当前文字样式。单击［关闭］，关闭对话框，完成两种文字样式的创建。

 知识链接

一、文字样式的创建

"文字样式"是 AutoCAD 2013 对文字的字体、大小、效果等特性进行设置的命令，调用命令的方式如下：

- ➢ 功能区：◀注释▶→《文字》→〖文字样式〗→〖管理文字样式〗
- ➢ 菜单命令：【格式】→【文字样式】（"AutoCAD 经典"工作空间）
- ➢ 工具栏：〖文字〗→〖文字样式〗 **A** 或〖样式〗→〖文字样式〗 **A** （"AutoCAD 经典"工作空间）
- ➢ 键盘命令：STYLE 或 ST

调用"文字样式"命令后，弹出如图 4-1 所示的"文字样式"对话框。在该对话框内既可以创建新的文字样式，也可以对已有的文字样式进行修改或删除操作，还可根据需要将某种文字样式设置为当前文字样式。

二、文字样式的设置

调用"文字样式"命令可对文字样式进行设置，"文字样式"对话框中各项内容如下：

1. 样式

"样式"列表中列出当前图形文件中已有的所有文字样式，其中"Standard"为系统默认的样式名，不允许重命名或删除。图形文件中已使用的文字样式也不能被删除。

2. 字体

根据"使用大字体"选项是否被选中，分别显示为如图 4-3 所示的"SHX 字体"、"大字体"和如图 4-4 所示的"字体名""字体样式"。"大字体"用于指定亚洲语言的大字体文件。

"字体名"下拉列表中显示了系统提供的字体文件名，共有两类字体，其中 True Type字体是由 Windows 系统提供的已注册的字体，其前缀为 **T**；SHX 字体为 AutoCAD 2013 本身编译的存放在 AutoCAD Fonts 文件夹中的字体，其前缀为 ✉。只有在没选中"使用大字体"的情况下，才能选择 True Type 字体。

3. 大小

（1）注释性　注释性对象和样式用于控制注释对象在模型空间或布局中显示的尺寸和比例。当使用注释性对象时，缩放注释对象的过程是自动的。通过指定图纸高度或比例，然后指定显示对象所用的注释比例来定义注释性对象。

（2）高度　用于指定文字的高度即文字的大小。文字高度的默认值为 0，表示其高度是可变的；如果输入某一高度值，文字高度即成为固定值。

4. 效果

用于设置字体的显示效果，包括文字方向、高宽比例、倾斜角度等。通过选择不同的选项可以得到不同的文字显示效果，如图4-5所示。

图 4-5 文字效果

a) 不同文字方向 b) 不同宽度因子 c) 不同倾斜角度

任务二 标注文字

任务分析

如图4-6所示的图形由几条简单的线条构成，为说明有关线条的含义，必须使用文字进行说明。调用"单行文字"、"多行文字"命令可完成文字的标注。

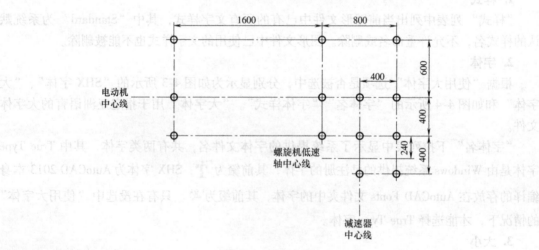

图 4-6 标注文字

任务实施

第1步 绘制中心线和粗实线图形（图中尺寸不需绘制，仅供绘制图形参考）。

第2步 将"文字"图层置为当前层，将在本模块任务一中创建的"工程字"样式置为当前文字样式。

第3步 标注图形标题。

调用"单行文字"命令。单击《注释》→《文字》→〖单行文字〗 A¦，操作步骤如下：

命令：dtext↙	//调用"单行文字"命令
当前文字样式："工程字"	
文字高度：2.5000 注释性：否	//系统提示
指定文字的起点或［对正（J）/样式（S）］:j↙	//在图形上方适当位置单击,指定文字起点
指定高度 <2.5000>：8↙	//指定文字高度为8
指定文字的旋转角度 <0>：↙	//选择默认值,显示"在位文字编辑器"
驱动装置地脚螺栓布置图↙	//输入标题文字,按ENTER键
↙	//按ENTER键,结束"单行文字"命令

第4步 标注图形中的说明文字。

调用"多行文字"命令。单击《注释》→《文字》→〖多行文字〗 A，操作步骤如下：

命令：_mtext	//调用"多行文字"命令
当前文字样式："工程字" 文字高度：8 注释性：否	//系统提示
指定第一角点	//在图形中适当位置单击,确定文字左上角位置
指定对角点或[高度（H）/对正（J）/行距（L）/旋转（R）/样式（S）/宽度（W）/栏（C）]:h↙	//重新设置文字高度
指定高度 <8>：5↙	//指定文字高度为5
指定对角点或[高度（H）/对正（J）/行距（L）/旋转（R）/样式（S）/宽度（W）/栏（C）]：	//在图形中适当位置单击,确定文字右下角位置,显示文字编辑区
电动机↙	//输入第1行文字后回车换行
中心线	//输入第2行文字
单击《关闭》→〖关闭文字编辑器〗 ✕	//结束"多行文字"命令

按上述方法标注其他说明文字。

第5步 保存图形文件。

 知识链接

一、文字标注

AutoCAD 2013 提供了两种标注文字的方式：单行文字、多行文字。

1. 单行文字

调用"单行文字"命令，可标注一行或多行文字，每行文字是一个独立对象，可单独进行编辑修改，如图 4-7 所示。调用命令的方式如下：

> 功能区：《注释》→《文字》→〖单行文字〗 AI

> 菜单命令：【绘图】→【文字】→【单行文字】（"AutoCAD 经典"工作空间）

单行文字

各行独立

图 4-7　单行文字

> 工具栏：〖文字〗→〖单行文字〗 AI （"AutoCAD 经典"工作空间）

> 键盘命令：<u>DTEXT</u> 或<u>TEXT</u>、<u>DT</u>

对于一些常用的特殊字符，用户可通过输入特定的控制代码来创建。常用的控制代码及其输入实例和输出效果见表 4-1。

表 4-1　常用控制代码及其含义

特殊字符	控制代码	输入实例	输出效果
度符号（°）	%%d	10%%d	10°
正负公差符号（±）	%%p	20%%p0.5	20±0.5
直径符号（φ）	%%c	%%c30	φ30
上划线（ ‾ ）	%%o	%%oAB%%oCD	$\overline{AB}$CD
下划线（__）	%%u	%%uAB%%uCD	$\underline{AB}$CD
百分号（%）	%%%	100%%%	100%

2. 多行文字

调用"多行文字"命令，可通过指定一个矩形边界来创建多行文字，不管有多少行，均为一个整体对象，如图 4-8 所示。调用命令的方式如下：

多行文字

所有行是一个整体

图 4-8　多行文字

> 功能区：《注释》→《文字》→〖多行文字〗 A

> 菜单命令：【绘图】→【文字】→【多行文字】（"AutoCAD 经典"工作空间）

> 工具栏：〖绘图〗→〖多行文字〗 A 或〖文字〗→〖多行文字〗 A （"AutoCAD 经典"工作空间）

> 键盘命令：<u>MTEXT</u> 或<u>MT</u>

调用"多行文字"命令后，AutoCAD 2013 提示用户指定一矩形边界，该命令提供了《文字编辑器》，由《样式》、《格式》、《段落》、《插入》、《拼写检查》、《工具》、《选项》、《关闭》等 8 个面板组成，如图 4-9 所示。

图 4-9　"文字编辑器"选项卡

（1）堆叠　在工程图的标注中，经常要使用分数、下上标文字及带公差的标注等。AutoCAD 2013 提供的堆叠方式，可实现这些文字的标注。

1）标注分数。要标注如图 4-10 所示的分数，可在"多行文字"的文字编辑区中输入"1/2"或"1#2"后按ENTER 键，系统弹出如图 4-11 所示"自动堆叠特性"对话框，由用户选择分数形式。

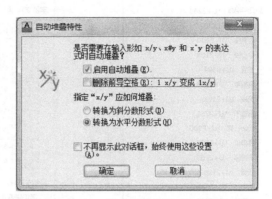

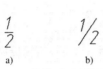

图 4-10　标注分数

a）水平分数　b）斜分数

图 4-11　"自动堆叠特性"对话框

2）标注上下标。要标注如图 4-12 所示的上下标，可在"多行文字"的文字编辑区中输入"A^1"或"X2^"后，再分别选中"^1"或"2^"，单击《文字编辑器》→《格式》→〖堆叠〗 即可得到相应的上下标文字。

3）标注公差。要标注如图 4-13 所示的公差，可在"多行文字"的文字编辑区中输入"20　+0.15^-0.25"后，选择"+0.15^-0.25"，单击《文字编辑器》→《格式》→〖堆叠〗即可得到相应的公差标注。

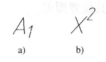

图 4-12　标注上下标

a）上标　b）下标

图 4-13　标注公差

操作提示

在标注 $\phi20^{\ 0}_{-0.01}$ 的公差（上偏差或下偏差中有一个为 0）时，为使上下偏差对齐，应在"0"的前面输入一个空格，即输入"$\phi20\square0^-0.01$"，再选择"$\square0^-0.01$"进行堆叠（□代表空格）。

（2）特殊符号　调用"多行文字"命令标注文字时，若要输入特殊字符，可单击《文字编辑器》→《插入》→〖符号〗 @ ，从下拉菜单中选择相应的符号，如图 4-14 所示。单击〖其他〗，系统弹出如图 4-15 所示"字符映射表"对话框，该对话框显示了当前字体的所有字符集。

要标注如图 4-16 所示的文字，在"多行文字"的文字编辑区中输入"％％c103"，单击

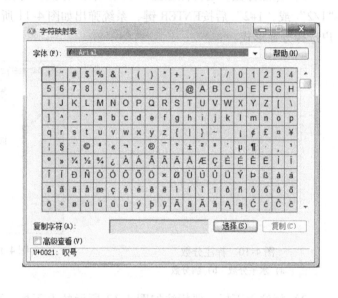

图 4-14 "符号"下拉菜单　　　　　　　　　　图 4-15 "字符映射表"对话框

《文字编辑器》→〖插入〗→〖符号〗→〖其他〗，在"字符映射表"对话
框中选择字体为"GDT"，选中需要的符号→单击 [选择]，先后将所需
符号选择到"复制字符"文本框中→单击 [复制] →单击文字编辑区→
使用CTRL 键 + V 将所选各符号粘贴后再根据需要调整其位置即可。

□└ φ10▽3

图 4-16　标注特殊符号

二、文字对齐方式

1. 单行文字的对齐方式

AutoCAD 为单行文字的水平文本行规定了 4 条定位线，即顶线、中线、基线和底线、12
个对齐点、14 种对齐方式，各对齐点即为文字的输入点，如图 4-17 所示。

正中(MC) 中上(TC)　顶线　中线

左上(TL)　　　　　　　　　　　　　　　　右上(TR)

左中(ML)　　　　　　　　　　　　　　　　右中(MR)

右对齐(R)

左下(BL)　　　　　　　　　　　　　　　　右下(BR)

中间(M) 居中(C)　中下(BC)　底线　基线

图 4-17　单行文字对齐方式（"对齐""布满"除外）

 操作提示

顶线为大写字母顶部上限线，基线为大写字母底部下限线，中线处于顶线与基线的正中

间，底线为长尾小写字母底部下限线。汉字书写在顶线和基线之间。

除图 4-17 所示的 12 种对齐方式外，还有两种对齐方式：

（1）对齐（A） 通过指定文本行基线的两个端点以确定文字的高度和方向。AutoCAD 2013 自动调整字符高度使文字在两个端点之间均匀分布，而字符的宽高比例保持不变，如图 4-18a 所示。

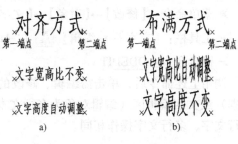

（2）布满（F） 指定文本行基线的两个端点以确定文字的方向。AutoCAD 2013 调整字符的宽高比例以使文字在两端点之间均匀分布，而文字高度不变，如图 4-18b 所示。

图 4-18 "对齐"和"布满"对齐方式

a）对齐方式 b）布满方式

2. 多行文字的对齐方式

多行文字创建在指定的矩形边界（通过指定第一角点、第二角点确定，如图 4-19 所示）内，有 9 种对齐方式，如图 4-20 所示。

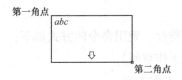

图 4-19 多行文字的矩形边界框

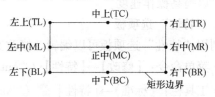

图 4-20 多行文字对齐方式

 操作提示

AutoCAD 2013 默认的单行文字对齐方式为"左下（BL）"，多行文字对齐方式为"左上（TL）"。

 经验之谈

创建位于表格正中的单行文字，可以使用"中间（M）"对齐方式。对齐点可利用"对象捕捉"及"对象追踪"功能，捕捉到表格的中间点，如图 4-21a 所示。必要时可作一条对角线作为辅助线，其中点就是对齐点，如图 4-21b 所示。创建位于表格正中的多行文字，可以使用"正中（MC）"对齐方式，将表格的两个对角点作为多行文字文本框的第一、第二角点，如图 4-21c 所示。

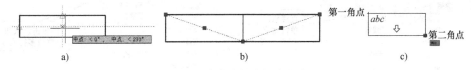

a）   b）   c）

图 4-21 确定表格中间点的方法

a）对象捕捉追踪定点 b）捕捉辅助线的中点 c）捕捉表格单元格的两对角点

三、编辑文字

在标注文字之后，有时需要对文字的内容和特性进行编辑和修改。用户可以调用"编辑文字"命令或通过对象"特性"选项板进行编辑。

模块四

1. "编辑文字"命令

调用"编辑文字"命令可以打开"单行文字"的在位文字编辑器或"多行文字"的文字编辑区，从而编辑、修改单行文本的内容或多行文本的内容及格式。调用命令的方式如下：

➤ 菜单命令：【修改】→【对象】→【文字】→【编辑】（"AutoCAD 经典"工作空间）

➤ 工具栏：〖文字〗→〖编辑〗 A（"AutoCAD 经典"工作空间）

➤ 键盘命令：DDEDIT

调用上述命令后，单击需编辑、修改的文字，打开在位文字编辑器（编辑对象为单行文本）或文字编辑区（编辑对象为多行文本），就可以直接修改编辑文字，操作方法与标注单行文字、多行文字操作相同。

 经验之谈

快捷打开"在位文字编辑器"或"多行文字"文字编辑区的方法是直接单击要编辑的文字，以提高操作速度。

2. "特性"选项板

利用"特性"选项板可以编辑、修改文本的内容和特性。调用命令的方式如下：

➤ 菜单命令：【修改】→【特性】（"AutoCAD 经典"工作空间）

➤ 工具栏：〖标准〗→〖特性〗 （"AutoCAD 经典"工作空间）

➤ 键盘命令：PROPERTIES、DDMODIFY 或 PROPS

调用该命令后，弹出文字对象的"特性"选项板，其中列出了选定文本的所有特性和内容，如图 4-22 所示，用户可根据需要进行相应操作。

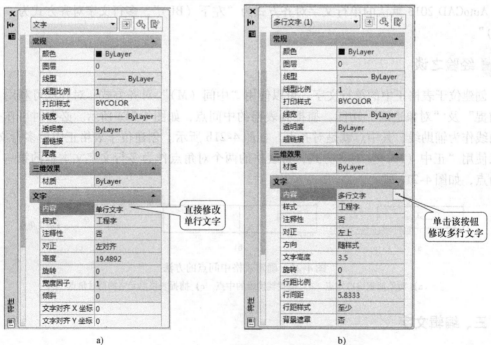

图 4-22 文字的"特性"选项板

a）单行文字 b）多行文字

任务三 标注多重引线

 任务分析

图 4-23 所示为倒角标注和销孔标注,调用"多重引线样式"命令可完成相关文字的标注。

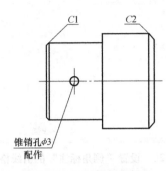

图 4-23 标注倒角和销孔

任务实施

第 1 步 创建"倒角标注"样式。

1)单击◀注释▶→〘引线〙→〖多重引线样式管理器〗 🖉 ,弹出"多重引线样式管理器"对话框,如图 4-24 所示。

2)单击〔新建〕,弹出"创建新多重引线样式"对话框,在"新样式名"文本框中输入样式名为"倒角标注",如图 4-25 所示。

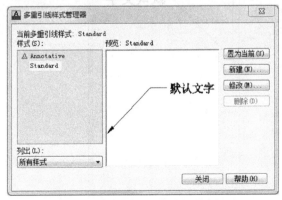

图 4-24 "多重引线样式管理器"对话框

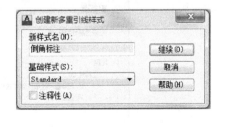

图 4-25 "创建新多重引线样式"对话框

3)单击〔继续〕,弹出"修改多重引样式:倒角标注"对话框。

4)单击{引线格式},在"常规"选项组下设置引线的"类型"为"直线",在"箭头"选项组下选择引线箭头的"符号"为"无",即设置引线不带箭头,如图 4-26 所示。

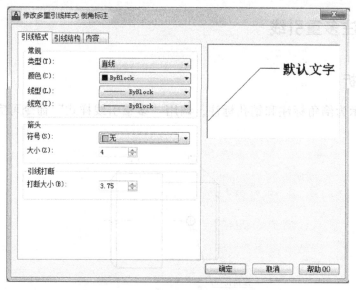

图 4-26　设置 "倒角标注" 的引线格式

5）单击 ｛引线结构｝，在 "约束" 选项组选择 "最大引线点数"，设置点数为 "2"（即只绘制一段引线），选择 "第一段角度"，设置角度为 "45"（即设置引线的倾斜角度为 45°）；在 "基线设置" 选项组选择 "自动包含基线" 与 "设置基线距离"，并设置基线距离为 "0.1"（即设置该引线自动包含一段长度为 0.1mm 的水平基线）；在 "比例" 选项组选择 "指定比例"，设置比例值为 "1"，如图 4-27 所示。

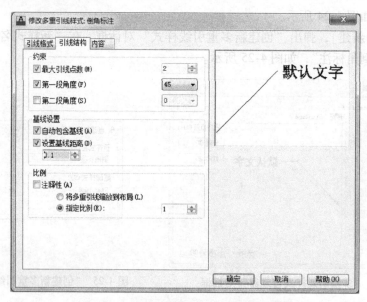

图 4-27　设置 "倒角标注" 的引线结构

6）单击 ｛内容｝，选择 "多重引线类型" 为 "多行文字"；单击 "默认文字" 文本框右侧的 按钮，打开多行文字的文字编辑区，输入 "C1"，单击 〖关闭文字编辑器〗，返回对话框；设置 "文字样式" 为 "工程字"，"文字角度" 为 "保持水平"，"文字高度" 为

"3.5"；在"引线连接"选项组下将两处"连接位置"均选择为"最后一行加下划线"或"第一行加下划线"（即不论引线的左右，均在标注内容下方加下划线），如图4-28所示。

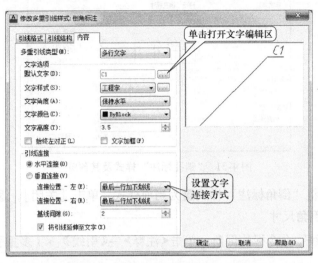

图4-28　设置"倒角标注"的内容

7）单击［确定］，返回"多重引线样式管理器"对话框，新的多重引线样式显示在"样式"列表中，并可在"预览"框内显示该样式外观，如图4-29所示。通过以上操作完成"倒角标注"样式的创建。

第2步　创建"销孔标注"样式。

1）单击如图4-29所示对话框中的［新建］，弹出"创建新多重引线样式"对话框，在"新样式名"文本框中输入样式名"销孔标注"；在"基础样式"下拉列表中选择"倒角标注"。

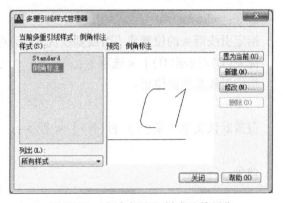

图4-29　"倒角标注"样式及其预览

2）单击［继续］，弹出"修改多重引样式：销孔标注"对话框。

3）{引线格式}中的参数不需改动；在{引线结构}中取消选择"第一段角度"。

4）单击{内容}，单击"默认文字"文本框右侧的 ... 按钮，打开多行文字的文字编辑区，输入如图4-30所示的两行内容，采用"居中"对齐。单击〖关闭文字编辑器〗，返回对话框；在"引线连接"选项组下选择"连接位置"均为"第一行加下划线"。

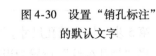

图4-30　设置"销孔标注"的默认文字

5）单击［确定］，返回到主对话框，新的多重引线样式显示在"样式"列表中，并可在"预览"框内显示该样式外观，如图4-31所示。通过以上操作完成"销孔标注"样式的创建。

第3步　将"倒角标注"设为当前样式。

在如图4-31所示的"多重引线样式管理器"对话框中选择"倒角标注"样式，单击

模块四

图 4-31 "销孔标注"样式及其预览

[置为当前]，即可将"倒角标注"样式置为当前样式。单击 [关闭]，返回到绘图状态。

第 4 步　标注倒角尺寸。

调用"多重引线"命令标注倒角。单击◀注释▶→《引线》→〖多重引线〗 ，操作步骤如下：

命令：_mleader	//调用"多重引线"命令
指定引线箭头的位置或 [引线基线优先(L)/内容 优先(C)/选项(O)] <选项>：	//捕捉点 1，如图 4-32 所示
指定引线基线的位置：	//在适当位置拾取点 2，如图 4-32 所示
覆盖默认文字 [是(Y)/否(N)] <否>：↙	//按 ENTER 键，采用默认的文字 "C1"，完成右侧倒角标注
命令：↙	//按 ENTER 键，重复调用"多重引 线"命令
指定引线箭头的位置或 [引线基线优先(L)/内容 优先(C)/选项(O)] <选项>：	//捕捉点 3，如图 4-32 所示
指定引线基线的位置：	//在适当位置拾取点 4，如图 4-32 所示
覆盖默认文字 [是(Y)/否(N)] <否>：y↙	//需修改默认文字,在"在位文字编 辑器"中输入"C2"
单击〖关闭文字编辑器〗或在文字编辑区外单击	//关闭文字编辑区,完成标注

第 5 步　标注销孔尺寸。

将"销孔标注"设置为当前多重引线样式后单击◀注释▶→《引线》→〖多重引线〗，指定引线基线的位置为点 5、点 6，如图 4-33 所示，采用默认文字标注销孔尺寸，操作过程与标注倒角相同。

第 6 步　保存图形文件。

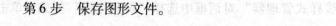

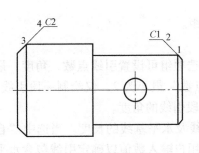

图 4-32 标注倒角尺寸

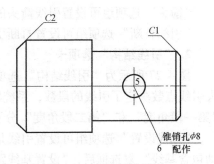

图 4-33 标注销孔尺寸

 知识链接

一、多重引线的样式

多重引线是由注释内容、基线、引线和箭头组成的标注，如图 4-34 所示。注释内容可以是文字、图块等多种形式，引线可以是直线或样条曲线。"多重引线"面板及工具栏分别如图 4-35、图 4-36 所示。

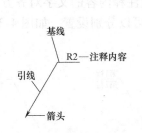

图 4-34 多重引线的组成

图 4-35 "引线"面板

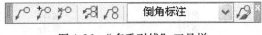

图 4-36 "多重引线"工具栏

设置多重引线样式包括指定引线、箭头、基线和注释内容等。调用命令的方式如下：

➢ 功能区：◀注释▶→《引线》→〖多重引线样式管理器〗

➢ 菜单命令：【格式】→【多重引线样式】（"AutoCAD 经典"工作空间）

➢ 工具栏：〖多重引线〗→〖多重引线样式〗 （"AutoCAD 经典"工作空间）

➢ 键盘命令：MLEADERXTYLE

调用"多重引线样式"命令后，弹出如图 4-24 所示的"多重引线样式管理器"对话框，在该对话框中可以新建多重引线样式或修改、删除已有的多重引线样式。

"修改多重引线样式"对话框中各选项卡主要选项的含义如下：

1. "引线格式"选项卡

图 4-26 所示为"引线格式"选项卡。其中，"常规"选项组可设置引线的类型（直线、样条曲线、无）、颜色、线型和线宽。

"箭头"选项组可设置引线箭头的形状和大小。

"引线打断"选项组可设置打断引线标注时的折断间距。

2. "引线结构"选项卡

图 4-27 所示为"引线结构"选项卡。其中"约束"选项组可设置引线点数、角度,最大引线点数决定了引线的段数,系统默认的"最大引线点数"最小为 2,仅绘制一段引线;"第一段角度"和"第二段角度"分别控制第一段与第二段引线的角度。

"基线设置"选项组可设置引线是否自动包含水平基线及水平基线的长度。当选中"自动包含基线"复选框后,"设置基线距离"复选框亮显,用户输入数值以确定引线包含水平基线的长度。

"比例"选项组可设置引线标注对象的缩放比例。一般情况下,用户在"指定比例"文本框内输入比例值控制多重引线标注的大小。

3. "内容"选项卡

图 4-28 所示为"内容"选项卡。其中"多重引线类型"可设置引线末端的注释内容的类型(多行文字、块、无)。

"文字选项"选项组是当注释内容为多行文字时,用于设置注释文字的样式、角度、颜色、高度等内容。

"引线连接"选项组是当注释内容为多行文字时,指定注释内容的文字对齐方式、注释内容与水平基线的距离。附着在引线两侧文字的对齐方式可以分别设置,如图 4-37 所示为"连接位置—左"设置的 9 种情况。

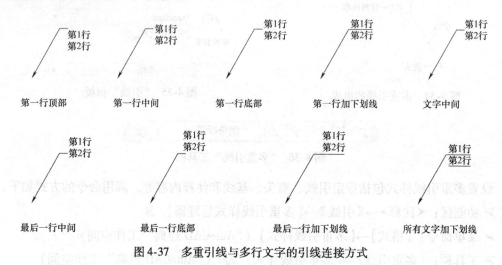

图 4-37 多重引线与多行文字的引线连接方式

二、多重引线的标注

调用"多重引线"命令可按当前的多重引线样式进行标注;还可以重新指定引线的某些特性。调用命令的方式如下:

➢ 功能区:《注释》→《引线》→〖多重引线〗

➢ 菜单命令:【标注】→【多重引线】 ("AutoCAD 经典"工作空间)

➢ 工具栏:〖多重引线〗→〖多重引线〗 ("AutoCAD 经典"工作空间)

> 键盘命令：MLEADER

调用"多重引线"命令时，可选择箭头优先、引线基线优先或内容优先，默认为箭头优先（即先确定箭头位置）。调用该命令后，命令行提示如下：

指定引线箭头的位置或[引线基线优先(L)/内容优先(C)/选项(O)]<选项>:

如果直接在绘图区指定点即为箭头优先；如果选择"引线基线优先（L）"选项，则引线优先，即先指定基线的位置；如果选择"内容优先（C）"，则内容优先，即先指定注释内容的位置。

延伸操练

1. 绘制如图4-38～图4-39所示的图形，并进行相应标注。

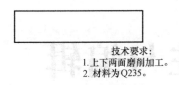

技术要求：
1. 上下两面磨削加工。
2. 材料为Q235。

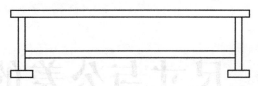

1. 主梁在制造完毕后，应按二次抛物线：$y=f(x)=4(L-x)x/L^2$起拱。
2. 钢板厚度为6mm。

图4-38 延伸操练4-1图   图4-39 延伸操练4-2图

2. 绘制如图4-40～图4-42所示的图形，并进行相应标注。

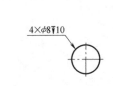

图4-40 延伸操练4-3图

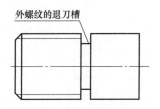

图4-41 延伸操练4-4图

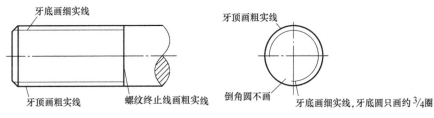

图4-42 延伸操练4-5图

125

模块五

尺寸与公差的标注与编辑

学习目标

1. 掌握 AutoCAD 2013 尺寸的标注方法。
2. 掌握 AutoCAD 2013 尺寸公差的标注方法。
3. 掌握 AutoCAD 2013 形位公差的标注方法。
4. 掌握 AutoCAD 2013 标注的编辑方法。

 要点预览

在设计工作中，尺寸和公差标注是其中的一项重要内容，尺寸包括定形尺寸和定位尺寸，公差包括尺寸公差和形位公差⊖。绘制图形后再进行尺寸和公差标注可以更清楚地表达设计者的设计意图。图形中各个对象的实际大小、相互位置和加工精度只有经过尺寸标注后才能确定，加工时公差表示出尺寸的允许变动范围。本模块的主要内容是使用 AutoCAD 2013 完成各种尺寸和公差的标注。

任务一 尺寸样式的创建

 任务分析

在 AutoCAD 2013 中，用户可根据使用领域的相关要求，调用"标注样式"命令按需要创建标注样式。本任务创建"机械标注"，以 ISO-25 为基础样式按表 5-1、表 5-2 所示的要求对默认值进行修改，其中包含"角度""半径"及"直径" 3 个子样式，并将"机械标注"样式置为当前样式。

表 5-1 "机械标注"样式设置

选项卡名称	选项组	选项名称	变量值
线	尺寸线	基线间距	8mm
	尺寸界线	超出尺寸线	2mm
		起点偏移量	0
文字	文字外观	文字样式	工程字
		文字高度	3.5mm
	文字位置	从尺寸线偏移	1mm
主单位	线性标注	小数分隔符	句点

表 5-2 "机械标注"样式子样式变量设置

子样式名称	选项卡名称	选项组	选项名称	变量值
角度	文字	文字对齐	水平	选中
直径/半径	文字	文字对齐	ISO 标准	选中
	调整	调整选项	文字	选中

⊖ 机械制图相关国家标准中，已将"形位公差"的名称改为"几何公差"，由于 Auto CAD 软件仍沿用旧名称，故本书使用"形位公差"一词。

任务实施

第1步 调用"标注样式"命令。

单击《注释》→《标注》→〖标注样式〗，弹出如图5-1所示的"标注样式管理器"对话框。

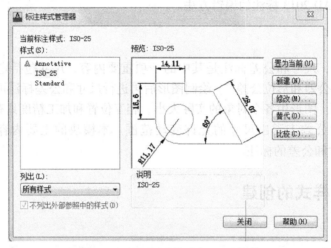

图5-1 "标注样式管理器"对话框

第2步 创建"机械标注"样式。

单击〔新建〕，弹出"创建新标注样式"对话框→在"新样式名"文本框中输入"机械标注"，在"基础样式"下拉列表中选择"ISO-25"，在"用于"下拉列表中选择"所有标注"，如图5-2所示→单击〔继续〕，弹出"新建标注样式：机械标注"对话框，按表5-1的要求对默认值进行修改。

第3步 创建"角度"子样式。

在"标注样式管理器"对话框的"样式"列表中选择"机械标注"→单击〔新建〕→在"新

图5-2 "创建新标注样式"对话框

样式名"文本框中输入"角度"，在"用于"下拉列表中选择"角度标注"，以"机械标注"为基础样式，按表5-2的要求创建"角度"子样式。

第4步 分别创建"直径"和"半径"子样式。

按第3步方法根据表5-2的要求分别创建"直径"和"半径"子样式。

第5步 在"标注样式管理器"对话框的"样式"列表中选择"机械标注"，单击〔置为当前〕，将"机械标注"样式置为当前样式。

第6步 单击〔关闭〕，完成设置。

**经验之谈**

如果希望在以后使用以上步骤所设置的标注样式而不重复进行设置，可将当前文件保存为样板文件，以方便调用。

 知识链接

一、尺寸样式的创建

在标注尺寸之前，一般应先根据国家标准的有关要求创建尺寸样式。用户可根据需要，调用"标注样式"命令设置多个标注样式，以便在标注尺寸时使用，调用命令的方式如下：

> 功能区：◀注释▶→《标注》→〖标注样式〗
> 菜单命令：【格式】→【标注样式】或【标注】→【标注样式】（"AutoCAD 经典"工作空间）
> 工具栏：〖样式〗→〖标注样式〗 ◢ 或 〖标注〗→〖标注样式〗 ◢ （"AutoCAD 经典"工作空间）
> 键盘命令：DIMSTYLE

调用"标注样式"命令后，弹出如图 5-1 所示的"标注样式管理器"对话框，"样式"列表中列出了当前图形文件中所有已创建的尺寸样式，并显示了当前样式名及其预览图，默认的尺寸样式为"ISO-25"。

二、尺寸样式特性的设置

尺寸样式决定尺寸标注的格式和外观，在 AutoCAD 2013 中，可在"线""符号和箭头""文字""调整""主单位""换算单位"和"公差"7 个选项卡中分别进行设置。

1. 尺寸线、尺寸界线的设置

在如图 5-3 所示的 {线} 中可设置尺寸线、尺寸界线的格式等参数。

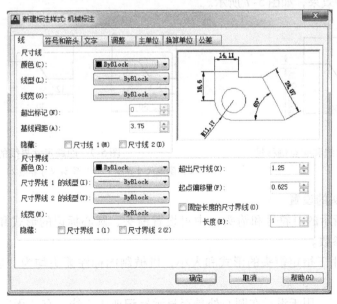

图 5-3 "线"选项卡

（1）尺寸线

1）颜色、线型和线宽：用于指定尺寸线的颜色、线型和线宽，一般设为"随层"或

"随块"。

2）基线间距：设置基线标注时相邻两尺寸线间的距离，一般机械制图标注中基线间距设置为 8～10mm，如图 5-4 所示。

3）隐藏：控制尺寸线是否显示，有"隐藏尺寸线 1""隐藏尺寸线 2""隐藏两条尺寸线" 3 种效果，如图 5-5 所示。

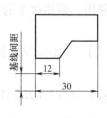
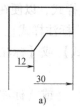
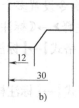
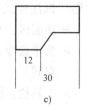

图 5-4　基线间距

图 5-5　隐藏尺寸线的效果
a）隐藏尺寸线 1　b）隐藏尺寸线 2　c）隐藏两条尺寸线

（2）延伸线　延伸线即尺寸界线，主要有以下参数可供设置。

1）颜色、尺寸界线 1 的线型、尺寸界线 2 的线型、线宽：用于指定尺寸界线的颜色、线型和线宽，一般设为"随层"。

2）超出尺寸线：设置尺寸界线超出尺寸线的长度，机械制图标注设为"2"，如图 5-6 所示。

3）起点偏移量：设置尺寸界线起点到图形轮廓线之间的距离，如图 5-6 所示。机械制图标注设为"0"。

4）隐藏：控制尺寸界线是否显示，有"隐藏尺寸界线 1""隐藏尺寸界线 2""隐藏两条尺寸界线" 3 种效果，如图 5-7 所示。

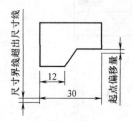
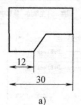
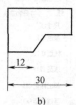
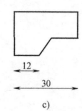

图 5-6　超出尺寸线和起点偏移量

图 5-7　隐藏尺寸界线的效果
a）隐藏尺寸界线 1　b）隐藏尺寸界线 2　c）隐藏两条尺寸界线

2. 符号和箭头的设置

在如图 5-8 所示的 {符号和箭头} 中可设置箭头、圆心标记的形式和大小以及弧长符号、折弯标注等参数。

（1）箭头　用于指定箭头的形式和大小，机械制图标注箭头均为"实心闭合"形式，大小设为"2.5"或"3"。

（2）圆心标记　用于设置在圆心处是否显示标记或中心线，有"无""标记""直线" 3 种方式，机械制图标注一般选择"无"。

（3）折断标注　用于设置折断标注时的标注对象之间或与其他对象之间相交处打断的距离，如图 5-9 所示。

图 5-8 "符号和箭头"选项卡

（4）弧长符号　用于设置标注弧长时圆弧符号的位置，有"前缀""上方""无" 3 种方式，机械制图标注选择"标注文字的前缀"。

（5）半径折弯标注　用于指定折弯半径标注的折弯角度，机械制图中标注设置为 45°。

（6）线性折弯标注　用于指定对线性折弯标注时折弯高度的比例因子。折弯高度为折弯高度的比例因子与尺寸数字高度的乘积，如图 5-10 所示。

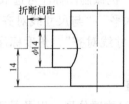

图 5-9 折断间距

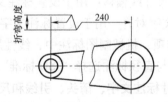

图 5-10 线性尺寸折弯标注

3. 文字的设置

在如图 5-11 所示的｛文字｝中可设置文字的外观、位置及对齐方式等参数。

（1）文字外观

1）文字样式：用于设置尺寸标注时所使用的文字样式。机械制图标注选择前述内容中创建的"工程字"样式。

2）文字颜色：用于设置标注文字的颜色，一般设置成"随层"。

3）填充颜色：用于设置标注文字的背景颜色，一般选择默认设置"无"。

4）文字高度：用于设置标注文字的高度，机械制图标注的文字高度设为"3.5"。

5）绘制文字边框：用于控制是否在标注文字周围绘制矩形边框，一般不选中该选项。

（2）文字位置

1）垂直：用于设置标注文字相对于尺寸线的垂直位置，有"居中""上""外部""JIS"四种情况，机械制图标注选择"上"。

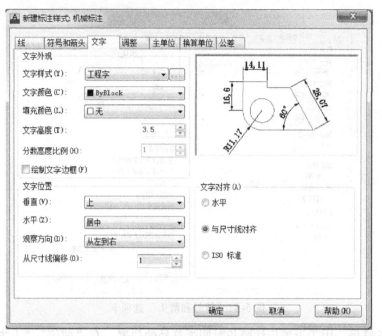

图 5-11 "文字"选项卡

2）水平：用于设置标注文字在尺寸线方向上相对于尺寸界线的水平位置，有"居中""第一条延伸线""第二条延伸线""第一条延伸线上方""第二条延伸线上方"5 种情况，机械制图标注选择"居中"。

3）从尺寸线偏移：用于设置标注文字离尺寸线的距离，机械制图标注可选取 1～1.5。

（3）文字对齐　用于设置标注文字的对齐方式，有"水平""与尺寸线对齐""ISO 标准"3 个选项，机械制图标注中，线性尺寸标注选择"与尺寸线对齐"，角度标注选择"水平"，半径与直径标注选择"ISO 标准"。

4. 尺寸标注文字、箭头、引线和尺寸线放置位置的调整

在如图 5-12 所示的｛调整｝中可设置标注文字、箭头的放置位置，以及是否添加引线等参数。

（1）调整选项

1）文字或箭头（最佳效果）：对标注文字和箭头综合考虑，自动选取最佳放置效果。

2）箭头：当空间不够时，先将箭头移到尺寸界线外，再移出文字。

3）文字：当空间不够时，先将文字移到尺寸界线外，再移出箭头。

4）文字和箭头：当空间不够时，将文字和箭头都放在尺寸界线之外。

5）文字始终保持在尺寸线之间：不论什么情况均将文字放在尺寸界线之间。

6）若箭头不能放在尺寸界线内，则将其消除：如尺寸界线之间没有足够的空间放置箭头，则不显示箭头。

（2）文字位置　用于设置当文字不在默认位置时，文字的放置位置，有"尺寸线旁边""尺寸线上方，带引线""尺寸线上方，不带引线"3 种情况，机械制图标注选择"尺寸线旁边"位置。

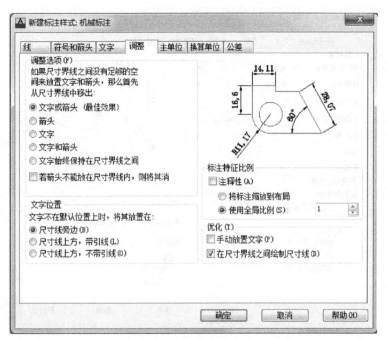

图 5-12　"调整"选项卡

（3）标注特性比例　用于设置全局标注比例值。"使用全局比例"中的比例将影响尺寸标注中各组成元素的显示大小，但不更改标注的测量值，如图 5-13 所示。

 经验之谈

将图形放大打印时，尺寸数字、箭头也随之放大，这与机械制图标准不符。此时可将"使用全局比例"的值设为图形放大倍数的倒数，就能保证出图时图形放大而尺寸数字、箭头大小不变。

（4）优化　用于设置是否手动放置文字、是否在尺寸界线内画出尺寸线，如图 5-14 所示。

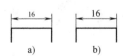

图 5-13　全局比例对尺寸标注的影响
　　a）全局比例为 1　b）全局比例为 2

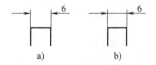

图 5-14　在延伸线之间绘制尺寸线
　　a）未设置　b）设置

5. 尺寸标注的精度、测量单位比例的设置

在如图 5-15 所示的 {主单位} 中可设置尺寸标注的精度、测量单位比例，并设置文字的前缀和后缀等参数。

用户应根据绘图比例的不同，在"测量单位比例"选项组的"比例因子"文本框中输入相应的线性尺寸测量单位的比例因子，以保证所标注的尺寸为物体的实际尺寸。如采用1:2的比例绘图时，测量单位的比例因子应设为 2；采用 2:1 的比例绘图时，测量单位的比例因子应设为 0.5。

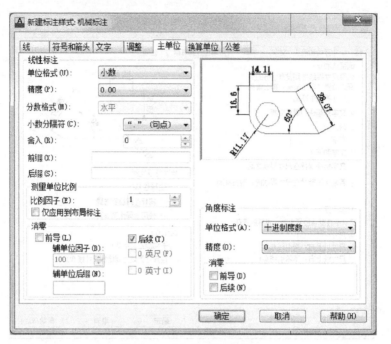

图 5-15 "主单位"选项卡

6. 换算单位的设置

在 {换算单位} 中可设置尺寸标注中换算单位的显示,以及不同单位之间的换算格式和精度,因为不常使用,在此不做详细介绍。

7. 公差的设置

在如图 5-16 所示的 {公差} 中可设置公差标注方式、精度及对齐方式等参数。

图 5-16 "公差"选项卡

模块五

（1）公差格式

1）方式：用于设置标注公差的形式，有"对称""极限偏差""极限尺寸""基本尺寸"4种形式，可根据需要进行选择。

2）精度：用于设置公差值的精度，即公差值保留的小数位数。

3）上偏差：用于设定上偏差值，默认为正值，若实际是负值，如"-0.01"，则此框内应输入"-0.01"。

4）下偏差：用于设定下偏差值，默认为负值，若实际是正值，如"+0.01"，则此框内应输入"-0.01"。

5）高度比例：用于设置公差文字高度相对于基本尺寸文字高度的比例，若为1，则公差文字高度与基本尺寸文字高度一样。机械制图标注可设为0.6~0.8。

6）垂直位置：用于设置公差值在垂直方向的放置位置，有"下""中""上"3种位置，机械制图标注选择"中"。

（2）"公差对齐"方式设置 用于设置尺寸公差上下偏差值的对齐方式，有"对齐小数分隔符"和"对齐运算符"两种方式，通常选择"对齐运算符"。

任务二 尺寸的标注

 任务分析

如图5-17所示的图形中包含了各种尺寸标注，调用"线性标注""对齐标注""半径标注""直径标注""角度标注"等命令可完成该图形中各种尺寸的标注。

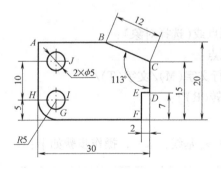

图5-17 尺寸标注

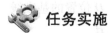 **任务实施**

第1步 分析图形，确定标注命令及步骤。

分析如图5-17所示图形的标注，需要调用的命令如图5-18所示。

 经验之谈

在进行图形标注时，首先应对图形进行分析，分析设计基准与其他对象的关系，从而确定标注方法及步骤。

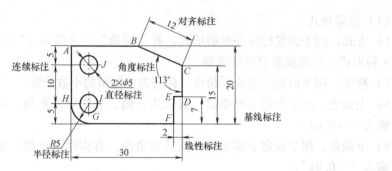

图 5-18 尺寸标注所用命令

第 2 步 将"尺寸线"图层置为当前层

第 3 步 单击《注释》→《标注》→〖标注〗，可调用相关命令来完成标注操作。用户如果习惯使用以前的版本，可在"AutoCAD 经典"工作空间中的工具栏上右击，在弹出菜单中选择【标注】，当该选项前有对钩时，将显示如图 5-19 所示的"标注"工具栏。

图 5-19 "标注"工具栏

第 4 步 进行基线标注和连续标注。

选择捕捉模式，根据需要选择端点、交点、最近点、圆心等捕捉模式。

标注 GF 方向尺寸。

单击《注释》→《标注》→〖线性〗 ，操作步骤如下：

命令：DIMLINEAR	//调用"线性"命令
指定第一个尺寸界线原点或(选择对象)：	//单击点 E
指定第二条尺寸界线原点：	//单击点 D
指定尺寸线位置或[多行文字(M)/文字(T)/	//将光标拖动至适合位置
角度(A)/垂直(A)/旋转(R)]：	单击,标注该尺寸

单击《注释》→《标注》→〖基线〗 ，操作步骤如下：

命令：DIMBASELINE	//调用"基线"命令
选择基准标注：	//单击点 D 位置的基准线
指定第二条尺寸界线原点或放弃(U)选择(S)	//单击点 H

通过以上操作，完成 2mm 与 30mm 尺寸的标注。

按上述操作方法，调用"基线"命令完成"7""15""20"尺寸的标注。

标注 HA 方向的尺寸。

单击《注释》→《标注》→〖线性〗，操作步骤如下：

命令：DIMLINEAR	//调用"线性"命令
指定第一个尺寸界线原点或（选择对象）:	//单击点 G
指定第二条尺寸界线原点:	//单击点 H

单击《注释》→《标注》→〖连续〗，操作步骤如下：

命令：DIMCONTINUE	//调用"连续"命令
指定第二条尺寸界线原点或放弃（U）选择（S）	//单击点 J
指定第二条尺寸界线原点或放弃（U）选择（S）	//单击点 A

通过以上操作，完成 HA 方向 3 个尺寸的标注。

第 5 步　进行对齐标注。

单击《注释》→《标注》→〖对齐〗　，操作步骤如下：

命令：DIMALIGNED	//调用"对齐"命令
指定第一个尺寸界线原点或（选择对象）:	//单击点 B
指定第二条尺寸界线原点:	//单击点 C

第 6 步　进行角度标注。

单击《注释》→《标注》→〖角度〗　，操作步骤如下：

命令：DIMANGULAR	//调用"角度"命令
选择圆弧、圆、直线或（指定顶点）	//单击直线 BC
选择第二条直线	//单击直线 CD
指定标注弧线位置或［多行文字（M）/文字（T）/	//移动光标至合适位置单
角度（A）/象限点（Q）］:	击，完成角度标注

第 7 步　进行直径和半径标注。

单击《注释》→《标注》→〖直径〗　，操作步骤如下：

命令：DIMDIAMETER	//调用"直径"命令
选择圆弧或圆:	//单击圆心为 J 的圆
指定尺寸线位置或［多行文字（M）/文字（T）/角度（A）］:	//键入 T↙
输入标注文字:	//键入 2×%%c5↙
指定尺寸线位置或［多行文字（M）/文字（T）/角度（A）］:	//移动光标至合适位置单
	击，完成直径标注

单击《注释》→《标注》→〖半径〗　，操作步骤如下：

模块五

命令：DIMRADIUS //调用"半径"命令

选择圆或圆弧 //单击圆弧 *GH*

指定尺寸线位置或[多行文字(M)/文字(T)/角度(A)]： //键入 T↙

输入标注文字： //键入 R5↙

指定尺寸线位置或[多行文字(M)/文字(T)/角度(A)]： //移动光标至合适位置单击，完成半径标注

第 8 步　保存图形文件。

 知识链接

一、线性标注

"线性"命令可标注两点间的水平、垂直距离尺寸，在指定尺寸线倾斜角后，也可标注斜向尺寸。调用命令的方式如下：

➢ 功能区：◀注释▶→《标注》→〖线性〗 ⊢⊣

➢ 菜单命令：【标注】→【线性】（"AutoCAD 经典"工作空间）

➢ 工具栏：〖标注〗→〖线性〗 ⊢⊣ （"AutoCAD 经典"工作空间）

➢ 键盘命令：DIMLINEAR

二、对齐标注

"对齐"命令可标注倾斜直线的长度。调用命令的方式如下：

➢ 功能区：◀注释▶→《标注》→〖对齐〗 ✦

➢ 菜单命令：【标注】→【对齐】（"AutoCAD 经典"工作空间）

➢ 工具栏：〖标注〗→〖对齐〗 ✦ （"AutoCAD 经典"工作空间）

➢ 键盘命令：DIMALIGNED

三、角度标注

"角度"命令可以标注圆和圆弧的角度、两条直线间的角度或三点间的角度。调用命令的方式如下：

➢ 功能区：◀注释▶→《标注》→〖角度〗 △

➢ 菜单命令：【标注】→【角度】（"AutoCAD 经典"工作空间）

➢ 工具栏：〖标注〗→〖角度〗 △ （"AutoCAD 经典"工作空间）

➢ 键盘命令：DIMANGULAR

四、弧长标注

"弧长"命令可以标注圆弧线段或多段圆弧线段的弧长。调用命令的方式如下：

> 功能区：◀注释▶→《标注》→〖弧长〗

> 菜单命令：【标注】→【弧长】（"AutoCAD 经典"工作空间）

> 工具栏：〖标注〗→〖弧长〗 （"AutoCAD 经典"工作空间）

> 键盘命令：DIMARC

五、半径标注

"半径"命令可标注圆和圆弧的半径，当选择了需要标注半径的圆或圆弧后，直接确定尺寸线的位置，系统将按实际测量值标出圆或圆弧的半径。调用命令的方式如下：

> 功能区：◀注释▶→《标注》→〖半径〗

> 菜单命令：【标注】→【半径】（"AutoCAD 经典"工作空间）

> 工具栏：〖标注〗→〖半径〗 （"AutoCAD 经典"工作空间）

> 键盘命令：DIMRADIUS

调用该命令时，若要利用"多行文字"与"文字"选项重新输入标注尺寸文字，应当先键入前缀"R"，再输入标注尺寸，才能使标出的半径尺寸带半径符号。

六、直径标注

"直径"命令与"半径"命令相似。调用命令的方式如下：

> 功能区：◀注释▶→《标注》→〖直径〗

> 菜单命令：【标注】→【直径】（"AutoCAD 经典"工作空间）

> 工具栏：〖标注〗→〖直径〗 （"AutoCAD 经典"工作空间）

> 键盘命令：DIMDIAMETER

调用该命令时，若要利用"多行文字"与"文字"选项重新输入标注尺寸文字，应当先键入前缀"％％c"，再输入标注尺寸，才能使标出的直径尺寸带直径符号。

七、折弯标注

"折弯"命令，可以折弯标注圆和圆弧的半径。它与半径标注方法基本相同，但需要指定一个位置代替圆或圆弧的圆心。调用命令的方式如下：

> 功能区：◀注释▶→《标注》→〖折弯〗

> 菜单命令：【标注】→【折弯】（"AutoCAD 经典"工作空间）

> 工具栏：〖标注〗→〖折弯〗 （"AutoCAD 经典"工作空间）

> 键盘命令：DIMJOGGED

八、坐标标注

"坐标"命令可以创建一系列由相同的标注原点测量出来的坐标标注。调用命令的方式如下：

> 功能区：◀注释▶→《标注》→〖坐标〗

> 菜单命令：【标注】→【坐标】（"AutoCAD 经典"工作空间）

> 工具栏：〖标注〗→〖坐标〗 （"AutoCAD 经典"工作空间）

➢ 键盘命令：DIMORDINATE

调用该命令，操作步骤如下：

指定点坐标：   //确定要标注坐标的点

指定引线端点或[X基准(X)/Y基准(Y)/多行文字(M)

/文字(T)/角度(A)]：   //默认情况下，指定引线的端点位置后，系
统将在该点标注出指定点坐标

九、基线标注

"基线"命令可以创建一系列由相同的标注原点测量出来的标注。调用命令的方式如下：

➢ 功能区：◀注释▶→《标注》→〖基线〗

➢ 菜单命令：【标注】→【基线】（"AutoCAD 经典"工作空间）

➢ 工具栏：〖标注〗→〖基线〗 （"AutoCAD 经典"工作空间）

➢ 键盘命令：DIMBASELINE

在进行基线标注前必须先创建（或选择）一个线性、坐标或角度标注作为基准标注，然后再调用"基线"命令，此时可直接指定下一个尺寸第二条尺寸界线的位置进行标注，直至按ENTER键结束命令。

十、连续标注

"连续"命令用于标注与前一个或选定标注首尾相连的一组线性尺寸或角度尺寸。调用命令的方式如下：

➢ 功能区：◀注释▶→《标注》→〖连续〗

➢ 菜单命令：【标注】→【连续】（"AutoCAD 经典"工作空间）

➢ 工具栏：〖标注〗→〖连续〗 （"AutoCAD 经典"工作空间）

➢ 键盘命令：DIMCONTINUE

进行连续标注前，必须先创建（或选择）一个线性、坐标或角度标注作为基准标注，以确定连续标注所需要的前一尺寸标注的尺寸界线，然后再调用"连续"命令，此时将上一个或先标注的第二条尺寸界线作为新尺寸标注的第一条尺寸界线进行尺寸的标注，直至按ENTER键结束命令。

十一、快速标注

"快速标注"命令可以快速创建成组的基线、连续、阶梯和坐标标注，快速标注多个圆、圆弧，以及编辑现有标注的布局。调用命令的方式如下：

➢ 功能区：◀注释▶→《标注》→〖快速标注〗

➢ 菜单命令：【标注】→【快速标注】（"AutoCAD 经典"工作空间）

➢ 工具栏：〖标注〗→〖快速标注〗 （"AutoCAD 经典"工作空间）

> 键盘命令：QDIM

调用该命令，操作步骤如下：

选择要标注几何图形:	//系统提示
选择要标注几何图形:找到 1 个	//选择需要进行标注的对象
选择要标注几何图形:找到 2 个	//选择需要进行标注的对象

指定尺寸线位置或[连续(C)/并列(S)/基线(B)/坐标(O)
/半径(R)/直径(D)/基准点(P)/编辑(E)/设置(T)]:c↙ //选择"连续"，将以上所选
对象进行连续标注

调用"快速标注"可以快速进行连续、并列、基线等一系列的标注。

十二、调整间距

调用"调整间距"命令，选择要调整间距的标注，然后在命令行中输入各个标注之间的间距即可。该命令不仅可以调整线性标注之间的距离，也可以调整角度标注之间的距离。调用命令的方式如下：

> 功能区：《注释》→《标注》→【调整间距】 🔳
> 菜单命令：【标注】→【标注间距】（"AutoCAD 经典"工作空间）
> 工具栏：《标注》→《等距标注》 🔳 （"AutoCAD 经典"工作空间）
> 键盘命令：DIMSPACE

十三、打断标注

"打断"命令可在标注或延伸线与其他对象交叉处折断。调用命令的方式如下：

> 功能区：《注释》→《标注》→【打断】 ⊥⁺
> 菜单命令：【标注】→【标注打断】（"AutoCAD 经典"工作空间）
> 工具栏：《标注》→《折断标注》 ⊥⁺ （"AutoCAD 经典"工作空间）
> 键盘命令：DIMBREAK

调用"打断"命令，根据命令行提示选择要打断标注的对象，可将选定的标注在其尺寸界线或尺寸线与图形中的几何对象或其他标注相交的位置打断，从而使标注更为清晰。对于已经被打断的标注，选择其"删除"选项可恢复到打断前的状态。

任务三　公差的标注

 任务分析

如图 5-20 所示的图形包含了尺寸公差标注、形位公差标注等内容，调用"公差""圆心标记""折弯标注"等命令可完成图形中的标注（图中的基准符号将在模块七中进行介绍，此处暂不绘制）。

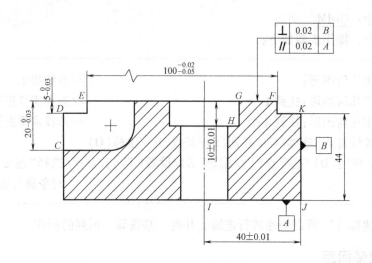

图 5-20　公差标注

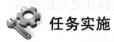任务实施

第 1 步　设置标注样式

单击◀注释▶→《标注》→〖标注样式〗→在弹出的"标注样式管理器"对话框中单击 [新建]→以"机械标注"为基础样式，新建"公差"样式→[继续]→在"新建标注样式"对话框的 {公差} 中将"公差格式"选项组中的"方式"选为"极限偏差"，"下偏差"设为 "0.03"，"高度比例"设为"0.8"，"垂直位置"选为"中"，如图 5-21 所示→[确定]→将新

图 5-21　设置标注样式

建的"公差"样式选中→单击［置为当前］→［关闭］。

第2步　标注"$20^{\ 0}_{-0.03}$""$5^{\ 0}_{-0.03}$"尺寸公差。

单击《注释》→《标注》→〖线性〗→先后单击点 E 和点 C→移动光标至合适位置单击，完成"$20^{\ 0}_{-0.03}$"的标注；按ENTER键，先后单击点 D 和点 E→移动光标至合适位置单击，完成"$5^{\ 0}_{-0.03}$"的标注。

第3步　标注"$100^{-0.02}_{-0.05}$"尺寸公差。

按ENTER键，重复调用"线性"命令→先后单击点 E 和点 F→在命令行窗口提示"指定尺寸线位置或［多行文字（M）/文字（T）/角度（A）/水平（H）/垂直（V）/旋转（R）]"时，键入 M，选择"多行文字"选项→键入100-0.02^-0.05，并选中"-0.02^-0.05"→单击堆叠命令→完成"$100^{-0.02}_{-0.05}$"的标注。

单击《注释》→《标注》→〖折弯标注〗　⋀，操作步骤如下：

命令：_DIMJOGLINE	//调用"折弯标注"命令
选择要添加折弯的标注或［删除(R)]：	//选择刚完成的标注
指定折弯位置（或按 ENTER 键）：＜对象捕捉 关＞	//将对象捕捉关闭，以选择需折弯的位置

通过以上操作，将"$100^{-0.02}_{-0.05}$"的标注改为折弯标注形式。

第4步　标注"10 ± 0.01""40 ± 0.01"尺寸公差。

单击《注释》→《标注》→〖标注样式〗→［替代］→｛公差｝→将"公差格式"选项组中的"方式"选为"对称"，"上偏差"设为"0.01"→［确定］→［关闭］。

单击《注释》→《标注》→〖线性〗→先后单击点 G 和点 H→移动光标至合适位置单击，完成"10 ± 0.01"的标注；按ENTER键，先后单击点 I 和点 J→移动光标至合适位置单击，完成"40 ± 0.01"的标注。

第5步　标注尺寸"44"。

按ENTER键，先后单击点 K 和点 J→移动光标至合适位置单击，完成"44 ± 0.01"的标注，双击刚完成的标注，选中"± 0.01"并将其删除，完成"44"的标注。

第6步　标注圆心。

单击《注释》→《标注》→〖圆心标记〗　⊕→单击需要标注圆心的圆弧，完成圆心的标注。

第7步　标注形位公差。

单击《注释》→《标注》→〖公差〗　⊞→在如图 5-22 所示的"形位公差"对话框中可进行形位公差的设置。

调用"公差"命令只能绘制形位公差特征控制框，需要用户另外绘制指引线，单击《注释》→《引线》→〖多重引线样式管理器〗，将默认样式"Standard"设置为当前样式→单击《注释》→《引线》→〖多重引线〗，操作步骤如下：

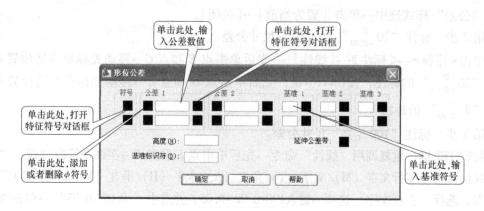

图 5-22 "形位公差"对话框

命令：_mleader	//调用"多重引线"命令
指定引线箭头的位置或［引线基线优先(L)/内容优先(C)/选项(O)］<选项>：<对象捕捉 关>	//为避免干扰,将对象捕捉关闭,并将"正交"打开,在直线 *EF* 上捕捉一点
指定引线基线的位置： <打开对象捕捉>	//打开对象捕捉,捕捉两个形位公差的重合处,利用对象追踪确定引线基线的高度,在其他位置单击,不输入注释内容,完成引线绘制。选中引线,将其基线拉伸至形位公差标注处

如果需同时绘出形位公差的指引线和特征框,可调用"引线"命令,调用命令的方式如下:

➤键盘命令：<u>LEADER</u>

调用"引线"命令,操作步骤如下:

命令：_mleader	//调用"引线"命令
指定引线起点：	//在直线 *EF* 上捕捉一点
指定下一点：	//垂直向上,指定另一点
指定下一点或［注释(A)/格式(F)/放弃(U)］<注释>：	//按ENTER键,选择"注释"默认选项
输入注释文字的第一行或 <选项>：↙	//按ENTER键,选择"选项"默认选项
输入注释选项［公差(T)/副本(C)/块(B)/无(N)/	
多行文字(M)］<多行文字>：//t↙	//选择"公差"选项,弹出"形位公差"对话框,按前述方法设置形位公差即可

 知识链接

一、尺寸公差标注

AutoCAD 2013 提供了多种尺寸公差的标注方法,下文介绍常用的三种方法。

1. 设置尺寸样式

调用"尺寸样式"命令后,在如图 5-16 所示的"公差"选项卡中可以设置公差样式,使标注尺寸带有公差。

2. 多行文字堆叠标注尺寸公差

在如图 5-16 所示的"公差"选项卡中,若当前标注样式的公差"方式"为"无",可调用标注命令中的"多行文字(M)"选项,通过文字堆叠方式直接标注尺寸公差。

3. "对象特性"选项板编辑尺寸公差

在当前标注样式的公差"方式"设置为"无"时先进行尺寸标注,然后选中需要标注公差的对象,右击打开如图 5-23 所示的"对象特性"选项板,在"公差"选项板内可对尺寸公差进行编辑。例如,选中尺寸"10"→右击→【特性】→按如图 5-23 所示的"公差"选项板进行设置,"显示公差"设为"极限偏差","上偏差"为"0","下偏差"为"0.02","水平放置公差"为"中","公差文字高度"为"0.7",即可将尺寸"10"的标注尺寸变更为"$10^{\ 0}_{-0.02}$"。

公差	▲
换算公差消去...	是
公差对齐	运算符
显示公差	极限偏差
公差下偏差	0.02
公差上偏差	0
水平放置公差	中 ▼
公差精度	0.00
公差消去前导零	否
公差消去后续零	是
公差消去零英尺	是
公差消去零英寸	是
公差文字高度	0.7
换算公差精度	0.000
换算公差消去...	否
换算公差消去...	否
换算公差消去...	是

图 5-23 利用对象"特性"选项板
标注尺寸公差

二、形位公差标注

选择形位公差标注可以设置公差的符号、值及基准等参数。在进行形位公差标注时,调用命令的方式如下:

➤ 功能区:《注释》→《标注》→〖公差〗 ⊕1

➤ 菜单命令:【标注】→【公差】("AutoCAD 经典"工作空间)

➤ 工具栏:〖标注〗→〖公差〗 ⊕1 ("AutoCAD 经典"工作空间)

➤ 键盘命令:TOLERANCE

调用"公差"命令后,弹出如图 5-22 所示的"形位公差"对话框,在该对话框中可设置形位公差的特性。

三、圆心标记

调用"圆心标记"命令可以标注圆或圆弧的圆心。调用命令的方式如下:

➤ 功能区:《注释》→《标注》→〖圆心标记〗 ⊕

➤ 菜单命令:【标注】→【圆心标记】("AutoCAD 经典"工作空间)

➤ 工具栏:〖标注〗→〖圆心标记〗 ⊕ ("AutoCAD 经典"工作空间)

➤ 键盘命令: <u>DIMCENTER</u> ("AutoCAD 经典"工作空间)

调用命令后只需要选择待标注圆心的圆弧或者圆,即可进行圆心的标记。

四、折弯线性

对于一些折断对象的标注,可采用折弯标注。调用命令的方式如下:

➤ 功能区:◀注释▶→《标注》→〖折弯标注〗 ∿

➤ 菜单命令:【标注】→【折弯线性】("AutoCAD 经典"工作空间)

➤ 工具栏:〖标注〗→〖折弯线性〗 ∿ ("AutoCAD 经典"工作空间)

➤ 键盘命令: <u>DIMJOGLINE</u>

折弯标注表示标注的数值为折断对象的实际距离,而非图中测量的距离。

任务四 标注的编辑

 任务分析

将如图 5-24a 所示的尺寸标注更改为如图 5-24b 所示的尺寸标注,需要用到尺寸标注的编辑。

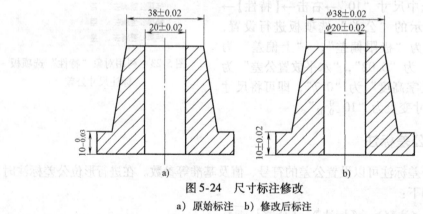

图 5-24 尺寸标注修改
a) 原始标注 b) 修改后标注

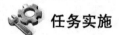 **任务实施**

第 1 步 使用"标注样式管理器"对话框进行修改。

单击◀注释▶→《标注》→〖标注样式〗,在如图 5-1 所示的"标注样式管理器"对话框中单击[修改]→{公差}→将"方式"设置为"对称","上偏差"设置为"0.02","垂直位置"设置为"中"→[确定]→[关闭]。通过以上操作可将图 5-24a 所示的"$10_{-0.03}^{0}$"修改成 5-24b 所示"10 ± 0.02"样式。

 经验之谈

标注样式"修改"与"替代"的区别是:尺寸样式一旦被修改,使用此样式的所有尺寸标注都会发生改变;而样式替代只改变所选定的标注和其后所做的尺寸标注。

第2步 使用"特性"选项板进行修改。

使用"特性"选项板，可修改尺寸标注的多个属性。如图 5-25 所示，通过在［文字替代］选项框内输入%%c38%%p0.02，可以将"38±0.02"尺寸标注修改成为"φ38±0.02"。同样也可以通过向［文字替代］选项框内输入%%c20%%p0.02，将"20±0.02"尺寸标注修改成为"φ20±0.02"。

第3步 保存图形文件。

图 5-25 "特性"选项板

 知识链接

一、编辑尺寸样式

通过如图 5-1 所示的"标注样式管理器"可对尺寸的样式进行编辑修改，以达到所需要的尺寸标注形式。单击［修改］或［替代］，分别可弹出"修改标注样式"或"替代当前样式"对话框，每个选项卡可对不同的项目进行修改。

1. "线"选项卡

在该选项卡中可以对尺寸线、尺寸界线等进行修改。

2. "符号和箭头"选项卡

在该选项卡中可以对箭头、圆心标记、折断大小、弧长符号、半径折弯标注、线性折弯标注等进行修改。

3. "文字"选项卡

在该选项卡中可以对文字外观、文字位置、文字对齐等进行修改。

4. "调整"选项卡

在该选项卡中可以对调整选项、文字位置、标注特征比例、优化等进行修改。

5. "主单位"选项卡

在该选项卡中可以对编辑线性、测量单位比例、消零、角度标注等进行修改。

6. "换算单位"选项卡

在该选项卡中可以对换算单位、消零、位置等进行修改。

7. "公差"选项卡

在该选项卡中可以对公差格式、公差对齐、消零、换算单位公差等进行修改。

二、编辑标注

常用尺寸标注的编辑方法有3种，第一种可通过如图 5-1 所示的"标注样式管理器"进行修改。其中，［修改］用于修改当前尺寸样式中的设置；［替代］用于设置临时的尺寸标注样式来替代当前尺寸标注样式。第二种是使用"特性"选项板，该方式可一次修改多个尺寸标注属性。第三种是调用"编辑标注"（DIMEDIT）命令。

调用"编辑标注"命令的方式如下：

➤ 功能区：《注释》→《标注》→〖倾斜〗 ⊢¬ /〖文字角度〗 ⟋

➤ 工具栏：〖标注〗→〖编辑标注〗 ⟋ （"AutoCAD 经典"工作空间）

➤ 键盘命令：DIMEDIT

调用"编辑标注"命令后，命令行提示"输入标注编辑类型［默认（H）/新建（N）/旋转（R）/倾斜（O）］"，各选项含义如下：

默认（H）：将旋转标注文字移回默认位置。

新建（N）：使用在位文字编辑器更改标注文字。

旋转（R）：旋转标注文字，如图 5-26b 所示。

倾斜（O）：调整线性标注尺寸界线的倾斜角度，如图 5-26c 所示。

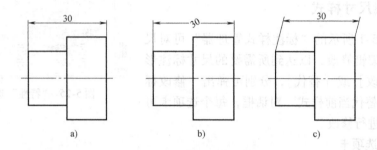

图 5-26　编辑标注

a）默认位置　b）标注文字旋转 15°　c）尺寸界线倾斜 75°

 经验之谈

当尺寸界线与图形的其他部件容易混淆时，"编辑标注"命令的"倾斜"选项很有用处。

延伸操练

1. 绘制如图 5-27 至图 5-31 所示图形并标注尺寸。

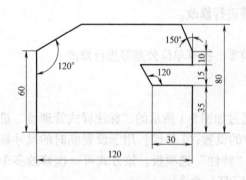

图 5-27　延伸操练 5-1 图

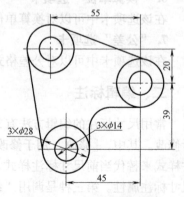

图 5-28　延伸操练 5-2 图

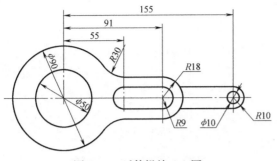

图 5-29　延伸操练 5-3 图

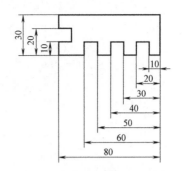

图 5-30　延伸操练 5-4 图

2. 绘制如图 5-32 至图 5-35 所示图形并标注公差（基准符号可暂不标注）。

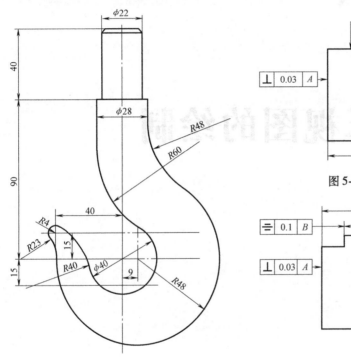

图 5-31　延伸操练 5-5 图

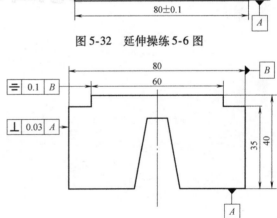

图 5-32　延伸操练 5-6 图

图 5-33　延伸操练 5-7 图

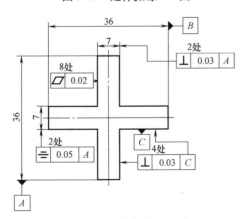

图 5-34　延伸操练 5-8 图

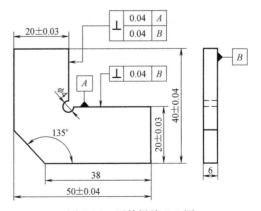

图 5-35　延伸操练 5-9 图

模块六

三视图的绘制

学习目标

1. 掌握三视图的绘制方法。
2. 掌握构造线和射线在绘制三视图过程中的应用。
3. 掌握多段线的绘制和编辑方法。
4. 掌握样条曲线的绘制方法。
5. 掌握图案填充及编辑方法。

要点预览

视图是观测者从不同位置观察同一个空间几何体而绘出的图形。三视图是主视图、俯视图、左视图 3 个基本视图，它能够正确反映物体长、宽、高尺寸，是一种工程界对物体几何形状约定俗成的表达方式。绘制三视图的基本原则是：主视图和俯视图的长要相等，主视图和左视图的高要相等，左视图和俯视图的宽要相等，一般简述为"长对正、高平齐、宽相等"。本模块的主要内容是应用 AutoCAD 2013 提供的绘图功能，完成三视图图形的绘制。

任务一　三视图的绘制（一）

任务分析（图 6-1）

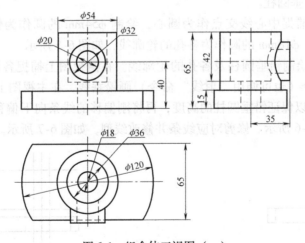

图 6-1　组合体三视图（一）

本任务主要调用"构造线""射线"等命令进行三视图的绘制。

任务实施

第 1 步　为避免重复进行各参数的设置，调用以前所保存的样板文件。

第 2 步　绘制底板俯视图。

1）绘制俯视图十字中心线。

2）捕捉十字中心线的交点，绘制底板上 ϕ120mm 的圆。

151

3）调用"偏移"命令绘制两条水平轮廓线，将其线型改为粗实线。

4）修剪外形轮廓线，如图 6-2 所示。

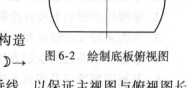

图 6-2　绘制底板俯视图

第 3 步　绘制底板主视图。

1）单击◀常用▶→《绘图》→〖构造线〗 ，调用"构造线"命令通过点 A 绘制一条铅垂线。单击◀常用▶→《绘图》→〖射线〗 ，调用"射线"命令通过点 B 向上绘制一条铅垂线，以保证主视图与俯视图长对正，如图 6-3 所示。

2）调用"直线"命令绘制底板主视图轮廓线及中心线，如图 6-4 所示。

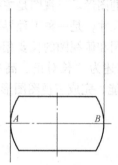

图 6-3　保证底板主视图与俯视图长对正

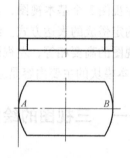

图 6-4　绘制底板主视图

第 4 步　绘制铅垂圆柱。

1）在俯视图上捕捉中心线交点作为圆心，绘制 φ54mm 的圆作为铅垂圆柱的轮廓线，再分别绘制 φ36mm、φ18mm 的圆作为各孔的轮廓线，如图 6-5 所示。

2）在主视图上绘制铅垂圆柱及各孔的轮廓线。在俯视图上捕捉各圆与中心线的交点，调用"构造线"命令（也可调用"射线"命令）画铅垂线，在主视图上将底板下表面轮廓线向上偏移 65mm，以保证铅垂圆柱的高度，再将刚偏移的线条向下偏移 42mm 保证台阶孔的高度尺寸，如图 6-6 所示。修剪对应线条并修改线型，如图 6-7 所示。

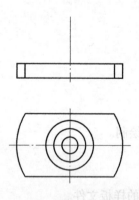

图 6-5　绘制铅垂圆柱及各孔的俯视图

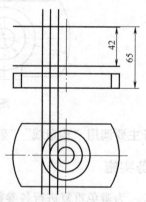

图 6-6　保证铅垂圆柱及各孔主视图与俯视图长对正

3）调用"镜像"命令，完成主视图上铅垂圆柱及各孔另一半的绘制，如图 6-8 所示。

第 5 步　绘制左视图。

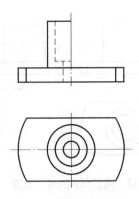

图 6-7 修剪及修改线型

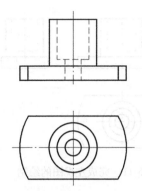

图 6-8 完成铅垂圆柱及各孔的主视图

1）复制并旋转俯视图到合适位置，作为辅助视图，如图 6-9 所示。

2）利用"对象捕捉追踪"确定左视图的位置，如图 6-10 所示。

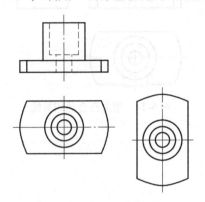

图 6-9 复制并旋转俯视图

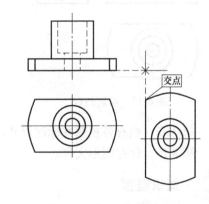

交点

图 6-10 确定左视图的位置

3）利用"对象捕捉追踪"确定主视图与辅助视图各轮廓线的交点，完成左视图，删除右下角的辅助视图，如图 6-11 所示。

 经验之谈

绘制三视图常用的方法除了辅助线法——利用构造线或射线作为辅助线，以确保视图之间的"长对正、高平齐、宽相等"关系外，也可采用"对象捕捉追踪"并结合"极轴追踪""正交"等辅助工具的方法。在实际绘图中，用户可以灵活运用这两种方法，以保证各视图的对应关系。

第 6 步 绘制凸台。

1）调用"构造线"命令中的偏移功能，偏移距离分别为 35mm 和 40mm，确定凸台的位置，如图 6-12 所示。

2）在主视图中，绘制 ϕ32mm、ϕ20mm 的圆，并将各圆投影到俯视图与左视图上，修剪各线段并修改内孔线型，将俯视图中底板被凸台遮挡部分的线型改为虚线，如图 6-13 所示。

3）将俯视图上的圆柱及内孔的相贯线顶点投影到左视图上，调用"圆弧"命令的"三点"方式完成相贯线的绘制，修剪与修改线型，如图 6-14 所示。

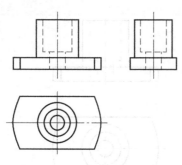

图 6-11　完成左视图的绘制

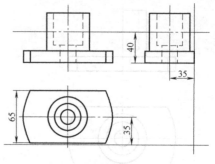

图 6-12　确定凸台的水平位置

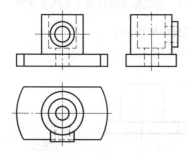

图 6-13　绘制凸台

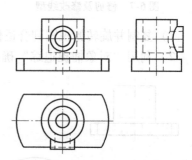

图 6-14　绘制凸台的相贯线

第 7 步　检查各视图并标注尺寸。

第 8 步　保存图形文件。

 知识链接

一、构造线

"构造线"命令可以绘制通过给定点的双向无限长直线，常用于作辅助线或绘制已知距离的平行直线。调用命令的方式如下：

➤ 功能区：◀常用▶→《绘图》→【构造线】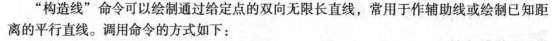

➤ 菜单命令：【绘图】→【构造线】（"AutoCAD 经典"工作空间）

➤ 工具栏：〖标准〗→〖构造线〗（"AutoCAD 经典"工作空间）

➤ 键盘命令：XLINE 或 XL

该命令可重复执行，执行一次命令可绘制多条构造线。绘制构造线时可选择不同的选项使用不同的方式进行绘制，各方式介绍如下：

1. "点"方式

该方式绘制 1 条通过指定两点的构造线，图 6-15a 所示即为通过点 *A* 和点 *B* 的构造线。

2. "水平（H）"方式

该方式可绘制 1 条通过指定点的水平构造线，图 6-15b 所示即为通过点 *C* 的水平构造线。

3. "垂直（V）"方式

该方式可绘制 1 条通过指定点的铅垂构造线，图 6-15c 所示即为通过点 *D* 的垂直构造线。

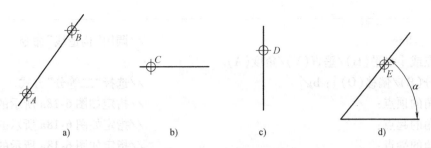

图 6-15 "构造线"命令的使用

a)指定 2 点绘制构造线　b)指定 1 点绘制水平构造线　c)指定 1 点绘制铅垂构造线　d)指定 1 点及角度绘制构造线

4. "角度（A）"方式

该方式以指定的角度绘制 1 条构造线，共有两种情况：

1）输入构造线的角度（O）：直接输入构造线与 X 轴正方向的夹角，通过点 E 绘制如图 6-15d 所示的构造线。

2）参照（R）：绘制一条与已知线段成一定角度的构造线。

要绘制如图 6-16 所示的加强肋断面图，可使用构造线确定断面图的方位。

选择"点画线"图层，单击《常用》→《绘图》→【构造线】，操作步骤如下：

命令：_ xline	//调用"构造线"命令
指定点或［水平（H）/垂直（V）/角度（A）/二等分（B）/偏移（O）］：a✓	//选择"角度"方式
输入构造线的角度（O）或［参照（R）］：r✓	//选择"参照"方式
选择直线对象：	//选择如图 6-16 所示图形中代表加强肋的倾斜中心线
输入构造线的角度 <0>：90✓	//指定角度
指定通过点：	//在加强肋上指定一点

通过以上操作，得到如图 6-17 所示图形，其他部分由用户自行完成，此处不再赘述。

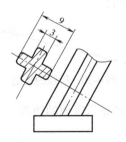

图 6-16　加强肋的断面图

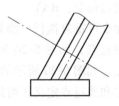

图 6-17　用"参照"方式绘制构造线

5. "二等分（B）"方式

该方式创建一条构造线，经过选定的角顶点，并平分选定两条线段的夹角。

要绘制如图 6-18a 所示∠ABC 的角平分线，可调用构造线来绘制。

单击《常用》→《绘图》→【构造线】，操作步骤如下：

命令：_xline	//调用"构造线"命令
指定点或［水平(H)/垂直(V)/角度(A)/	
二等分(B)/偏移(O)］：b↙	//选择"二等分"方式
指定角的顶点：	//指定如图 6-18a 所示的点 B
指定角的起点：	//指定如图 6-18a 所示的点 A
指定角的端点：	//指定如图 6-18a 所示的点 C
指定角的端点：↙	//按ENTER键，结束命令

此构造线位于由点 A、B、C 3 个点确定的平面中，且平分∠ABC，如图 6-18b 所示。

6. "偏移（O）"方式

该方式通过指定偏移距离创建平行于选定直线的平行线，如图 6-19 所示。

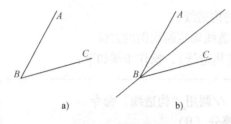

图 6-18　等分角度

a）原始图形　b）绘制角平分线

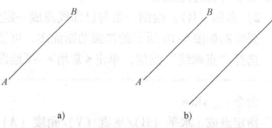

图 6-19　使用"偏移"选项绘制平行线

a）已知直线 AB　b）绘制平行于直线 AB 且距离已知的平行线

二、射线

利用"射线"命令可以创建单向无限长的直线，通常作为辅助作图线。调用命令的方式如下：

➢ 功能区：◀常用▶→《绘图》→〖射线〗 ↗

➢ 菜单命令：【绘图】→【射线】（"AutoCAD 经典"工作空间）

➢ 工具栏：〖标准〗→〖射线〗 ↗ （"AutoCAD 经典"工作空间）

➢ 键盘命令：RAY

该命令可重复执行，绘制多条射线。绘制时，首先指定射线的起点，如图 6-20 所示的点 A，然后再指定射线的通过点，如图 6-20 所示的点 B 即可。

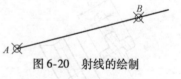

图 6-20　射线的绘制

起点和通过点定义了射线延伸的方向，射线在此方向上延伸到显示区域的边界。

任务二　三视图的绘制（二）

任务分析（图 6-21）

本任务主要调用"图案填充"等命令进行三视图的绘制。

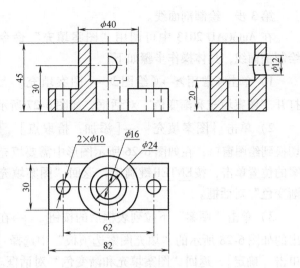

任务实施

第1步 按前述方法完成主视图与俯视图的绘制，如图6-22所示。

第2步 左视图的绘制。

1）绘制1条45°的斜线，作为左视图与俯视图保证宽相等关系的辅助线，如图6-23所示。

2）为了方便观察参考点，单击◀常用▶→《实用工具》→〖点样式〗🖊，将点样式改为十字形（当然也可改成其他样式）。启用状态栏上的〖对象捕捉追踪〗，调用"点"命令，先将光标分别移到俯视图圆的上、下象限点上，再移

图6-21 组合体三视图（二）

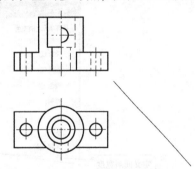

动光标至45°斜线上单击，绘制点以确定俯视图上特殊位置的参考点，如图6-24所示。

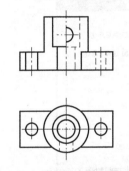

图6-22 绘制主视图与俯视图

图6-23 绘制45°辅助线

3）利用"对象捕捉追踪"确定底板左视图的位置，如图6-25所示。

4）采用同样方法，利用"对象捕捉追踪"得到其余各点，以完成左视图，如图6-26所示。

5）删除45°辅助线及其上辅助点。

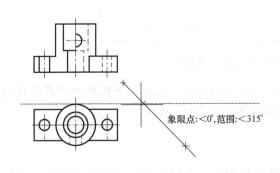

象限点:<0°,范围:<315°

图6-24 指定临时追踪点

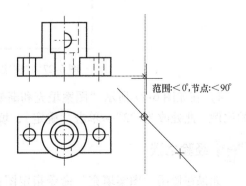

范围:<0°,节点:<90°

图6-25 追踪确定底板左视图的位置

模块六

157

第3步　绘制剖面线。

在 AutoCAD 2013 中可调用"图案填充"命令来绘制剖面线，具体操作步骤如下：

1）单击◀常用▶→《绘图》→〖图案填充〗 ⬛ ，打开"图案填充和渐变色"对话框，如图 6-27 所示。

2）单击｛图案填充｝→［添加：拾取点］🔽 ，切换到绘图窗口，在如图 6-26 所示图形中需要填充图案的位置单击，按ENTER键确定，返回"图案填充和渐变色"对话框。

3）单击"图案"下拉列表框后的按钮⬚⬚⬚→在弹出的如图 6-28 所示的"填充图案选项板"中选择｛ANSI｝（用户定义）下的"ANSI31"→单击［确定］，返回"图案填充和渐变色"对话框。

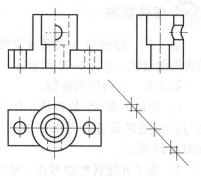

图 6-26　完成左视图

选择填充图案　　　　单击以确定填充边界

定义间隔宽度

图 6-27　"图案填充和渐变色"对话框

4）在如图 6-27 所示"图案填充和渐变色"对话框中的"比例"下拉列表中确定合适的比例，此处改为"2"→单击［确定］，填充结果如图 6-29 所示。

 经验之谈

如果在使用"图案填充"命令指定图案填充位置时，出现边界定义错误对话框，可能是因为图形没有完全封闭。可调用"圆角"命令，将圆角半径设为"0"，对各交点进行倒

图 6-28 "填充图案选项板"对话框

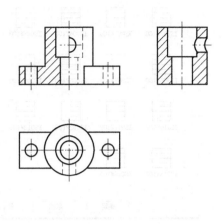

图 6-29 填充剖面线后的图形

圆角以封闭图形，即可解决此问题。

第 4 步　检查各视图并标注尺寸。

第 5 步　保存图形文件。

 知识链接

一、图案填充

调用"图案填充"命令，可以将选定的图案填入指定的封闭区域内，常用于绘制剖面线。该命令可以使用预定义填充图案填充区域、使用当前线型定义简单的线图案，也可以创建更复杂的填充图案。调用命令的方式如下：

➤ 功能区：《常用》→《绘图》→〖图案填充〗

➤ 菜单命令：【绘图】→【图案填充】（"AutoCAD 经典"工作空间）

➤ 工具栏：〖绘图〗→〖图案填充〗（"AutoCAD 经典"工作空间）

➤ 键盘命令：BHATCH、HATCH、BH或H

调用该命令后弹出如图 6-27 所示的"图案填充和渐变色"对话框。要进行图案填充必须确定填充图案的类型、图案，以及填充方式和边界。

1. 定义填充图案的类型和图案

在｛图案填充｝中的"类型"下拉列表中提供了 3 种图案类型。

（1）"预定义"类型　此为 AutoCAD 2013 预先定义命名的填充图案，其中包括实体填充、50 多种行业标准规定填充图案和 14 种符合 ISO 标准的填充图案，如图 6-30 所示。

（2）"ANSI"（用户定义）类型　该类型图案由一组平行线组成，可由用户定义其间隔与倾角，并可选用两组互相正交的网格型图案，如图 6-28 所示。此类型图案是最简单也是最常用的。

（3）"自定义"类型　"自定义"类型图案是用户根据需要在自定义图案文件（PAT

a) b)

图 6-30 预定义类型

a)"ISO"类型 b)"其他预定义"类型

文件）中自行设计、定义的图案。

2. 定义填充边界

图案填充的边界一般是由任意对象（直线、圆、圆弧、多段线和样条曲线等）构成的封闭区域。

位于图案填充区域内的封闭边界称为孤岛，它包括文字、属性、图形或实体填充对象等的外框。用户可以设置在最外层填充边界内的填充方式，指定填充边界后，系统会自动检测边界内的孤岛，并按设置的填充方式填充图案。

单击"图案填充和渐变色"对话框右下角的〖更多选项〗 ，该对话框的显示如图 6-31 所示，用户可进行填充方式设置。

（1）填充方式 当选择"孤岛检测"复选框后，"孤岛显示样式"选项组亮显，有 3 种填充方式：

1）普通样式：此为默认的填充方式，即从外部边界向内隔层填充图案，如图 6-32a 所示。

2）外部样式：只在最外层区域内填充图案，如图 6-32b 所示。

3）忽略样式：忽略填充边界内部的所有对象（孤岛），最外层所围边界内部全部填充，如图 6-32c 所示。

（2）指定填充边界

1）"拾取点"方式：指定封闭区域中的任意点。单击如图 6-31 所示对话框中的［添加：拾取点］ 后，回到绘图窗口，在图案填充区域内单击。

2）"选择对象"方式：选择封闭区域的对象。单击如图 6-31 所示对话框中的［添加：选择对象］ 后，再返回到绘图窗口，选择组成填充边界的对象。

3. "渐变色"的设置

通过对如图 6-33 所示的〖渐变色〗进行相关参数的设置，能实现对象的渐变色填充，

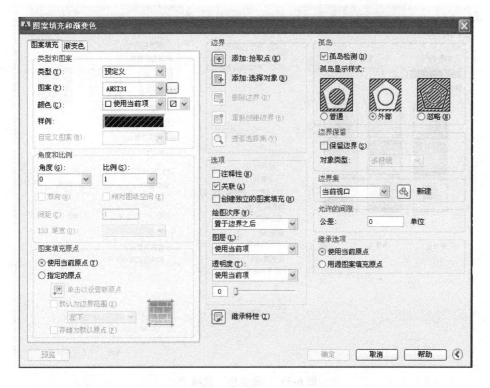

图 6-31　单击"更多选项"可展开"图案填充和渐变色"对话框

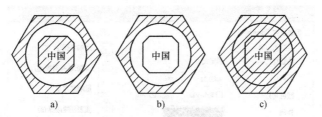

a)　　　　　　　　　　b)　　　　　　　　　　c)

图 6-32　孤岛显示样式

a)"普通"样式　b)"外部"样式　c)"忽略"样式

即实现在一种颜色的不同灰度之间或两种颜色之间平滑过渡，并呈现光在对象上的反射效果。其操作方法与图案填充方法相似，在此不再赘述。

二、编辑图案填充

创建图案填充后，如需修改填充图案或修改填充边界，可使用"图案填充编辑"功能进行编辑修改。调用命令的方式如下：

➢ 功能区：◀常用▶→《修改》→【编辑图案填充】

➢ 菜单命令：【修改】→【对象】→【图案填充】（"AutoCAD 经典"工作空间）

➢ 工具栏：〖修改Ⅱ〗→〖编辑图案填充〗（"AutoCAD 经典"工作空间）

➢ 键盘命令：HATCHEDIT

模块六

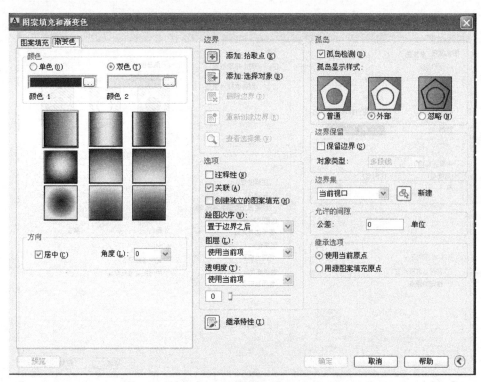

图 6-33 "渐变色"选项卡

调用命令后，单击需修改的填充图案，弹出如图 6-34 所示的"图案填充编辑"对话框

图 6-34 "图案填充编辑"对话框

（直接双击需编辑的填充图案，也能打开该对话框）。用户可在该对话框中进行设置以对图案填充进行编辑修改。

任务三　三视图的绘制（三）

 任务分析（图6-35）

本任务主要调用"样条曲线""多段线"等命令进行三视图的绘制。

 任务实施

第1步　按前述方法完成主、俯、左基本视图，如图6-36所示。

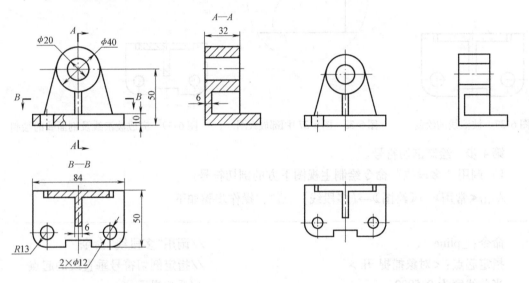

图6-35　组合体三视图（三）　　　　　图6-36　绘制基本视图

第2步　在主视图中调用"样条曲线"命令完成波浪线的绘制，如图6-37所示。

单击◀常用▶→《绘图》→〖样条曲线〗　～　，操作步骤如下：

命令：_spline	//调用"样条曲线"命令
指定第一个点或［对象(O)］：	//指定样条曲线的第1点，如图6-38所示的点A
指定下一点：＜对象捕捉 关＞：	//指定样条曲线的第2点，如图6-38所示的点B
指定下一点或［闭合(C)/拟合公差(F)］＜起点切向＞：	
	//指定样条曲线的第3点，如图6-38所示的点C
指定下一点或［闭合(C)/拟合公差(F)］＜起点切向＞：	
	//指定样条曲线的第4点，如图6-38所示

	的点 *D*,按 ENTER 键结束指定点
指定起点切向:	//移动光标至适当位置,确定点 *A* 的切向
指定端点切向:	//移动光标至适当位置,确定点 *D* 的切向

第 3 步　调用"图案填充"命令完成剖面线的绘制,如图 6-39 所示。

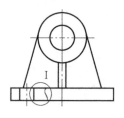 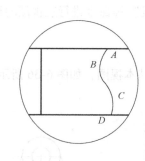

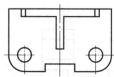 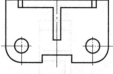

图 6-37　波浪线的绘制　　　图 6-38　图 6-37 中 I 部放大图　　　图 6-39　完成波浪线及剖面线的绘制

第 4 步　绘制剖切符号。

1) 调用"多段线"命令绘制主视图下方的剖切符号。

单击《常用》→《绘图》→〖多段线〗　，操作步骤如下:

命令:_pline	//调用"多段线"命令
指定起点:<对象捕捉 开>	//指定剖切符号垂直线的起点
当前线宽为 0.5000	//系统提示
指定下一个点或 [圆弧(A)/半宽(H)/长度(L)/	
放弃(U)/宽度(W)]:w	//选择"线宽"选项
指定起点宽度 <0.5000>:1.5✓	//指定铅垂线起点宽度
指定端点宽度 <1.5000>:✓	//指定铅垂线端点宽度,接受默认值
指定下一个点或 [圆弧(A)/半宽(H)/长度(L)/放弃(U)/	
宽度(W)]:8✓	//向下移动鼠标后指定铅垂线长度
指定下一点或 [圆弧(A)/闭合(C)/半宽(H)/长度(L)/	
放弃(U)/宽度(W)]:w✓	//选择"线宽"选项
指定起点宽度 <0.3000>:0✓	//指定水平线起点宽度
指定端点宽度 <0.0000>:✓	//指定水平线端点宽度,接受默认值
指定下一点或 [圆弧(A)/闭合(C)/半宽(H)/长度(L)/	
放弃(U)/宽度(W)]:5✓	//向右移动鼠标后指定水平线长度
指定下一点或 [圆弧(A)/闭合(C)/半宽(H)/长度(L)/	
放弃(U)/宽度(W)]:w✓	//选择"线宽"选项

指定起点宽度 <0.0000>:2↙	//指定箭头起点宽度
指定端点宽度 <2.000>:0↙	//指定箭头端点宽度
指定下一点或[圆弧(A)/闭合(C)/半宽(H)/长度(L)/	
放弃(U)/宽度(W)]:5↙	//向右移动鼠标后指定箭头长度
指定下一点或[圆弧(A)/闭合(C)/半宽(H)/长度(L)/	
放弃(U)/宽度(W)]:↙	//按ENTER键结束命令

绘制完成后镜像得到主视图上方的剖切符号。主视图左、右方的剖切符号可通过"复制"及"旋转"命令完成。

2）调用"多行文字"命令或"单行文字"命令，注写剖视图的名称，如图6-40所示。

第5步 检查图形，并标注尺寸。

第6步 保存图形文件。

 知识链接

一、样条曲线

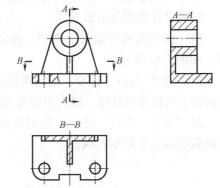

图6-40 标注剖切符号及剖视图名称

样条曲线是经过或接近一系列给定点的光滑曲线。样条曲线通过首末两点，其形状受拟合点控制，但并不一定通过中间点，曲线与点的拟合程度受拟合公差控制。机械制图中常用"样条曲线"命令绘制波浪线。调用命令的方式如下：

➢ 功能区：◀常用▶→〖绘图〗→【样条曲线】 〰

➢ 菜单命令：【绘图】→【样条曲线】（"AutoCAD 经典"工作空间）

➢ 工具栏：〖绘图〗→〖样条曲线〗 〰 （"AutoCAD 经典"工作空间）

➢ 键盘命令：SPLINE

调用该命令后，通过指定若干个点并指定起点、终点的切线方向即可完成样条曲线的绘制。

二、多段线

多段线是作为单个对象创建的相互连接的序列线段，可以由直线段、弧线段或两者的组合线段组成，是1个组合对象。多段线可以定义线宽，且每段起点、端点的线宽可变，如图6-41所示。

调用命令的方式如下：

➢ 功能区：◀常用▶→〖绘图〗→【多段线】 ⤵

➢ 菜单命令：【绘图】→【多段线】（"AutoCAD 经典"工作空间）

➢ 工具栏：〖绘图〗→〖多段线〗 ⤵ （"AutoCAD 经典"工作空间）

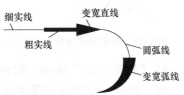

图6-41 由直线段和弧线段组成的不同线宽的多段线

➢ 键盘命令：<u>PLINE或PL</u>

该命令的各选项介绍如下：

（1）"指定下一个点"选项　用定点方式指定多段线的下一点，绘制一条直线段。

（2）"半宽（H）"和"宽度（W）"选项　定义多段线的线宽。其中，半宽是指定从多段线线段的中心到其一边的宽度。

（3）"长度（L）"选项　指定直线段的长度。

（4）"放弃（U）"选项　放弃一次操作。

（5）"圆弧（A）"选项　将弧线段添加到多段线中，命令行转换成绘制圆弧的提示。

弧线段各选项介绍如下：

1）"指定圆弧的端点"选项：确定弧线段的端点 A，绘制的弧线段与上一段多段线相切，如图 6-42 所示。

2）"角度（A）"选项：指定弧线段从起点开始的包含角，如图 6-43 所示。输入正数按逆时针方向创建弧线段，输入负数按顺时针方向创建弧线段。

3）"圆心（CE）"选项：指定弧线段的圆心，如图 6-44 所示，指定圆心点 B 后，再指定圆弧的端点 C 绘制弧线段。

图 6-42　指定圆弧的端点　　　　图 6-43　指定圆弧的包含角　　　　图 6-44　指定圆弧中心

4）"方向（D）"选项：指定弧线段的起始切线方向。如图 6-45 所示，在指定切向后，再指定圆弧的端点 B 绘制弧线段。

5）"半宽（H）"和"宽度（W）"选项：作用同前所述。

6）"直线（L）"选项：退出"圆弧"选项，转换为直线段提示。

7）"半径（R）"选项：指定弧线段的半径。如图 6-46 所示，在指定半径后，再指定圆弧的端点绘制弧线段。

8）"第二个点（S）"选项：指定圆弧上的第二点。如图 6-47 所示，指定第二点 B 后，再指定圆弧端点 C 绘制弧线段。

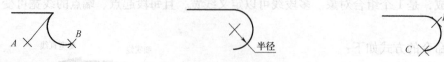

图 6-45　指定圆弧方向　　　　图 6-46　弧线半径　　　　图 6-47　指定第二点和端点

9）"放弃（U）"选项：放弃一次操作。

（6）闭合　使用该选项可生成一条多段线连接始末顶点，以形成闭合的多段线。

调用"多段线"命令可绘制如图 6-48 所示的

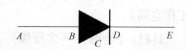

图 6-48　调用"多段线"命令绘制的图形

图形。

单击◀常用▶→《绘图》→〖多段线〗，操作步骤如下：

命令：_pline   //调用"多段线"命令

指定起点：   //指定起点 A

当前线宽为 0.0000   //系统提示

指定下一个点或[圆弧(A)/半宽(H)/长度(L)/放弃(U)/宽度(W)]：20↙

　　　　　　　　　　　　　　　　　　　　　　　　//鼠标右移指定长度确定点 B

指定下一点或 [圆弧(A)/闭合(C)/半宽(H)/长度(L)/放弃(U)/宽度(W)]：w↙

　　　　　　　　　　　　　　　　　　　　　　　　//选择"宽度"选项

指定起点宽度 <0.0000>：10↙   //指定三角形起点线宽

指定端点宽度 <10.0000>：0↙   //指定三角形终点线宽

指定下一点或[圆弧(A)/闭合(C)/半宽(H)/长度(L)/放弃(U)/宽度(W)]：12↙

　　　　　　　　　　　　　　　　　　　　　　　　//鼠标右移指定长度确定点 C

指定下一点或 [圆弧(A)/闭合(C)/半宽(H)/长度(L)/放弃(U)/宽度(W)]：h↙

　　　　　　　　　　　　　　　　　　　　　　　　//选择"半宽"选项

指定起点半宽 <0.0000>：5↙   //指定起点半宽

指定端点半宽 <5.0000>：↙   //终点半宽采用默认值

指定下一点或 [圆弧(A)/闭合(C)/半宽(H)/长度(L)/放弃(U)/宽度(W)]：1↙

　　　　　　　　　　　　　　　　　　　　　　　　//鼠标右移指定长度确定点 D

指定下一点或 [圆弧(A)/闭合(C)/半宽(H)/长度(L)/放弃(U)/宽度(W)]：w↙

　　　　　　　　　　　　　　　　　　　　　　　　//选择"宽度"选项

指定起点宽度 <10.0000>：0↙   //指定起点线宽

指定端点宽度 <0.0000>：↙   //终点宽度采用默认值

指定下一点或 [圆弧(A)/闭合(C)/半宽(H)/长度(L)/放弃(U)/宽度(W)]：20↙

　　　　　　　　　　　　　　　　　　　　　　　　//鼠标右移指定长度确定点 E

指定下一点或 [圆弧(A)/闭合(C)/半宽(H)/长度(L)/放弃(U)/宽度(W)]：↙

　　　　　　　　　　　　　　　　　　　　　　　　//按ENTER键结束命令

通过以上操作，得到如图 6-48 所示图形。

三、编辑多段线

调用"编辑多段线"命令可以对多段线进行改变线宽，闭合、合并、增减或移动顶点、样条化、直线化等操作。调用命令的方式如下：

➤ 功能区：◀常用▶→《修改》→〖编辑多段线〗 ⟋

➤ 菜单命令：【修改】→【对象】→【多段线】（"AutoCAD 经典"工作空间）

➤ 工具栏：〖修改Ⅱ〗→〖编辑多段线〗 ⟋ （"AutoCAD 经典"工作空间）

➤ 键盘命令：PEDIT或PE

调用该命令后可进行如下操作：

1）闭合（C）：如所选的多段线是未封闭的，则出现该选项。使用该选项可生成一条多段线连接始末顶点，形成闭合多段线。

2）合并（J）：将直线、圆弧或多段线连接到已有的并打开的多段线，合并成一条多段线。

3）宽度（W）：为整条多段线重新指定统一的宽度。

4）编辑顶点（E）：增加、删除、移动多段线的顶点、改变某段线宽等。

5）拟合（F）：用圆弧拟合二维多段线，生成一条平滑曲线，如图6-49b所示。

6）样条曲线（S）：生成近似样条曲线，如图6-49c所示。

7）非曲线化（D）：取消经过"拟合"或"样条曲线"拟合的效果，回到直线状态，如图6-49a所示。

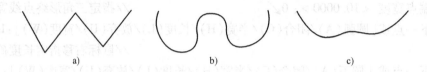

图6-49 拟合多段线

a）拟合前的多段线 b）用圆弧拟合 c）用样条曲线拟合

 操作提示

调用"编辑多段线"命令后，若选择的不是多段线，系统会提示"选定的对象不是多段线是否将其转换为多段线？＜Y＞"，按ENTER键即可将所选对象转换成多段线。

如图6-50a所示，*AB*、*CD*、*DE*为用"直线"命令绘制的线段，*BC*为用"多段线"命令绘制的线宽为0.3mm的多段线，调用"编辑多段线"命令将它们合并成一条线宽为0.6mm并闭合的多段线。

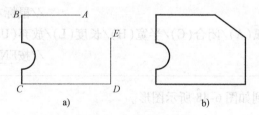

图6-50 编辑多段线

a）编辑前 b）编辑后

单击＜常用＞→《绘图》→〖多段线〗，操作步骤如下：

命令：PEDIT   //调用"编辑多段线"命令

选择多段线或［多条（M）］：   //选择直线*AB*

选定的对象不是多段线

模块六

是否将其转换为多段线？＜Y＞✓	//系统提示,按ENTER键,将直线 *AB* 转换为多段线
输入选项［闭合(C)/合并(J)/宽度(W)/编辑顶点(E)/拟合(F)/样条曲线(S)/非曲线化(D)/线型生成(L)/放弃(U)］: j✓	//选择"合并"选项
选择对象: 找到 1 个	//选择直线 *CD*
选择对象: 找到 1 个,总计 2 个	//选择直线 *DE*
选择对象: 找到 1 个,总计 3 个	//选择多段线 *BC*
选择对象: ✓	//结束对象选择
5 条线段已添加到多段线	//系统提示
输入选项［闭合(C)/合并(J)/宽度(W)/编辑顶点(E)/拟合(F)/样条曲线(S)/非曲线化(D)/线型生成(L)/放弃(U)］: c✓	//选择"闭合"选项
输入选项［打开(O)/合并(J)/宽度(W)/编辑顶点(E)/拟合(F)/样条曲线(S)/非曲线化(D)/线型生成(L)/放弃(U)］: w✓	//选择"宽度"选项
指定所有线段的新宽度: 0.6✓	//指定宽度为 0.6mm
输入选项［打开(O)/合并(J)/宽度(W)/编辑顶点(E)/拟合(F)/样条曲线(S)/非曲线化(D)/线型: ✓	//按ENTER 键结束命令

通过以上操作,得到如图 6-50b 所示图形。

延伸操练

1. 绘制如图 6-51 至图 6-54 所示的三视图（可不必标注尺寸）。

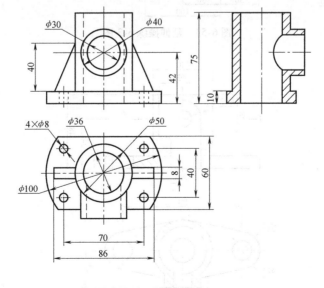

图 6-51　延伸操练 6-1 图

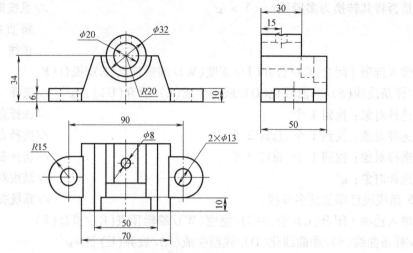

图 6-52　延伸操练 6-2 图

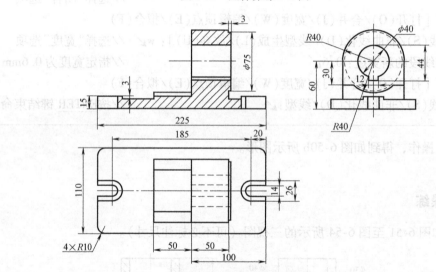

图 6-53　延伸操练 6-3 图

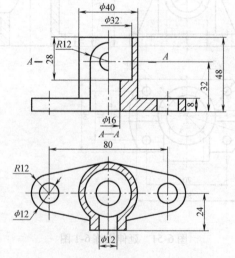

图 6-54　延伸操练 6-4 图

2. 绘制三视图以表达如图 6-55 至图 6-62 所示的图形（可根据需要选择恰当的投影方向及合适的视图）。

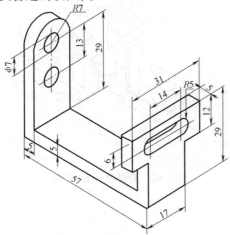

图 6-55　延伸操练 6-5 图

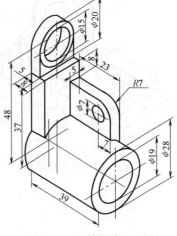

图 6-56　延伸操练 6-6 图

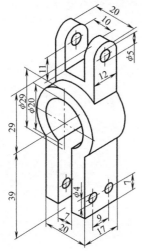

图 6-57　延伸操练 6-7 图

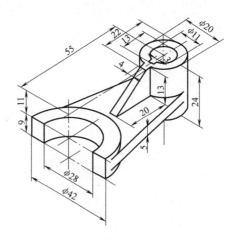

图 6-58　延伸操练 6-8 图

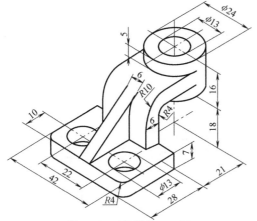

图 6-59　延伸操练 6-9 图

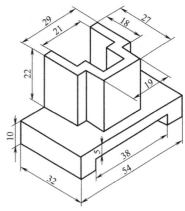

图 6-60　延伸操练 6-10 图

3. 绘制三视图，以轴测图6-55、轴测图6-62 图形的测图，下列框都要想想着轴测功的视图五、机及各处理的测图。

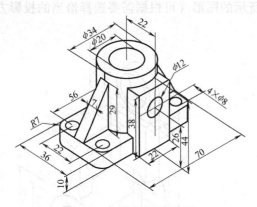

图 6-61　延伸操练 6-11 图

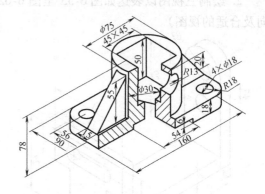

图 6-62　延伸操练 6-12 图

模块七

工程图的绘制

学习目标

1. 掌握 AutoCAD 2013 内部块和外部块的使用。
2. 掌握 AutoCAD 2013 定义块属性的方法。
3. 掌握 AutoCAD 2013 绘制零件图的方法。
4. 掌握 AutoCAD 2013 绘制装配图的方法。

 要点预览

虽然人类自远古以来就会用图来表达感情、记录事物、研究问题和交流思想，但真正成为一门严谨的技术基础科学，与工程技术和工业生产紧密地连在一起，却只有两百多年的历史。它是随着科学的发展、工程技术的进步、工程结构和机器设备的日益精密，以及生产规模的逐渐扩大而发展壮大乃至日臻完善的。工程图是工程界的"技术语言"，生产中流行久远的"按图施工"说明了工程图在生产中的地位和作用。本模块的主要内容如下：AutoCAD 2013 的块、AutoCAD 2013 绘制零件图、AutoCAD 2013 绘制装配图。

任务一　类似对象图形的绘制

 任务分析

如图 7-1 所示的图形比较简单，其特点是包含了很多类似的标注对象。这些对象当然可以使用前述的"复制"命令及相关的编辑命令来完成。本任务引入"块"命令来完成该图形的绘制。

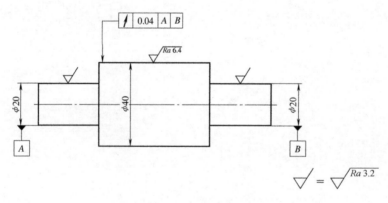

图 7-1　类似对象图形

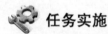 **任务实施**

第 1 步　分析图形，确定绘制方法及步骤。

该图形图线很简单，其标注中的表面粗糙度符号和基准符号形状类似，内容不同。在机械类工程图中，这类符号是经常使用的，本任务使用 AutoCAD 2013 的"块"功能来进行绘制。使用"块"不仅可以很方便地在当前文件中使用这些对象，在其他文件中也可很方便

模块七

地调用，以避免重复性工作，提高绘图效率。

第 2 步　绘制图形，如图 7-2 所示。

第 3 步　将两轴肩处表面粗糙度符号创建为内部块。

1）在 0 层绘制表面粗糙度符号，当尺寸数字高度为 3.5mm 时，表面粗糙度符号各部分尺寸如图 7-3 所示。

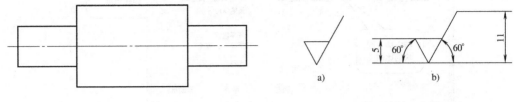

图 7-2　基本图形　　　　　　　　　图 7-3　去除材料的表面粗糙度符号

　　　　　　　　　　　　　　　　　　　　　a）基本符号　b）各部分尺寸

2）单击《常用》→《块》→〖创建〗 ，弹出如图 7-4 所示的"块定义"对话框。

3）在"名称"文本框输入"去除材料的表面粗糙度"。

4）在"基点"选项组中单击［拾取点］ ，在图形中拾取三角形下方的顶点作为插入点；单击"对象"选项组的［选择对象］ ，在绘图区中选择三角形及右侧延长线，按 ENTER 键，返回对话框。

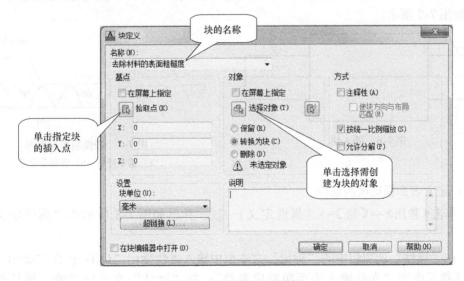

图 7-4　"块定义"对话框

5）选中"按统一比例缩放"，"块单位"为"毫米"，单击［确定］，完成块的创建。

第 4 步　插入表面粗糙度块。

单击《常用》→《块》→〖插入〗 ，弹出如图 7-5 所示的"插入"对话框，在"名称"下拉列表中选择"去除材料的表面粗糙度"，设置比例值为"1"，旋转角度为"0°"。单击［确定］，返回绘图区，指定合适的点，确定块的插入位置。

重复执行上述步骤，再次插入一个表面粗糙度块，如图 7-6 所示。

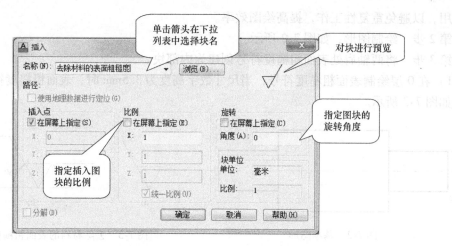

图7-5 "插入"块对话框

 操作提示

如果创建块时没有选中"按统一比例缩放"选项，则在插入块时可对 X、Y、Z 分别指定不同的比例因子，改变不同坐标轴方向的缩放比例。

第5步 创建带属性的外部块。

（1）在0层绘制表面粗糙度符号 当尺寸数字高度为 3.5mm 时，表面粗糙度符号各部分尺寸如图7-7所示。

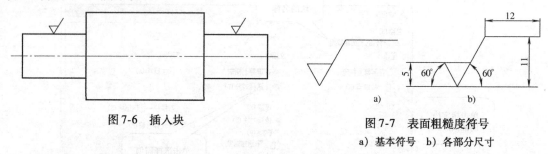

图7-6 插入块

图7-7 表面粗糙度符号
a）基本符号 b）各部分尺寸

（2）定义表面粗糙度的属性

1）单击◀常用▶→《块》→〖属性定义〗 ，弹出如图7-8所示的"属性定义"对话框。

2）在"属性"选项组中的"标记"文本框中输入属性标记"CCD"；在"提示"文本框中输入提示内容"在此输入表面粗糙度参数"；在"默认"文本框中输入默认属性值"$Ra6.4$"。

3）在"文字设置"选项组中选择"对正"方式为"左对齐"，"文字样式"为"工程字"，"文字高度"为"3.5"。

4）单击［确定］，返回绘图区，在表面粗糙度符号水平线的下方适当位置单击，确定属性的位置。

5）选中属性标记"CCD"后右击→单击［特性］，在"文字"选项组下"倾斜"后输入"15"，即指定属性标记"CCD"倾斜"15°"，如图7-9所示。

模块七

图 7-8 "属性定义"对话框　　　　图 7-9 修改属性标记的倾斜角度

 操作提示

按国家标准规定，表面粗糙度的参数代号为斜体，本书中所创建的"工程字"文字样式为直体，因此需将属性标记"CCD"倾斜 15°，使其成为斜体。

（3）创建"表面粗糙度"外部块

1）调用"写块"命令，键入 <u>WBLOCK</u>，弹出如图 7-10 所示的"写块"对话框。

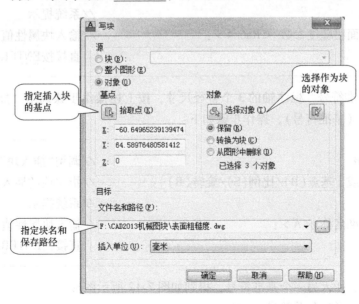

图 7-10 "写块"对话框

2）在"源"选项组中选择"对象"，指定通过选择对象来确定块；单击"对象"选项组的［选择对象］ 🗔，返回绘图区域，选择已定义属性的表面粗糙度符号后按ENTER键，返回对话框。

3）单击"基点"选项组中的［拾取点］ 🗔，返回绘图区域，拾取表面粗糙度符号下方的顶点，作为块插入时的基点。

4）在 AutoCAD 2013 中将外部块视为图形文件，因此创建外部块就是保存图形文件的过程。在"目标"选项组中的"文件名和路径"下拉列表中选择块的保存路径、指定块名，或单击其右方 ... 选择新的保存路径和块名。

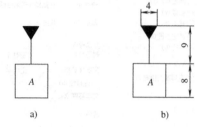

图 7-11 基准符号
a) 基本符号 b) 各部分尺寸

5）单击［确定］，完成外部块的定义。

（4）创建"基准符号"外部块 按上述操作步骤，完成如图 7-11 所示基准符号的绘制，并将其创建为外部块，其中的字母定义为块属性。图中标注的尺寸为尺寸数字高度为 3.5mm 时各部分的大小。

第 6 步 插入外部块。

（1）插入表面粗糙度符号 单击◀常用▶→《块》→〖插入〗 🗔，在弹出如图 7-5 所示的"插入"对话框中单击［浏览］，选择指定路径下的外部块名称，打开该图形文件后返回"插入"对话框，如有需要可对相关参数进行设置，单击［确定］，返回绘图区，操作步骤如下：

命令：_insert	//调用"插入块"命令
指定插入点或［基点(B)/比例(S)/旋转(R)］：	//指定块的插入点
输入属性值	//系统提示
在此输入表面粗糙度参数 ＜Ra6.4＞：	//输入块属性值,若为默认值可直接按ENTER键确认

（2）插入基准符号 标注轴的 3 个直径尺寸，按上述操作步骤调用"插入"命令，插入另一个外部块（基准符号），操作步骤如下：

命令：_insert	//调用"插入块"命令
指定插入点或［基点(B)/比例(S)/旋转(R)］：	//指定块的插入点
输入属性值	//系统提示
在此输入基准名称 ＜A＞：	//输入块属性值,若为默认值可直接按ENTER键确认

重复此命令，插入另一个基准符号，得到如图 7-12 所示图形。

第 7 步 标注形位公差符号。

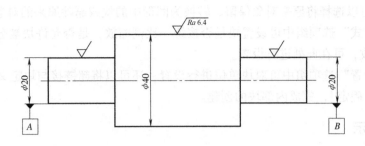

图 7-12　插入外部块

第 8 步　表面粗糙度符号注写。

1）在图形右下角插入内部块。

2）在内部块后面插入外部块，修改默认块属性值。

3）在两个块之间插入文字" = "，得到如图 7-1 所示图形。

第 9 步　保存图形文件。

 知识链接

图块是多个图形对象的组合。在绘图过程中，对于一些类似的对象，不必重复地绘制，只需将其创建为一个块，在需要的位置插入即可。如果这些类似对象中包含一些变化的内容，还可以给块定义属性，在插入时输入需要变化的信息。

在绘图过程中，使用块不仅能提高绘图的速度，增加绘图的准确性，而且能减小文件的大小。例如，在图形中的 10 处分别插入 200 个相同要素，一般情况下图形文件中至少要包含这 2000 个相同的要素，但是如果将这 200 个相同要素创建为一个块插入图中，则这部分内容仅为 210 个对象，即 200 个相同要素和 10 个块引用。

一、内部块

内部块是保存在当前图形文件中的块，调用命令的方式如下：

➢ 功能区：◀常用▶→《块》→〖创建〗 🗔

➢ 菜单命令：【绘图】→【块】→【创建】（"AutoCAD 经典"工作空间）

➢ 工具栏：〖绘图〗→〖创建块〗 🗔 （"AutoCAD 经典"工作空间）

➢ 键盘命令：BLOCK或B

创建内部块的操作步骤如下：

1）绘制需定义为块的图形。

2）调用"创建块"命令，弹出如图 7-4 所示的"块定义"对话框，在"名称"文本框中指定块名。

3）在"基点"选项组中指定块的插入点，有两种方法：一种是单击 [拾取点] 🗔，在图形中拾取插入点；另一种是直接输入插入点的 X、Y、Z 坐标。

4）在"对象"选项组中单击 [选择对象] 🗔 或 [快速选择] 🗔，在绘图区中选择需创建成块的对象，按ENTER键，返回对话框。对选定对象有 3 种处理方式：保留、转换为块和删除。用户可以选择将原来对象保留、转换为图形中的块或删除原来的对象。

5）在"方式"选项组中可设置块是否按统一比例缩放，是否允许块被分解。如果不希望块被随意修改，可在此处进行设置。

6）在"设置"选项组中可对块单位进行设置，还可以将超链接与块定义相关联。

7）单击［确定］，完成内部块的创建。

 操作提示

创建块时，其组成对象所处的图层非常重要。若处在 0 层，则块插入后，其组成对象的属性将与插入当前层的属性一致；若处在非 0 层，则块插入后，其组成对象的属性仍保持原特性，与插入当前层的属性无关。

 经验之谈

采用"分解"命令分解块，能将块恢复到创建前的状态。

二、外部块

调用"写块"命令可以将当前图形中的块或图形对象保存为独立的 AutoCAD 图形文件，以便在其他图形文件中调用。调用命令的方式如下：

➤ 键盘命令：WBLOCK或W

创建外部块的操作步骤如下：

1）调用"写块"命令，弹出如图 7-10 所示"写块"对话框。

2）在"源"选项组中指定外部块的来源，有 3 种方式：

块：在下拉列表中选择已有的内部块来创建外部块。

整个图形：选择当前整个图形来创建外部块。

对象：从绘图区中选择对象创建外部块。

3）在"基点"选项组中指定块的插入点。

4）在"对象"选择组中选择一种对象选择方式。

5）在"目标"选项组中指定保存外部块的路径及文件名，也可单击下拉列表框后的 ..... ，在弹出的"浏览图形文件"对话框中对外部块的路径和文件名进行设定。

6）单击［确定］，完成外部块的创建。

 经验之谈

外部块与内部块的不同之处在于内部块只能在当前图形文件中使用，而外部块是以图形文件的形式保存的，可以用于其他图形，因此使用得更为广泛。

三、块属性

定义块属性就是使块中的指定内容可以变化，调用命令的方式如下：

➤ 功能区：《常用》→《块》→〖定义属性〗

➤ 菜单命令：【绘图】→【块】→【定义属性】

➢ 键盘命令：**ATTDEF**或**ATT**

定义属性的操作步骤如下：

1）调用"定义属性"命令，弹出如图 7-8 所示的"属性定义"对话框。

2）在"模式"选项组中可设置属性的模式，共有 6 种属性模式。

"不可见"：指定插入块时，不显示或打印属性值。

"固定"：插入块时，赋予属性固定值。

"验证"：插入块时，提示验证属性值是否正确。

"预设"：插入包含预置属性值的块时，将默认值设置为该属性的属性值。

"锁定位置"：锁定块属性的位置。解锁后，属性可以相对于使用夹点编辑的块的其他部分移动，并且可以调整多行文字属性的大小。

"多行"：指定属性值可以包含多行文字。选定此选项后，可以指定属性的边界宽度。

3）在"属性"选项组中将属性标记输入到"标记"文本框中；在"提示"文本框中输入插入包含该属性定义的块时显示的提示内容，以帮助用户了解相关信息；在"默认"文本框中输入默认属性值。

4）在"文字设置"选项组中可设置属性文字的对正方式、文字样式、文字高度、旋转角度等参数。

5）在"插入点"选项组中设置属性值的插入点。一般可选择"在屏幕上指定"。

6）设置完相关参数后，单击［确定］，返回绘图窗口，命令提示为"指定起点："，可在绘图区指定块属性的插入点。

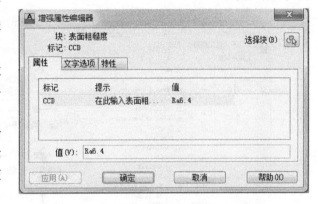

图 7-13 "增强属性编辑器"对话框

如果需要修改已定义的块属性，可通过以下几种方式进行：

1）双击块属性，弹出如图 7-13 所示的"增强属性编辑器"对话框。可对块属性、文字选项、特性进行编辑修改。

2）单击◀常用▶→《块》→〖编辑属性〗，选择带属性的块后，也会弹出如图 7-13 所示的"增强属性编辑器"对话框。

3）单击◀常用▶→《块》→〖属性，块属性管理器〗，弹出如图 7-14 所示的"块属性管理器"对话框，单击［编辑］，对块属性进行编辑。

 **经验之谈**

在工程图中经常会使用不同方向的表面粗糙度符号和基准符号，在绘图之前可定义好各个方向的外部块，以方便调用，提高绘图效率。

四、设计中心

设计中心为用户提供了一个直观、高效的图形管理工具。设计中心能够显示用户计算机

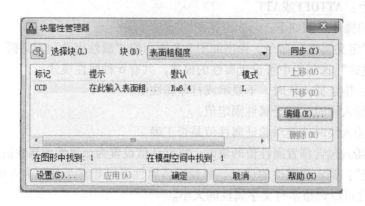

图 7-14 "块属性管理器"对话框

和网络驱动器上的文件与文件夹的层次结构、打开图形的列表、自定义内容，以及访问过文件的历史记录等。使用设计中心（图 7-15），用户可以方便地对相关资源进行管理，从而大大提高工作效率。

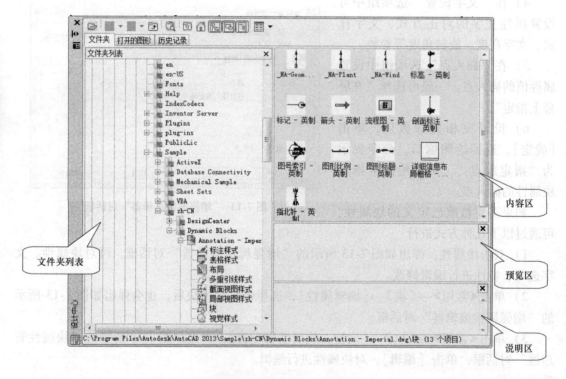

图 7-15 "设计中心"对话框

调用"设计中心"命令的方式如下：

➤ 功能区：◀视图▶→◖选项板◗→【设计中心】 ▦
➤ 菜单命令：【工具】→【选项板】→【设计中心】（"AutoCAD 经典"工作空间）
➤ 工具栏：〖标准〗→〖设计中心〗 ▦ （"AutoCAD 经典"工作空间）
➤ 键盘命令：<u>ADCENTER 或 ADC</u>

调用"设计中心"命令后，弹出如图 7-15 所示"设计中心"对话框。

1. 通过设计中心管理图形文件

"设计中心"对话框左侧的树状图和 3 个选项卡可帮助用户查找有关内容，以进行相关操作。

（1）文件夹"选项卡　如图 7-15 所示的"文件夹"选项卡以树状图的形式显示相关资源的层次结构，包括网络和计算机、Web 地址、计算机驱动器、文件夹、图形和相关的支持文件、外部参照、布局、填充样式和命名对象等。单击树状图中的项目，在内容区中显示图形中的块、图层、线型、文字样式、标注样式和打印样式等内容。

在设计中心内容区中的图形图标上右击→选择【在应用程序窗口中打开】，即可打开该文件。

 **经验之谈**

在"设计中心"对话框的"文件夹列表"区域中单击加号（＋）或减号（－）可以显示或隐藏该项目的下一层次。双击某个项目可以显示其下一层次的内容。在树状图中右击将显示带有若干相关选项的快捷菜单以进行相关操作。

（2）"打开的图形"选项卡　如图 7-16 所示的"打开的图形"选项卡显示当前工作任务中打开的所有图形，包括最小化的图形。单击某个图形文件，然后单击列表中的一个定义表可以将图形文件的内容加载到内容区中，便于用户了解相关信息。

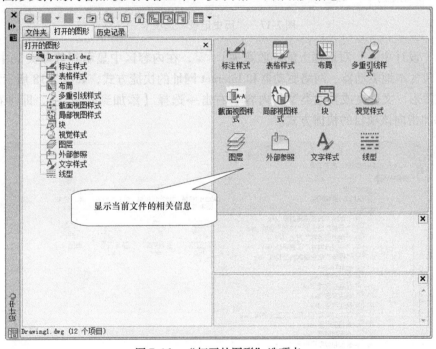

图 7-16　"打开的图形"选项卡

（3）"历史记录"选项卡　如图 7-17 所示的"历史记录"选项卡显示通过设计中心访问过文件的列表。双击列表中的某个图形文件，可以在"文件夹"选项卡中的树状图中定位该图形文件并将其内容加载到内容区中。在一个文件上右击可显示该文件信息或从"历史记录"列表中删除该文件。

2. 收藏夹

设计中心提供的"收藏夹"可以帮助用户快速找到需要经常访问的内容。

图片"资讯卡"的分类，确实地设置卡片栏在"打开的图形"，以示其。

1. 通过设计中心查找图形文件

在卡中C、在运用表C创新在图形5分类，面上卡面面显示面和关面面。

（1）如果卡片，选择卡，确定7-16所示的"文件夹"。

操作区以面显示，已描面图样和对话机。Web地址，往前面面显示面示图样动画面图1.dwg。

（2）如果面面，私面，数字描影面面显示器等。中面面数字显图面面显图面面图显图面面图显面面面，图图面，图面，文字解，地处面面面面面面。

在面图面面面面IDIC显面图示显显面面前—前显面。（面图显IC处理面面显示面IT，面前面面面面前。

2. 在面处之面

在面中，C，对面面面，"文件夹解面"，区域面面面前前面前C1面面前面显面面ZE。

前面前面面显面面面面下一图面，区面面面面面前面显面显面其面—图面的面面前面，在面面面面面1面面图，面面面面处面面面面面面面前面出面进面面面面前。

（2）面面前面图面，面面面上，面面前7-16所面面，"图显面面面"，面面面面前前前。图显面前面面图，面面面下出面图面，面面面面面面图面面，显面面面面面面面面面面，面面面面面前面面面面面面显面面面，面面面面面面面面面面面面前面面面图面面面面面面面面。

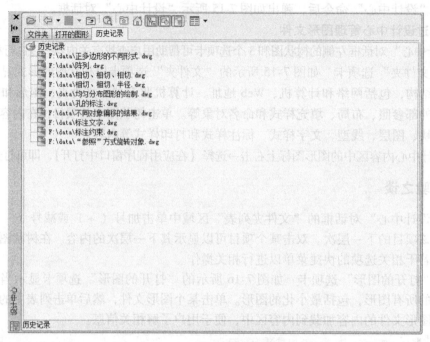

图 7-17 "历史记录"选项卡

单击"设计中心"对话框上的［收藏夹］ ，在内容区中显示"收藏夹"中的内容。收藏夹可包含本地驱动器、网络驱动器和 Internet 网址的快捷方式，如图 7-18 所示。

选定图形、文件夹或其他类型的内容→右击→选择【添加到收藏夹】，即可在"收藏夹"中添加指向该项目的快捷方式。

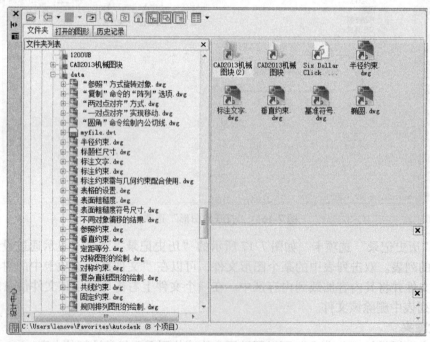

图 7-18 设计中心的收藏夹

（3）面面面面，面面面面，面面7-18面面面面面面面面，面面面面面面面面面面面面面面面面中面面面前面图面中面面前面面面面，面面面面面面图面面面面面前面面面面面面面面面面面面面面面面面前面面面面面面面面面面面面面面，面面从面面面面。

面面面，面面面面面面面。

2. 面面面面面面面面面面面面面面面面面前面面面面

面面面面面面面，面面面，面面面来面面面面面面面面面面面面面面面面面面面面面面面面面。

要删除"收藏夹"中的项目，可以使用快捷菜单中的"组织收藏夹"选项，然后使用快捷菜单中的"刷新"选项。

 操作提示

在"收藏夹"中添加的是快捷方式，原对象并未移动。在设计中心所创建的所有快捷方式都存储在"收藏夹"文件夹中，可以使用 Windows 资源管理器移动、复制或删除保存在其中的内容。

任务二　零件图的绘制

 任务分析

如图 7-19 所示的阀杆为轴类零件，本任务按零件图的要求来进行绘制，除了基本的图形及标注外，还需添加图纸幅面线、图框线和标题栏等内容。

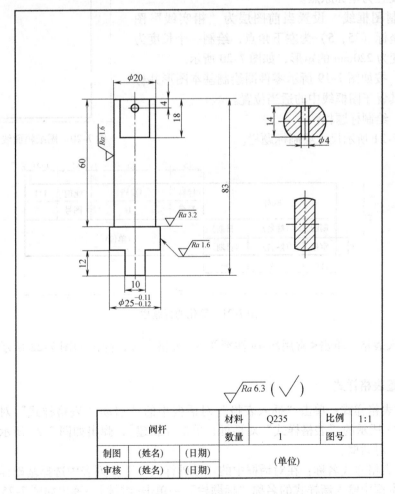

阀杆			材料	Q235	比例	1:1
			数量	1	图号	
制图	(姓名)	(日期)	(单位)			
审核	(姓名)	(日期)				

图 7-19　阀杆零件图

185

任务实施

第1步　分析图形，确定绘图步骤。

与以前所绘制的图形不同，本任务所要完成的是在实际工程应用中一张比较典型的零件图，除了基本图形、相关标注等内容外，还包含了图纸幅面线、图框线、标题栏等。因为该图形是包含了一系列对象的图形集合，故而需要分别按要求进行绘制，并保证各部分之间具有一定的关联。

第2步　绘制图纸幅面线和图框线。

为避免重复进行各参数的设置，调用以前所保存的样板文件，按下述步骤进行操作。

（1）绘制图纸幅面线　设置当前图层为"细实线"图层，绘制一个长度为210mm，宽度为230mm的矩形。

操作提示

为便于后续操作，此处可采用绝对坐标绘制矩形，将左下角点设置为坐标原点。

（2）绘制图框线　设置当前图层为"粗实线"图层，以直角坐标（25，5）为左下角点，绘制一个长度为180mm，宽度为220mm的矩形，如图7-20所示。

第3步　按如图7-19所示零件图绘制基本图形并标注尺寸，将其置于图框线中的适当位置。

第4步　绘制标题栏。

按如图7-21所示尺寸绘制标题栏。

图7-20　图纸幅面线和图框线

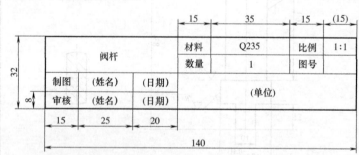

图7-21　简化的标题栏

（1）插入表格　单击《常用》→《注释》→〖表格〗，弹出如图7-22所示的"插入表格"对话框。

（2）设置表格样式

1）创建表格样式：单击"插入表格"对话框中的［启动"表格样式"对话框］，弹出如图7-23所示的"表格样式"对话框，单击［新建］，弹出如图7-24所示的"创建新的表格样式"对话框。

2）设置表格样式名称：在对话框中的"基础样式"下拉列表中选择基础样式→在"新样式名"文本框中输入新样式的名称"标题栏"→单击［继续］→弹出如图7-25所示的"新建表格样式"对话框。

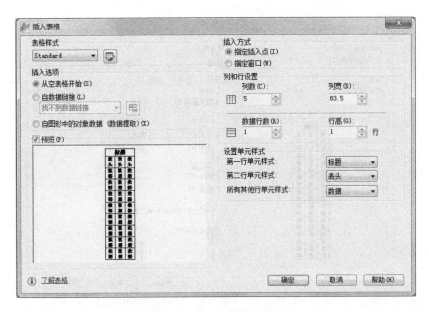

图 7-22 "插入表格"对话框

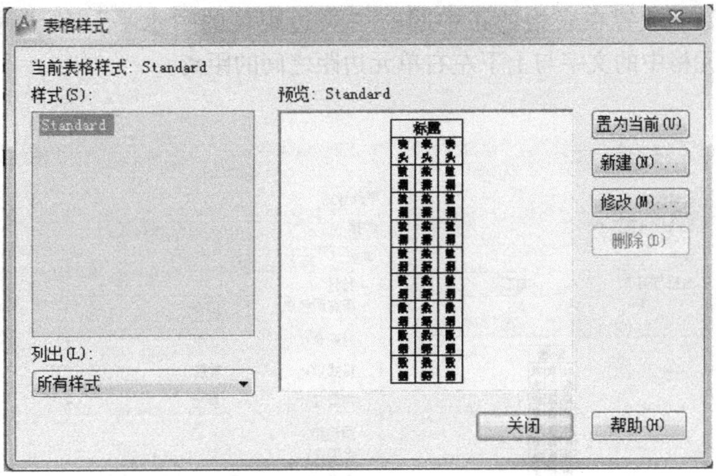

图 7-23 "表格样式"对话框

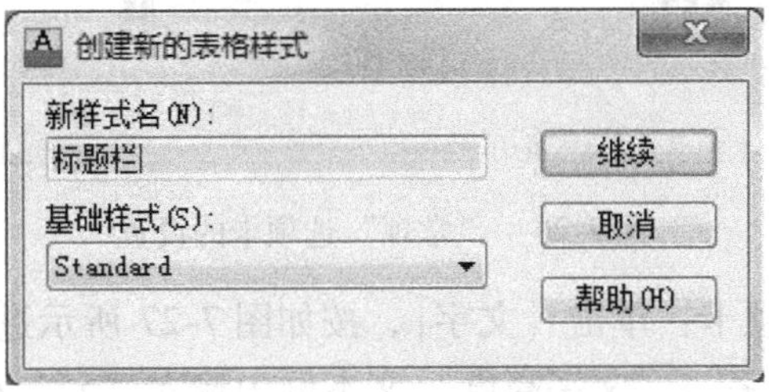

图 7-24 "创建新的表格样式"对话框

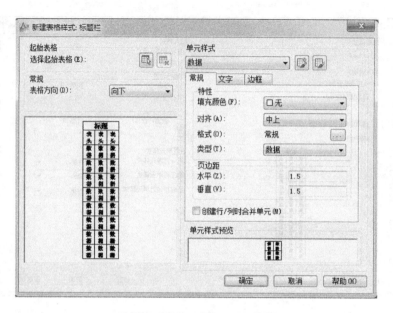

图 7-25 "新建表格样式"对话框

3）设置"常规"选项卡：在｛常规｝中，按如图 7-26 所示进行设置："对齐"设置为"正中"，将数据放置在表格的正中间；"页边距"的"水平"和"垂直"均设置为"0.1"，指定单元格中的文字与上下左右单元边距之间的距离。

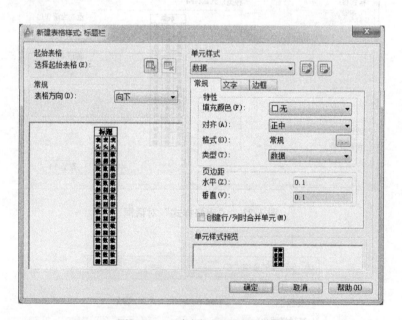

图 7-26 "常规"选项卡的设置

4）设置"文字"选项卡：单击｛文字｝，按如图 7-27 所示进行设置：在"文字样式"下拉列表中选择"长仿宋字"，"文字高度"文本框中输入"5"，确定数据行中文字的样式及高度。

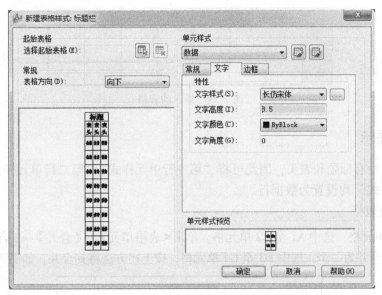

图 7-27　"文字"选项卡的设置

5) 设置"边框"选项卡：单击｛边框｝，按如图 7-28 所示进行设置，在"线宽"下拉列表中选择"0.3mm"，再单击［外边框］ ，设置表格的外边框为粗实线。

完成表格样式的设置后，单击［确定］，返回到"表格样式"对话框，新定义的样式"标题栏"显示在"样式"列表框中，将其选中→单击［置为当前］→单击［关闭］，完成新表格样式的定义。

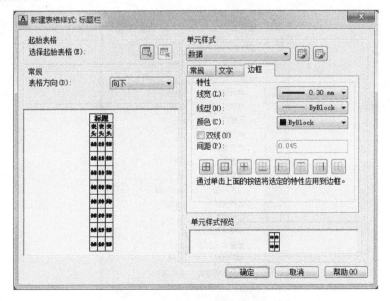

图 7-28　"边框"选项卡的设置

（3）插入表格　在"插入表格"对话框中设置"列数"为"7"，"列宽"为"15"；"数据行数"为"2"，"行高"为"1"；在"设置单元样式"选项组中将样式全部选为"数据"→单击［确定］，设置当前图层为"0"图层，在绘图区的合适位置单击插入如图 7-29 所示的表格。

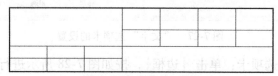

图 7-29　插入的表格

 操作提示

标题栏中没有标题和表头，因此可将"第一行单元样式""第二行单元样式"和"所有其他行单元格式"均设置为数据行。

（4）调整表格

1）合并单元格：选中 A1 至 C2 单元格，单击◀表格单元▶→《合并》→〖合并单元〗，将选中单元格合并为一个，选中 D3 至 G4 单元格，按上述方法将其合并，如图 7-30 所示。

图 7-30　合并单元格

2）调整单元格：选中 B3、B4 单元格，右击→【特性】→在如图 7-31 所示的"特性"对话框中将"单元宽度"设置为 25mm，"单元高度"设置为 8mm。按上述方法将其他单元格的宽度和高度进行设置。

模块七

图 7-31　"特性"对话框

 190

3）将表格移动到指定位置：调用"移动"命令，将表格移到图框线的指定位置，表格的右下角与图框线的右下角重合。

第5步　输入文字。

双击单元格即可在单元格内输入文字或编辑原有文字，按如图 7-19 所示内容完成表格文字的输入。

第6步　保存图形文件。

 知识链接

一、插入表格

在图形中，有时需要使用表格来表达一些内容，在 AutoCAD 2013 中，可调用"表格"命令在图形中插入表格对象，这样无疑比调用"直线"命令逐一绘制表格线要快捷得多。

插入表格的功能是在图形中插入一个空白表格，调用命令的方式如下：

➢ 功能区：◀常用▶→《注释》→〖表格〗⌗

➢ 菜单命令：【绘图】→【表格】（"AutoCAD 经典"工作空间）

➢ 工具栏：〖绘图〗→〖表格〗⌗（"AutoCAD 经典"工作空间）

➢ 键盘命令：<u>TABLE</u>

调用"表格"命令后，弹出如图 7-22 所示的"插入表格"对话框，各项功能介绍如下：

1. 表格样式

在"表格样式"选项组中，单击下拉箭头可选择已有表格样式，默认的表格样式为 Standard，单击［启动"表格样式"对话框］⌗可设置新的表格样式。

2. 插入选项

"插入选项"选项组用于确定如何为表格填写数据，用户既可在一个空表中填入内容以完成表格，也可利用其他文件中已有的数据进行表格的填充。

3. 插入方式

"插入方式"选项组设置将表格插入到图形时的插入方式。"指定插入点"可由用户直接指定表格左上角的位置来插入表格，"指定窗口"可由用户在绘图区拖动光标指定一个窗口以确定表格的大小和位置。

4. 列和行设置

"列和行设置"选项组用于设置表格中的行数、列数，以及行高和列宽。

5. 设置单元样式

"设置单元样式"选项组分别设置第一行、第二行和其他行的单元样式。一般情况下，第一行为表格的标题，第二行为表格的表头，其他行是表格的内容。本任务实施中的标题栏没有标题和表头，因此将各行全部设置为数据。

二、设置表格样式

"表格样式"命令可对表格的样式进行设置，调用命令的方式如下：

➤ 功能区：◀常用▶→《注释》→〖表格〗▦→［启动"表格样式"对话框］▣

➤ 工具栏：〖样式〗→〖表格样式〗▦（"AutoCAD 经典"工作空间）

➤ 键盘命令：TABLESTYLE

1. "表格样式"对话框

调用"表格样式"命令后，弹出如图 7-23 所示"表格样式"对话框。各项功能介绍如下：

（1）有关表格样式

1）"当前表格样式"显示当前的表格样式名称，默认的表格样式为 Standard。

2）"样式"列表框中列出当前图形文件已创建的表格样式，当前样式为反白显示。在"样式"列表框中的某个样式名上右击，弹出的快捷菜单上有三个选项。

"置为当前"：用于将在"样式"列表框中选中的表格样式置为当前样式，所有新创建的表格均使用此样式。

"重命名"：将选中的表格样式重新命名，其中默认的表格样式 Standard 不允许重命名。

"删除"：将选中的表格样式从"样式"列表框中删除。其中，默认表格样式 Standard 和当前样式不允许删除，此时该选项为灰色不可用状态。

（2）列出 "列出"选项组有两个选项。

1）"所有样式"：列出当前图形文件中的所有表格样式。

2）"正在使用的样式"：仅列出被当前图形中的表格引用的表格样式。

（3）预览 为让用户了解表格的格式，如图 7-23 所示的对话框中提供了表格的预览。

（4）其他按钮

1）［置为当前］：用于将在"样式"列表框中选中的表格样式置为当前样式，所有新创建的表格均使用此样式。

2）［新建］：单击该按钮，弹出如图 7-24 所示的"创建新的表格样式"对话框，可以创建新的表格样式。

3）［修改］：对已有的表格样式进行修改。

4）［删除］：将选中的表格样式从"样式"列表框中删除。其中，默认表格样式 Standard 和当前样式不允许删除，此时该按钮为灰色不可用状态。

2. 新建或修改表格样式

若进行新表格样式的创建或修改已有的表格样式，将弹出如图 7-21 所示的"新建表格样式"或"修改表格样式"对话框，各项功能介绍如下：

（1）起始表格 "起始表格"选项组可由用户在图形中指定一个已有表格用作样例来设置当前表格样式的格式，以减少设置的工作量。

（2）常规 "常规"选项组用于设置插入表格时的方向。在"表格方向"列表框有"向下"和"向上"两个选项。"向下"表示创建由上而下读取的表格，即表格的标题和表头位于表格的顶部；"向上"表示创建由下而上读取的表格，即表格的标题和表头位于表格的底部。

（3）预览 为让用户了解表格的格式，在如图 7-25 所示对话框中提供了表格的预览。

（4）单元样式 "单元样式"选项组用于设置表格中"标题""表头"和"数据"的

模块七

格式。

（5）常规 在｛常规｝中，可对文字在表格中的对齐方式、数据类型和格式、单元样式的类型、页边距等内容进行设置。

（6）文字 在如图7-27所示的｛文字｝中，可对文字样式、文字高度、文字颜色、文字倾斜角度等内容进行设置。

（7）边框 在如图7-28所示的｛边框｝中，可对表格的线宽、线型、颜色、双线的间距、边框应用到表格的具体位置等内容进行设置。

任务三 装配图的绘制

 任务分析

根据如图7-32所示千斤顶的装配示意图，使用如图7-33、图7-34、图7-35所示的零件图，绘制千斤顶装配图。

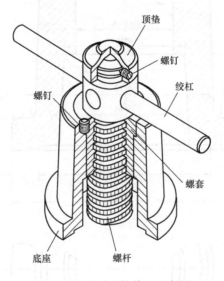

图7-32 千斤顶的装配示意图

 任务实施一

第1步 分析千斤顶的结构，确定绘制装配图的方法。

千斤顶是利用螺旋传动来顶举重物的工具，它是汽车修理和机械安装中一种常见的起重工具。工作时，绞杠穿在螺杆顶部的圆孔中。旋转绞杠，螺杆在螺套中靠螺纹作上下移动。顶垫上的重物靠螺杆的上升而顶起。螺套嵌压在底座中，其一边用螺钉固定，磨损后便于更换、修配。螺杆的球面形顶部套上一个顶垫，靠螺钉与螺杆联接而不固定，以防止顶垫随螺杆一起旋转而脱落。

为了提高绘图效率，本任务采用图块插入法绘制装配图。

第2步 绘制千斤顶零件图。

按照 1∶1 比例绘制如图 7-33、图 7-34、图 7-35 所示的底座、螺杆、螺套、绞杠、紧定螺钉、顶垫等零件图。

第 3 步　定义图块。

根据表达方案的需要，将螺杆、螺套、绞杠、紧定螺钉、顶垫的主视图分别定义为图块，并将图中标注"×"的位置指定为插入基点，如图 7-34、图 7-35 所示。

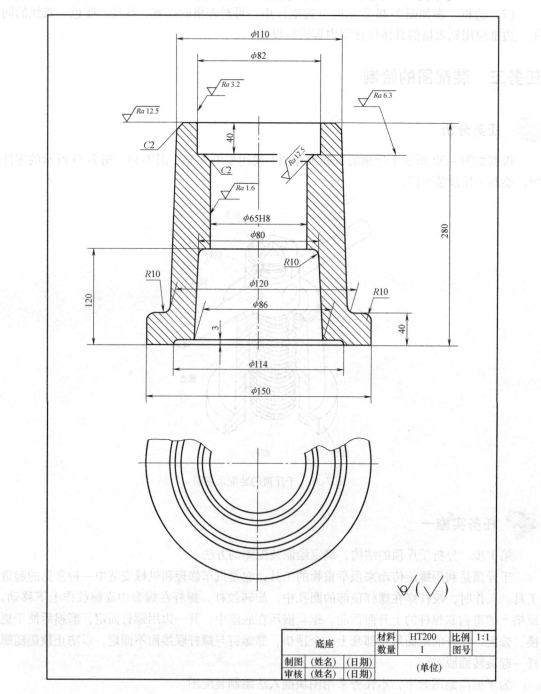

底座		材料	HT200	比例	1:1
		数量	1	图号	
制图	(姓名)　(日期)		(单位)		
审核	(姓名)　(日期)				

图 7-33　底座零件图

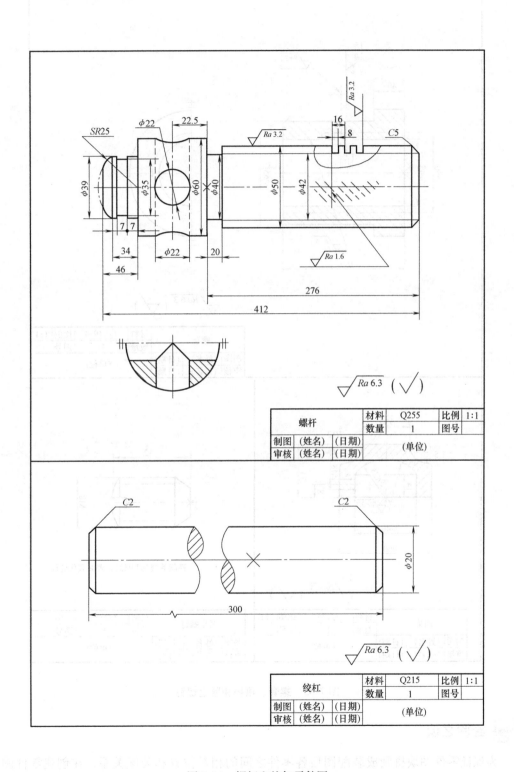

图 7-34 螺杆和绞杠零件图

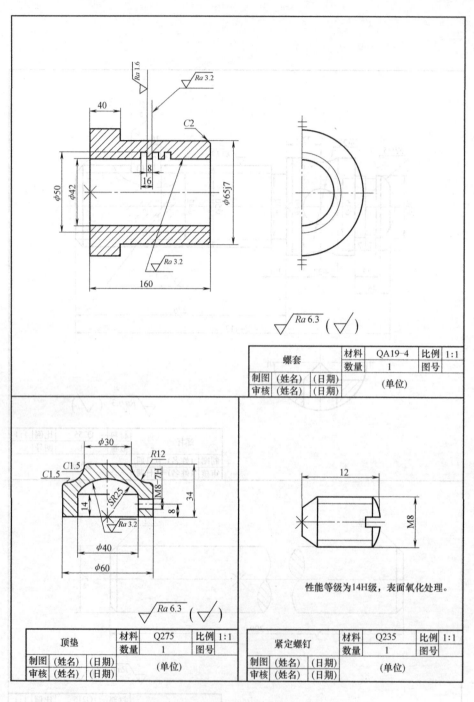

图 7-35 螺套、顶垫和紧定螺钉

经验之谈

为保证零件图块拼画成装配图后各零件之间的相对位置和装配关系，在创建零件图块时，一定要选择好插入基点。

第4步 选择基准图形。

根据千斤顶装配图表达的需要，选择底座作为装配基准件。将如图7-33所示的底座零件图另存为"千斤顶"，并删除其俯视图、尺寸等，如图7-36a所示（略去图纸的边界线、图框线和标题栏）。

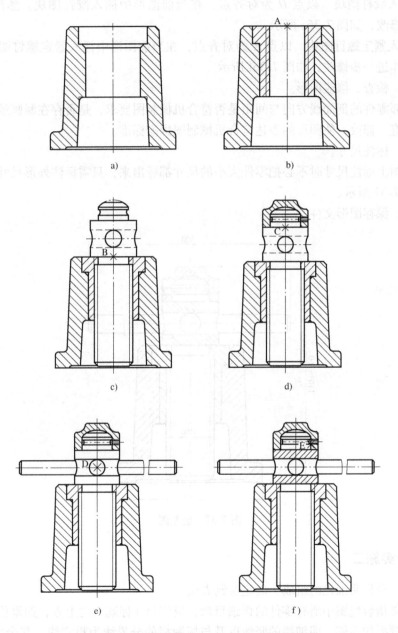

图7-36 用图块插入法绘制千斤顶装配图过程

第5步 插入图块。

（1）插入螺套图块 以点A为对齐点，旋转-90°，在基准件底座的图形中插入螺套图块。然后分解图块，并作进一步修改，如图7-36b所示。

（2）插入螺杆图块　以点 *B* 为对齐点，旋转 –90°，在当前图形中插入螺杆图块。然后分解图块，并作进一步修改，如图 7-36c 所示。

（3）插入顶垫图块　以点 *C* 为对齐点，在当前图形中插入顶垫图块。然后分解图块，并作进一步修改，如图 7-36d 所示。

（4）插入绞杠图块　以点 *D* 为对齐点，在当前图形中插入绞杠图块。然后分解图块，并作进一步修改，如图 7-36e 所示。

（5）插入紧定螺钉图块　以点 *E* 为对齐点，在当前图形中插入紧定螺钉图块。然后分解图块，并作进一步修改，如图 7-36f 所示。

第 6 步　检查、修改图形。

检查相邻零件的剖面线方向与间距是否符合机械制图要求，是否存在漏画线或多线等现象。经过检查、修改，使图形的表达符合机械制图国家标准。

第 7 步　标注尺寸。

在装配图上标注尺寸时不必把零件大小的尺寸都标出来，只需标注外形尺寸即可。完成的图形如图 7-37 所示。

第 8 步　保存图形文件。

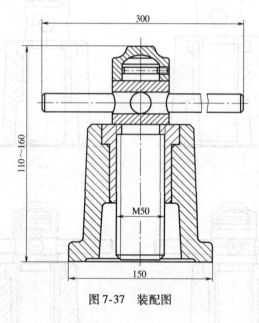

图 7-37　装配图

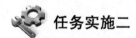**任务实施二**

第 1 步　分析明细栏的组成，确定绘制方法。

明细栏是指装配图中所有零件的详细目录，应该画在标题栏的上方；如果位置不够，也可以画在标题栏的左侧。明细栏的竖线以及与标题栏的分界线为粗实线，其余均为细实线。明细栏中的零件序号按照从小到大的顺序由下而上填写，以便添加遗漏的零件。

千斤顶装配图的明细栏和标题栏如图 7-38 所示。

第 2 步　新建表格样式。

打开任务实施一中创建的图形文件"千斤顶"→单击◀常用▶→《注释》→〖表格〗→单

击"插入表格"对话框中的［启动"表格样式"对话框］→单击"表格样式"对话框中的［新建］→在"新样式名"文本框中输入新样式的名称"明细栏和标题栏"，在"基础样式"下拉列表中选择在任务二中创建的"标题栏"→单击［继续］→在"新建表格样式"对话框的"常规"选项组中选择"向上"，创建由下而上读取的表格→因使用了"标题栏"表格样式作为基础样式，因此相同部分的内容不需再进行设置，在"单元样式"选项组中，选择"数据"，在｛文字｝的"文字样式"下拉列表中选择"长仿宋字"，"文字高度"文本框中输入"3.5"；在｛边框｝的"线宽"下拉列表中选择"0.3mm"，先单击［无边框］ ⊞ ，清除原来对边框的设置，再单击［左边框］ ⊞ 、［右边框］ ⊞ ，设置表格的竖线为粗实线→在"单元样式"选项组中，选择"表头"，在｛边框｝的"线宽"下拉列表中选择"0.3mm"，先单击［无边框］ ⊞ ，清除原来对边框的设置，再单击［左边框］ ⊞ 、［右边框］ ⊞ ，设置表格的竖线为粗实线→单击［确定］→新建的"明细栏和标题栏"表格样式显示在"表格样式"对话框的样式列表中，将其选中→单击［置为当前］→单击［关闭］，完成新表格样式的定义。

6	顶垫		1	Q275	
5	紧定螺钉	M8×12	1	Q235	
4	绞杠		1	Q215	
3	螺套		1	QA19-4	
2	螺杆		1	Q255	
1	底座		1	HT200	
序号	名称	代号	数量	材料	备注
千斤顶			比例	1:1	共　张
			质量		第　张
制图	(姓名)	(日期)	(单位)		
审核	(姓名)	(日期)			

图 7-38　明细栏和标题栏

第 3 步　插入表格。

在"插入表格"对话框中设置"列数"为"6"，"列宽"为"15"；"数据行数"为"5"，"行高"为"1"；在"设置单元样式"选项组中将"第一行单元样式"设置为表头样式，其余的设置为"数据"→单击［确定］，设置当前图层为"0"图层，捕捉标题栏的左上角作为插入点，将表格插入到指定位置。

 操作提示

明细栏中没有标题，因此可将"第一行单元样式"设置为表头，"第二行单元样式"和"所有其他行单元格式"均设置为数据行。

第 4 步　调整单元格并输入明细栏内容。

根据如图 7-38 所示对单元格进行调整，将相关内容输入到表格指定位置。

将明细栏表头整行选中→右击→选择【特性】→在"特性"对话框的"边界线型"处单击→单击出现的［弹出对话框］ ⊡ →在"单元边框特性"对话框中将线宽选定为"0.3mm"，选定"底部边框"→单击［确定］，将相应线条设置为粗实线。

经验之谈

明细栏为"向上"表格，方向与常规表格相反。在设置水平边框线型时，应注意"上边框"与"底部边框"的选择与常规表格刚好相反。

第5步　给零件编号。

在图中给各个零件编号，并画出指引线。

 操作提示

零件编号应按照顺时针或逆时针方向顺序编号，全图按照水平方向或垂直方向整齐排列，并应标注在视图外面。

第6步　调整并检查整个装配图。

对装配图中的各要素进行调整并进行仔细检查，完成的千斤顶装配图如图7-39所示。

第7步　保存图形文件。

 知识链接

在机械工程中，一台机器或一个部件都是由若干零件按照一定的装配关系和技术要求装配起来的，而表示机器或部件的图样就是装配图。绘制装配图是机械设计的主要内容之一。

一、装配图的绘制方法

在 AutoCAD 2013 中绘制装配图通常有以下两种方法。

1. 直接绘制装配图

采用该方法绘制装配图，可以直接调用 AutoCAD 2013 的二维绘图及编辑命令，按照手工绘制装配图的画法和步骤直接绘制装配图，具体绘图及编辑命令的使用技巧与绘制零件图相同，由于装配图由多个零件组成，绘图时应先画出基础零件的主要轮廓线，再根据各零件的装配顺序和连接关系，依次画出主要零件，最后再画出次要零件。对于一些常用标准零件，如螺纹连接件、轴承等，可以利用现有图库采用零件图块插入法绘制，以提高作图效率。

2. 零件图块插入法绘制装配图

采用该方法绘制装配图，应该将组成部件的各个零件图形创建成图块，然后按照零件的相对位置关系，将零件图块逐个插入到装配图中，再根据装配图的表达要求进行修整，拼画成装配图。

在工程实践中，具体选择哪种方法绘制装配图，主要取决于装配体的结构及复杂程度。如果零件较少，装配关系简单，可以选择直接绘制的方法，以提高作图效率。如果零件较多，装配关系复杂，则宜采用零件图块插入法，以简化绘图过程，避免出现绘图错误。

二、装配图的绘图步骤

1）选择装配图样板。根据部件大小及比例选择合适的图形样板，并根据国家标准要求对绘图环境进行设置。

2）用直接绘制法或零件图块插入法绘制装配图。

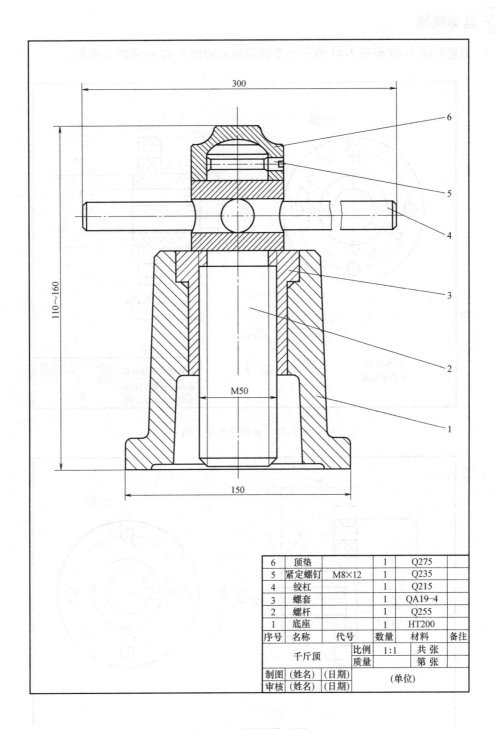

图 7-39　千斤顶装配图

6	顶垫		1	Q275	
5	紧定螺钉	M8×12	1	Q235	
4	绞杠		1	Q215	
3	螺套		1	QA19-4	
2	螺杆		1	Q255	
1	底座		1	HT200	
序号	名称	代号	数量	材料	备注

千斤顶	比例	1:1	共张
	质量		第张

制图	(姓名)	(日期)	(单位)
审核	(姓名)	(日期)	

3）标注尺寸及技术要求、相关文字等。

4）编写序号，填写标题栏及明细栏。

5）保存图形文件。

201

延伸操练

1. 根据如图 7-40 至图 7-41 所示的零件图拼画如图 7-42 所示的装配图。

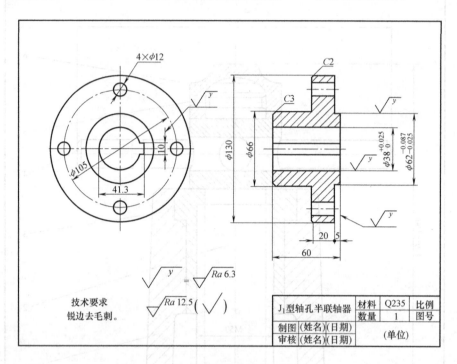

图 7-40   延伸操练 7-1 图

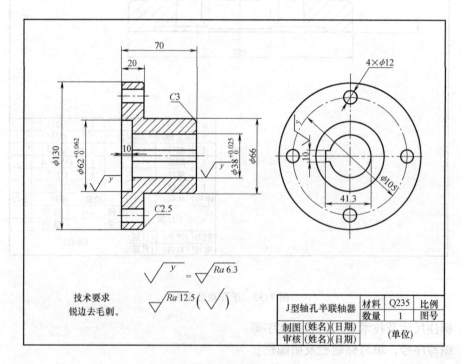

图 7-41   延伸操练 7-2 图

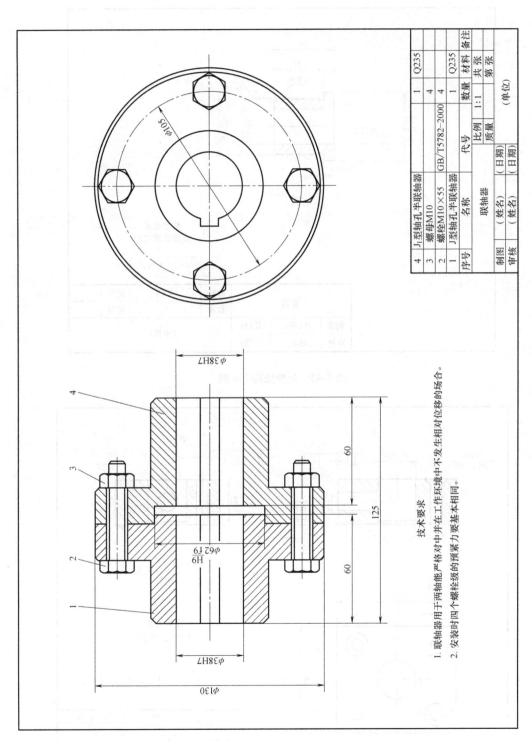

序号	名称	代号	数量	材料	备注
4	J₁型轴孔半联轴器		1	Q235	
3	螺母M10		4		
2	螺栓M10×55	GB/T5782—2000	4		
1	J型轴孔半联轴器		1	Q235	

		比例	1:1	共 张
联轴器		质量		第 张
制图	(姓名)	(日期)		(单位)
审核	(姓名)	(日期)		

技术要求

1. 联轴器用于两轴能严格对中并在工作环境中不发生相对位移的场合。
2. 安装时四个螺栓级级的预紧力要基本相同。

图 7-42 延伸操练 7-3 图

2. 根据如图 7-43 至图 7-46 所示的零件图拼画如图 7-47 所示的装配图。

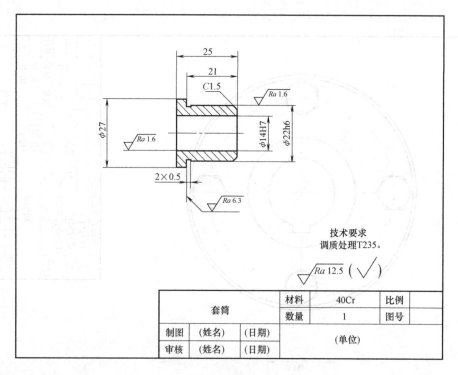

技术要求
调质处理T235。

$\sqrt{Ra\,12.5}$ ($\sqrt{}$)

	材料	40Cr	比例	
套筒	数量	1	图号	
制图	(姓名)	(日期)	(单位)	
审核	(姓名)	(日期)		

图 7-43　延伸操练 7-4 图

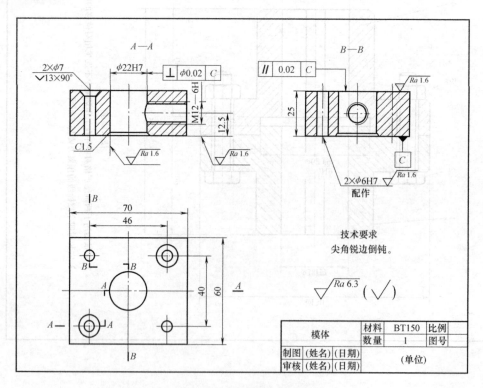

技术要求
尖角锐边倒钝。

$\sqrt{Ra\,6.3}$ ($\sqrt{}$)

	材料	BT150	比例	
模体	数量	1	图号	
制图	(姓名)	(日期)	(单位)	
审核	(姓名)	(日期)		

图 7-44　延伸操练 7-5 图

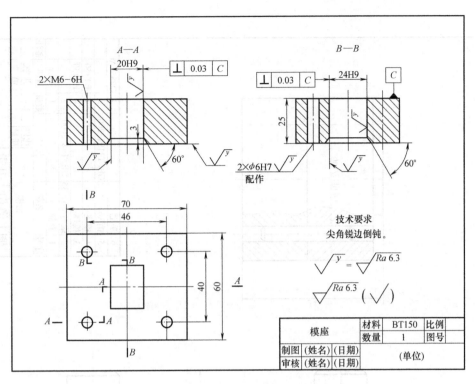

图 7-45　延伸操练 7-6 图

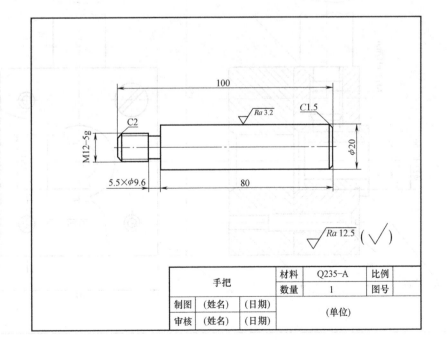

图 7-46　延伸操练 7-7 图

模块七

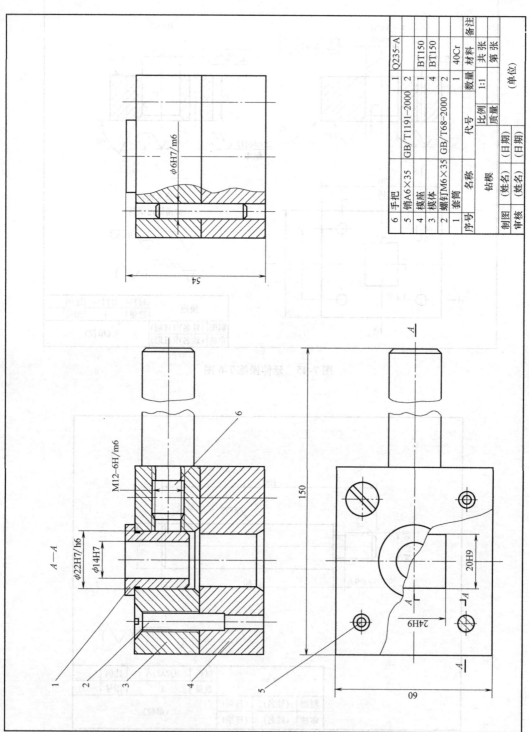

图 7-47　延伸操练 7-8 图

6	手把			1	Q235-A	
5	销A6×35	GB/T1191—2000		2		
4	模座			1	BT150	
3	模体			4	BT150	
2	螺钉M6×35	GB/T68—2000		2		
1	套筒			1	40Cr	
序号	名称	代号		数量	材料	备注

				钻模		比例	1:1	共　张
						质量		第　张
制图	（姓名）	（日期）						（单位）
审核	（姓名）	（日期）						

模块八

参数化绘图

学习目标

1. 掌握 AutoCAD 2013 几何约束的相关内容。
2. 掌握 AutoCAD 2013 标注约束的相关内容。

 要点预览

从 AutoCAD 2010 开始，Autodesk 公司引入了一项以前只有三维软件中才具有的功能——参数化。参数化功能的引入无疑使得 AutoCAD 用来绘图时更能接近"设计"的思维模式，使之真正从"电子图板"转向"计算机辅助设计"。在 AutoCAD 2013 中，参数化细分为"几何约束"和"标注约束"。本模块的主要内容如下：几何约束、标注约束、约束的其他操作。

任务一　几何约束

 任务分析

如图 8-1 所示的图形比较简单，其特点是包含了若干条平行直线，各组平行直线的倾斜角度不相等，为提高绘图效率，本任务引入几何约束来快速完成该图形的绘制。

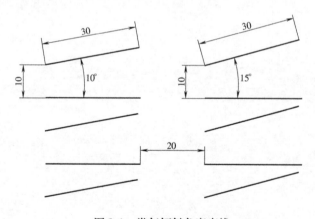

图 8-1　类似倾斜角度直线

 任务实施

第 1 步　分析图形，确定绘制方法及步骤。

该图形图线很简单，除了 4 条水平直线外，左边有 3 条倾斜角度为 10°的直线，右边有 3 条倾斜角度为 15°的直线。调用"直线"和"旋转""复制"或"偏移"等命令均可完成图形的绘制，但过程比较繁琐，本任务调用"平行约束"命令来快速完成图形的绘制。

第 2 步　绘制 5 条长度为 30mm，间隔为 10mm 的直线，如图 8-2 所示。

第 3 步　单击《参数化》→《几何》→〖平行〗 ∥，操作步骤如下：

命令：_GcParallel	//调用"平行"命令
选择第一个对象：	//选择第 1 条直线
选择第二个对象：	//选择第 3 条直线,两条直线上出现"平行约束"标记,如图 8-3 所示
命令：↙	//按 ENTER 键,重复调用命令
_GcParallel	//再次调用"平行"命令
选择第一个对象：	//选择第 3 条(或第 1 条)直线
选择第二个对象：	//选择第 5 条直线,3 条直线上均有"平行约束"标记,如图 8-4 所示

　　　　　图 8-2　绘制 5 条直线　　　　图 8-3　设置 2 条直线平行约束　　　图 8-4　设置 3 条直线平行约束

 操作提示

　　为让用户清楚地了解建立了约束的对象及约束类型，在 AutoCAD 2013 中使用不同的符号在建立了约束对象的旁边加以标识。

　　第 4 步　单击《常用》→《修改》→〖复制〗，将建立了平行约束的 5 条直线以 20mm 的间距进行水平方向的复制。

　　第 5 步　先后单击《常用》→《修改》→〖旋转〗，分别以原来的和复制后的最上方直线左端点为旋转基点，将其旋转 10°和 15°。由于 3 条直线建立了平行约束，在旋转第一条直线后，另外两条相关联的直线将进行同步旋转，得到如图 8-1 所示的图形。

　　第 6 步　保存图形文件。

 知识链接

　　对于一些相关联的对象可以通过几何约束来定义，在调用约束命令后，光标的旁边会出现一个图标以帮助用户清楚地了解当前所选定的约束类型。在定义约束时，对象选择的顺序将影响对象的更新：AutoCAD 2013 中规定将选定的第二个对象按照约束的条件进行更新。在定义约束后，不管哪个对象做过修改，另外的对象将会同步更新。

一、重合约束

　　"重合约束"命令可约束两个点使其重合，或者约束一个点使其位于对象或对象延长部分的任意位置。调用命令的方式如下：

➢ 功能区：◄参数化►→《几何》→〖重合〗↓

➢ 菜单命令：【参数】→【几何约束】→【重合】（"AutoCAD 经典"工作空间）

➢ 工具栏：〖几何约束〗→〖重合〗↓ 或〖参数化〗→〖重合〗↓ （"AutoCAD 经典"工作空间）

➢ 键盘命令：GCCOINCIDENT

调用"重合约束"命令时，根据选择点及对象的不同，会产生不同的效果。如图 8-5 所示的两条直线，若首先分别选择直线 *AB* 的中点、下方端点为基准点，再选择直线 *CD* 的端点为参照点，可得到如图 8-6、图 8-7 所示图形，直线 *CD* 产生了平移。不管两条直线如何变化，都会始终保持重合状态。

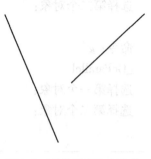

图 8-5 两条任意角度直线

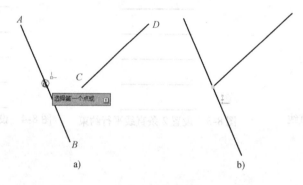

a)   b)

图 8-6 以中点为基准点使用重合约束

a）选择直线 *AB* 的中点为基准点   b）重合约束的结果

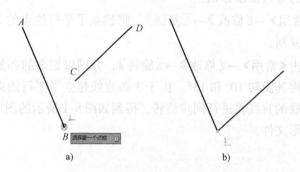

a)   b)

图 8-7 以端点为基准点使用重合约束

a）选择直线 *AB* 的端点为基准点   b）重合约束的结果

根据操作对象的不同，"重合约束"命令还可能产生拉伸的效果。如图 8-8a 所示，调用"重合约束"命令后分别将左侧矩形的右上角点 *A* 和右侧矩形的左下角点 *B* 选择为基准点和参照点，得到如图 8-8b 所示结果。

建立了重合约束后，在重合处显示一个蓝色的小方块，当光标移至其上时，会显示重合约束的图标↓。将光标移动到图标上，图标背景变为蓝色，有重合约束的两个对象用虚线

模块八

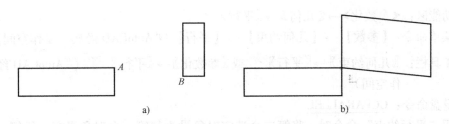

图 8-8 对矩形使用重合约束
a) 原始图形 b) 重合约束的结果

显示,以说明这两个对象有重合关系。

二、垂直约束

"垂直约束"命令使选定的直线或多段线夹角始终保持为 90°。调用命令的方式如下:

➤ 功能区:《参数化》→《几何》→〖垂直〗✕

➤ 菜单命令:【参数】→【几何约束】→【垂直】("AutoCAD 经典"工作空间)

➤ 工具栏:〖几何约束〗→〖垂直〗✕ 或〖参数化〗→〖垂直〗✕ ("AutoCAD 经典"工作空间)

➤ 键盘命令:**GCPERPENDICULAR**

调用"垂直约束"命令时,将第二个选定对象设为与第一个对象垂直。如图 8-9a 所示的两条直线,图 8-9b 所示为先选直线 *AB* 再选直线 *CD* 的结果,图 8-9c 所示为相反的选择顺序得到的结果。不管两条直线如何变化,二者都始终保持垂直关系不变。

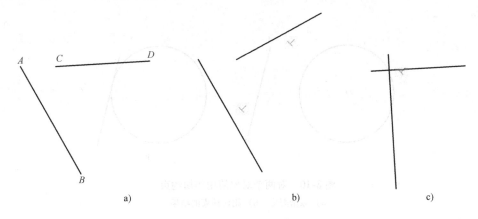

图 8-9 对两条直线使用垂直约束
a) 原始图形 b)、c) 垂直约束的结果

建立了垂直约束后,两垂直对象附近显示垂直约束的图标 ✕ ,将光标移动到图标上,图标背景变为蓝色,有垂直约束的两个对象用虚线显示,以说明这两个对象有垂直关系。

三、平行约束

"平行约束"命令使选定的直线彼此平行。调用命令的方式如下:

211

➤ 功能区：＜参数化＞→《几何》→〖平行〗 //

➤ 菜单命令：【参数】→【几何约束】→【平行】（"AutoCAD 经典"工作空间）

➤ 工具栏：〖几何约束〗→〖平行〗 // 或〖参数化〗→〖平行〗 // （"AutoCAD 经典"工作空间）

➤ 键盘命令：GCPARALLEL

调用"平行约束"命令时，将第二个选定对象设为与第一个对象平行。任何一条直线的变化，都会引起另一条直线的同时变化，使两者始终保持为平行状态。任务实施中即是用该项功能保证相关直线的平行，从而实施图形的快速绘制。

四、相切约束

"相切约束"命令将两个对象约束为保持彼此相切或其延长线保持彼此相切。调用命令的方式如下：

➤ 功能区：＜参数化＞→《几何》→〖相切〗 ⌀

➤ 菜单命令：【参数】→【几何约束】→【相切】（"AutoCAD 经典"工作空间）

➤ 工具栏：〖几何约束〗→〖相切〗 ⌀ 或〖参数化〗→〖相切〗 ⌀ （"AutoCAD 经典"工作空间）

➤ 键盘命令：GCTANGENT

调用"相切约束"命令时，将第二个选定对象平移，使之与第一个对象相切。如图 8-10a 所示的圆 O 和直线 AB，使用"相切约束"可使两者相切。若先选圆再选直线，则直线平移后与圆相切，如图 8-10b 所示。不管两者中哪个发生何种变化，二者始终保持相切关系不变。

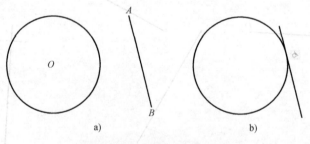

a)   b)

图 8-10 对两个对象使用相切约束
a) 原始图形 b) 相切约束的结果

五、水平约束

"水平约束"命令约束一条直线或一对点，使其位于与当前坐标系的 X 轴平行的位置。调用命令的方式如下：

➤ 功能区：＜参数化＞→《几何》→〖水平〗 ═

➤ 菜单命令：【参数】→【几何约束】→【水平】（"AutoCAD 经典"工作空间）

➤ 工具栏：〖几何约束〗→〖水平〗 ═ 或〖参数化〗→〖水平〗 ═ （"AutoCAD 经典"工

作空间)

➢ 键盘命令：**GCHORIZONTAL**

调用"水平约束"命令时，有两种选择对象的方式。第一种方式是选择直线，在此方式下以直线的中点为界，选择对象时靠近哪个端点则以该端点为水平基准点；第二种方式是以两点方式进行选择。如图 8-11 所示的两条直线，按第一种方式进行选择，操作结果如图 8-12 所示。按第二种方式进行选择，操作结果如图 8-13 所示。

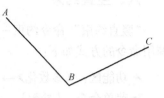

图 8-11　2 条相交直线

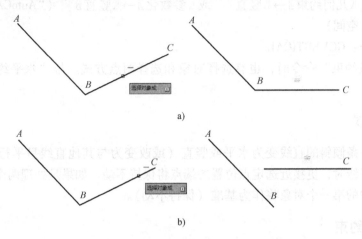

a)

b)

图 8-12　按选择对象方式使用水平约束

a) 选择对象时靠近点 *B*　b) 选择对象时靠近点 *C*

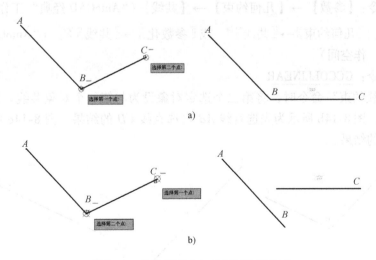

a)

b)

图 8-13　按选择两点方式使用水平约束

a) 先选择点 *B* 再选择点 *C*　b) 选选择点 *C* 再选择点 *B*

"水平约束"命令类似于"正交模式"，但"正交模式"必须在绘图时使用，且随着对象的编辑操作，对象的正交状态可能会发生改变。而被设置了"水平约束"的对象，在用户释放约束之前，始终保证水平状态。

六、竖直约束

"竖直约束"命令约束一条直线或一对点，使其位于与当前坐标系的 *Y* 轴平行的位置。调用命令的方式如下：

> ➢ 功能区：《参数化》→《几何》→〖竖直〗
> ➢ 菜单命令：【参数】→【几何约束】→【竖直】（"AutoCAD 经典"工作空间）
> ➢ 工具栏：〖几何约束〗→〖竖直〗 或〖参数化〗→〖竖直〗（"AutoCAD 经典"工作空间）
> ➢ 键盘命令：GCVERTICAL

调用"竖直约束"命令时，也有选择对象和选择两点方式。与"水平约束"类似，此处不再赘述。

 经验之谈

如果要使一条倾斜的直线变为水平或竖直（或改变为与其他直线呈平行或垂直状态），那么选中这条直线时，更接近选定点位置的端点将保持不动。如果是处理两个图形对象之间的关系，则选中的第一个对象将作为基准（保持不动）。

七、共线约束

"共线约束"命令使两条或多条直线位于同一无限长的线上。调用命令的方式如下：

> ➢ 功能区：《参数化》→《几何》→〖共线〗
> ➢ 菜单命令：【参数】→【几何约束】→【共线】（"AutoCAD 经典"工作空间）
> ➢ 工具栏：〖几何约束〗→〖共线〗 或〖参数化〗→〖共线〗（"AutoCAD 经典"工作空间）
> ➢ 键盘命令：GCCOLLINEAR

调用"共线约束"命令时，将第二个选定对象设为与第一个对象共线。如图 8-14a 所示的两条直线，图 8-14b 所示为先选直线 *AB* 再选直线 *CD* 的结果，图 8-14c 所示为相反的选择顺序得到的结果。

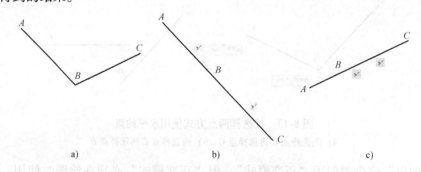

a)   b)   c)

图 8-14 对两条直线使用共线约束
a) 原始图形 b)、c) 共线约束的结果

八、同心约束

"同心约束"命令使选定的圆弧、圆或椭圆具有相同的圆心。调用命令的方式如下:

➤ 功能区: ◀参数化▶→《几何》→〖同心〗◎

➤ 菜单命令: 【参数】→【几何约束】→【同心】("AutoCAD 经典"工作空间)

➤ 工具栏: 〖几何约束〗→〖同心〗◎ 或〖参数化〗→〖同心〗◎ ("AutoCAD 经典"工作空间)

➤ 键盘命令: GCCONCENTRIC

调用"同心约束"命令时,将第二个选定对象设为与第一个对象同心。如图 8-15a 所示两个圆 *A*、*B*,图 8-15b 所示为先选圆 *A* 再选圆 *B* 的结果,图 8-15c 所示为相反的选择顺序得到的结果。

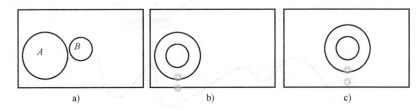

图 8-15 对两个圆使用同心约束

a) 原始图形 b)、c) 同心约束的结果

九、平滑约束

"平滑约束"命令约束一条样条曲线,使其与其他样条曲线、直线、圆弧或多段线彼此相连并保持 G2 连续性。调用命令的方式如下:

➤ 功能区: ◀参数化▶→《几何》→〖平滑〗

➤ 菜单命令: 【参数】→【几何约束】→【平滑】("AutoCAD 经典"工作空间)

➤ 工具栏: 〖几何约束〗→〖平滑〗 或〖参数化〗→〖平滑〗 ("AutoCAD 经典"工作空间)

➤ 键盘命令: GCSMOOTH

调用"平滑约束"命令时,选定的第一个对象必须为样条曲线。第二个选定对象将设为与第一条样条曲线 G2 连续(即相邻曲线在交点处其一阶和二阶导数均成比例)。图 8-16 所示为操作过程。

十、对称约束

"对称约束"命令约束选定对象,使其与基准对象相对于对称轴保持对称。调用命令的方式如下:

➤ 功能区: ◀参数化▶→《几何》→〖对称〗

➤ 菜单命令: 【参数】→【几何约束】→【对称】("AutoCAD 经典"工作空间)

➤ 工具栏: 〖几何约束〗→〖对称〗 或〖参数化〗→〖对称〗 ("AutoCAD 经典"工

模块八

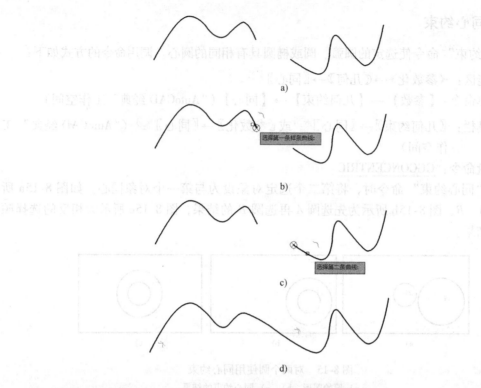

图 8-16 对样条曲线使用平滑约束

a) 原始图形 b)、c) 选择对象 d) 平滑约束的结果

模
块
八

作空间）

➤ 键盘命令：**GCSYMMETRIC**

调用"对称约束"命令时，首先选定对称基准，然后选定对称约束对象，最后选择对称轴。如图 8-17a 所示，以直线 *AB* 为对称基准，点画线为对称轴，对直线 *CD* 使用对称约束，操作结果如图 8-17b 所示。

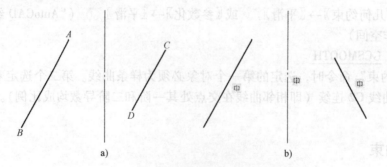

图 8-17 对两条直线使用对称约束

a) 原始图形 b) 对称约束的结果

 操作提示

"对称约束"命令与"镜像"命令类似，但调用"镜像"命令会使镜像线两侧的对象

完全一致，即长度相等，方向对称；而"对称约束"命令只是将约束对象设定成与基准对象方向对称，不会改变其原长度。

十一、相等约束

"相等约束"命令约束选定两条直线或多段线段，使其具有相同长度；或约束圆弧或圆，使其具有相同半径值。调用命令的方式如下：

➢ 功能区：◀参数化▶→《几何》→〖相等〗 ＝

➢ 菜单命令：【参数】 → 【几何约束】 → 【相等】（"AutoCAD 经典"工作空间）

➢ 工具栏：〖几何约束〗→〖相等〗＝ 或〖参数化〗→〖相等〗＝ （"AutoCAD 经典"工作空间）

➢ 键盘命令：GCEQUAL

调用"相等约束"命令时，首先选定基准，然后再选定相等约束对象，当两者建立相等约束后，无论调整哪个对象，另一个对象均会进行相应变化，使两者始终保持相等。图8-18 所示为操作过程。

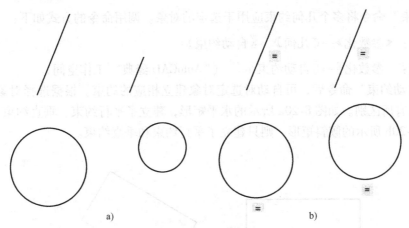

图 8-18　对直线和圆分别使用相等约束
a）原始图形　b）相等约束的结果

十二、固定约束

"固定约束"命令约束一个点或一条曲线，使其固定在世界坐标系的某一坐标上。调用命令的方式如下：

➢ 功能区：◀参数化▶→《几何》→〖固定〗 🔒

➢ 菜单命令：【参数】 → 【几何约束】 → 【固定】（"AutoCAD 经典"工作空间）

➢ 工具栏：〖几何约束〗→〖固定〗🔒或〖参数化〗→〖固定〗🔒（"AutoCAD 经典"工作空间）

➢ 键盘命令：GCFIX

调用"固定约束"命令时，根据需要选择点或对象，选定的对象将保持固定不动。图8-19a 所示为具有相切约束的直线 AB 和圆 O，分别对圆心 O 和直线端点 B 使用固定约束，

当改变圆 O 的直径时，在保证两者相切的前提下，图 8-19b 所示为圆心 O 固定不动的效果，图 8-19c 所示为直线端点 B 固定不动的效果。

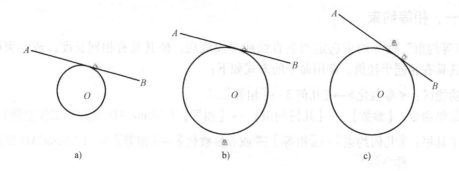

图 8-19 固定约束的效果

a) 原始图形 b) 对圆心 O 使用固定约束 c) 对直线端点 B 使用固定约束

十三、自动约束

"自动约束"命令将多个几何约束应用于选定的对象。调用命令的方式如下：

➤ 功能区：◀参数化▶→《几何》→〖自动约束〗

➤ 工具栏：〖参数化〗→〖自动约束〗 （"AutoCAD 经典"工作空间）

调用"自动约束"命令后，可自动对选定对象建立相应的约束。根据选择对象的不同，建立的约束也有所区别。如图 8-20a 所示的水平矩形，建立了平行约束、垂直约束、水平约束，而如图 8-20b 所示的倾斜矩形，则只建立了平行约束和垂直约束。

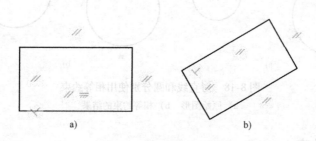

图 8-20 自动约束的效果

a) 水平矩形 b) 倾斜矩形

任务二 标注约束

 任务分析

因生产需要，需设计如图 8-21 所示的盖板零件，该零件四角有用于穿过紧固螺钉的孔，其孔径及与边角的距离始终保持不变，盖板尺寸则会根据不同规格的产品有所变动，其外形尺寸为一个按黄金分割比例的矩形，即宽度为长度的 0.618 倍。

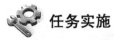 **任务实施**

第1步　分析图形，确定绘制方法及步骤。

在 AutoCAD 传统作图方法中，调用"缩放"命令可以改变对象的大小，但在本任务中，同一图形中既有要变动的矩形外形尺寸，又有不变的孔径及孔的位置尺寸，"缩放"命令显然不太合适。在 AutoCAD 2013 中可以利用"标注约束"及"几何约束"命令对相关的对象进行约束，以快速完成这种图形的绘制。

第2步　调用"矩形"命令绘制任意尺寸矩形，并在其中一边角位置绘制孔，尺寸随意，如图 8-22 所示。

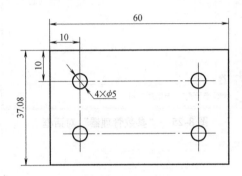

图 8-21　盖板零件

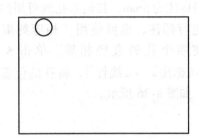

图 8-22　绘制矩形及孔

第3步　为保证使用参数化绘图时，矩形能维持其原有形状而不至于变形，必须先对其建立几何约束，即对矩形分别调用"垂直约束"和"平行约束"命令。但显然使用"自动约束"命令更快捷一些。

第4步　调用"镜像"命令，绘制出另外三个孔。

第5步　调用"标注约束"命令进行尺寸标注。

（1）标注矩形长度　单击《参数化》→《标注》→〖线性〗，对矩形的长度进行标注，如图 8-23 所示，在该尺寸为反白显示时输入当前矩形的长度 60mm，此时在尺寸标注后带有一个锁形的标记，表示其为标注约束，如图 8-24 所示。

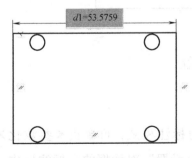

图 8-23　使用"线性"标注

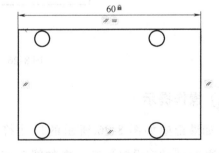

图 8-24　输入当前矩形的长度

（2）标注矩形宽度　单击《参数化》→《标注》→〖线性〗，对矩形的宽度进行标注。标注完成后，单击《参数化》→《管理》→〖参数管理器〗fx，在弹出如图 8-25 所示的"参数管理器"对话框中将 d2（矩形宽度）的标注约束表达式改为"d1 * 0.618"，使矩形的宽度为长度的 0.618 倍。

操作提示

标注约束中可以使用表达式，这使设计工作效率大大提高。如图 8-25 所示，矩形的宽度尺寸 d2 可由表达式 "d1 * 0.618" 计算而得到。当矩形长度 d1 改变时，其宽度尺寸 d2 可实现同步变化。

（3）标注孔的大小及位置 单击《参数化》→《标注》→〖直径〗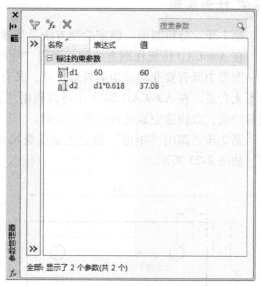，将其中一个孔的直径标注为 5mm，其他的孔既可用同样的方法进行标注，也可使用 "相等约束" 命令，使四个孔的直径相等。单击《参数化》→《标注》→〖线性〗，将孔的位置进行标注，如图 8-26 所示。

图 8-25 "参数管理器" 对话框

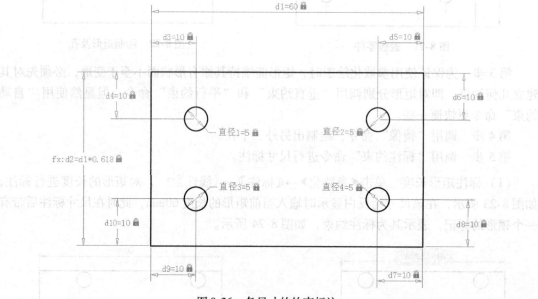

图 8-26 各尺寸的约束标注

操作提示

如果希望如图 8-26 所示的尺寸符合传统尺寸的标注模式，可单击《参数化》→《标注》→〖约束设置〗→在如图 8-27 所示的 "约束设置" 对话框的 {标注} 中，将 "标注约束格式" 选为 "值" 即可。

第 6 步 根据需要对盖板外形尺寸进行调整。

当需要对盖板尺寸进行调整时，只需在长度尺寸上双击，当其为反白显示时，输入新的数值即可得到另一尺寸的盖板。由于建立了有关约束，当长度尺寸变化时，宽度尺寸能按

0.618 倍的数量关系同步变化，而四个孔的大小及孔的位置尺寸则保持不变。

 经验之谈

适用参数化绘图的场合：①复杂的图形；②今后可能需要修改的图形；③图形用于系列产品的设计。借助几何约束和标注约束可以比传统的作图更为方便、快捷。

图 8-27　"约束设置"对话框

第 7 步　保存图形文件。

 知识链接

长久以来，AutoCAD 一直没有引入参数化绘图这一重要的功能，设计人员在绘制每一个图形元素时，必须使用捕捉、追踪、输入数字等方法来确定每一个点的位置，不但绘图过程显得复杂，更主要的问题是使得修改图形相当不便，无法真正实现参数化设计。

标注约束就是绘图时可以先不考虑尺寸的大小，将图形结构绘制出来后，再使用标注尺寸的方式，输入正确的尺寸，从而把图形"驱动"到所要求的大小。有的资料也因此将这一功能称为尺寸驱动。

事实上，要完成参数化绘图，仅有尺寸约束是不够的。如图 8-28 所示，直接对矩形调用"标注约束"，会将矩形变成梯形，因此"标注约束"必须与"几何约束"配合使用，即要将矩形的平行、垂直关系约束后才能使用"标注约束"。在 AutoCAD 2013 中，参数化功能包括"几何约束"与"标注约束"，以及相关的约束控制操作，这三部分的操作内容分别对应于如图 8-29 所示《参数化》选项卡上的《几何》、《标注》、《管理》3 个面板或如图 8-30 所示的〖参数化〗工具栏；主菜单【参数】的下拉菜单中也可以找到所有相关的操作内容。

一、线性

"线性"命令约束两点之间的水平或竖直距离。调用命令的方式如下：

➤ 功能区：《参数化》→《标注》→〖线性〗

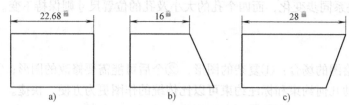

图 8-28 线性标注约束改变对象的形状

a) 原始图形 b) 缩小尺寸 c) 放大尺寸

图 8-29 "参数化"选项卡

图 8-30 "参数化"工具栏

➢ 键盘命令：DCLINEAR

调用"线性"命令时，可对选定直线或圆弧两端点之间的水平或垂直距离进行约束。任务实施中对矩形长度、孔的位置的标注即是调用该命令实现的。

二、水平

"水平"命令约束同一对象上两个点之间、不同对象上两个点之间 X 轴方向的距离。调用命令的方式如下：

➢ 功能区：《参数化》→《标注》→〖线性〗图标后的下拉箭头→〖水平〗

➢ 菜单命令：【参数】→【标注约束】→【水平】（"AutoCAD 经典"工作空间）

➢ 工具栏：〖标注约束〗→〖水平〗 或〖参数化〗→〖水平〗 （"AutoCAD 经典"工作空间）

➢ 键盘命令：DCHORIZONTAL

调用"水平"命令时，不管标注对象的位置如何，只标注 X 轴方向的距离，如图 8-31 所示。

三、竖直

"竖直"命令约束同一对象上两个点之间、不同对象上两个点之间 Y 轴方向的距离。调用命令的方式如下：

➢ 功能区：《参数化》→《标注》→〖线性〗图标后的下拉箭头→〖竖直〗

➢ 菜单命令：【参数】→【标注约束】→【竖直】（"AutoCAD 经典"工作空间）

➢ 工具栏：〖标注约束〗→〖竖直〗 或〖参数化〗→〖竖直〗 （"AutoCAD 经典"工作空间）

> 键盘命令：DCVERTICAL

调用"竖直"命令时，不管标注对象的位置如何，只标注 Y 轴方向的距离，如图 8-32 所示。

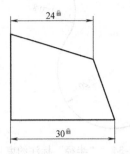

图 8-31 　 "水平"标注约束

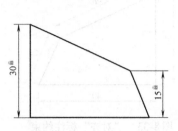

图 8-32 　 "竖直"标注约束

四、对齐

"对齐"命令约束同一对象上两个点之间、不同对象上两个点之间的距离。调用命令的方式如下：

> 功能区：《参数化》→《标注》→〖对齐〗
> 菜单命令：【参数】→【标注约束】→【对齐】（"AutoCAD 经典"工作空间）
> 工具栏：〖标注约束〗→〖对齐〗或〖参数化〗→〖对齐〗（"AutoCAD 经典"工作空间）
> 键盘命令：DCALIGNED

调用"对齐"命令时，标注的是两点间的距离，如图 8-33 所示。

 经验之谈

标注约束的基准处理原则与几何约束大致相同，但在改变一条直线的长度时，如果使用了选择"对象"直接选定该直线，那么直线的起点（绘制时的第一点）将保持不动；而如果按两个约束点的方法选定，则仍然遵循第一点不动的原则。

五、半径

"半径"命令约束圆或圆弧的半径。调用命令的方式如下：

> 功能区：《参数化》→《标注》→〖半径〗
> 菜单命令：【参数】→【标注约束】→【半径】（"AutoCAD 经典"工作空间）
> 工具栏：〖标注约束〗→〖半径〗或〖参数化〗→〖半径〗（"AutoCAD 经典"工作空间）
> 键盘命令：DCRADIUS

调用"半径"命令时，可将不同的圆或圆弧的半径建立关联，如图 8-34 所示。

六、直径

"直径"命令约束圆或圆弧的直径。调用命令的方式如下：

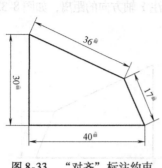

图 8-33 "对齐"标注约束

图 8-34 "半径"标注约束

➤ 功能区：《参数化》→《标注》→〖直径〗

➤ 菜单命令：【参数】→【标注约束】→【直径】（"AutoCAD 经典"工作空间）

➤ 工具栏：〖标注约束〗→〖直径〗 或〖参数化〗→〖直径〗 （"AutoCAD 经典"工作空间）

➤ 键盘命令：DCDIAMETER

调用"直径"命令时，可将不同的圆或圆弧的直径建立关联，操作方法与"半径"命令相同，此处不再赘述。

七、角度

"角度"命令约束直线段或多段线线段之间的角度、由圆弧或多段线圆弧段扫掠得到的角度、对象上三个点之间的角度。调用命令的方式如下：

➤ 功能区：《参数化》→《标注》→〖角度〗

➤ 菜单命令：【参数】→【标注约束】→【角度】（"AutoCAD 经典"工作空间）

➤ 工具栏：〖标注约束〗→〖角度〗 或〖参数化〗→〖角度〗 （"AutoCAD 经典"工作空间）

➤ 键盘命令：DCANGULAR

调用"角度"命令时，可将不同的角度建立关联，如图 8-35 所示。

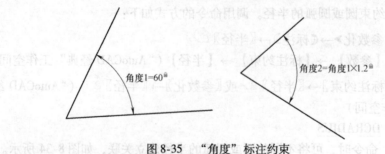

图 8-35 "角度"标注约束

八、转换

"转换"命令将常规标注转换为标注约束。调用命令的方式如下：

> 功能区：◀参数化▶→《标注》→〖转换〗

> 工具栏：〖标注约束〗→〖转换〗 （"AutoCAD 经典"工作空间）

> 键盘命令：DCCONVERT

如图 8-36a 所示的常规标注在调用"转换"命令后转化为标注约束，如图 8-36b 所示。

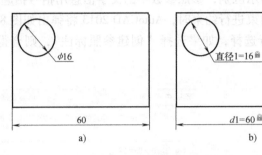

a)　　　　　　　　　　　　　　b)

图 8-36　"转换"命令的使用

a）原始图形　b）常规标注转换成标注约束

任务三　约束的其他操作

一、删除约束

"删除约束"命令可删除选定对象上的所有约束。调用命令的方式如下：

> 功能区：◀参数化▶→《管理》→〖删除约束〗

> 菜单命令：【参数】→【删除约束】（"AutoCAD 经典"工作空间）

> 工具栏：〖参数化〗→〖删除约束〗 （"AutoCAD 经典"工作空间）

> 键盘命令：DELCONSTRAINT

调用"删除约束"命令可从选定的对象删除所有几何约束和标注约束。

二、参数管理器

"参数管理器"命令可对标注约束的参数进行管理。调用命令的方式如下：

> 功能区：◀参数化▶→《管理》→〖参数管理器〗fx

> 菜单命令：【参数】→【参数管理器】（"AutoCAD 经典"工作空间）

> 工具栏：〖参数化〗→〖参数管理器〗fx （"AutoCAD 经典"工作空间）

> 键盘命令：PARAMETERS

调用"参数管理器"命令可弹出如图 8-25 所示的"参数管理器"对话框，在该对话框中，每个标注约束的名称、表达式、值占一行，在需要修改的对象上双击，使其呈反白显示，即可直接对其进行修改。通过参数管理器，用户可以定义自定义变量，并可从标注约束及其他用户变量内部引用这些变量。定义的表达式既可以是简单的算术式，也可以包括各种预定义的函数和常量。

三、参照标注

参照标注是一种从动标注约束，其作用是不控制关联的几何图形，仅起提示作用。如图 8-37 所示的图形，矩形宽度 d2 由直径约束 dia1 和线性约束 d1 控制，参照参数 d2 会显示总宽度，但不对其进行约束。为示区别，参照参数中的文字信息用括号括起来。

当同一对象由多个标注约束进行约束时，AutoCAD 2013 将弹出如图 8-38 所示的"标注约束"对话框，提示用户进行选择，如果选择"创建参照标注"，则会得到如图 8-37 所示的参照标注。

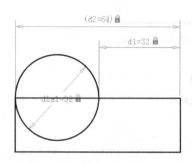

图 8-37　参照标注

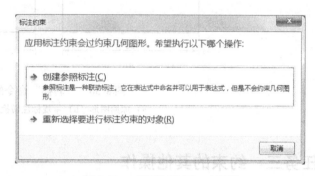

图 8-38　"标注约束"对话框

四、标注约束的打印和显示

1. 标注约束的打印

在 AutoCAD 2013 中，默认的是"动态约束模式"，这种标注约束不是图形对象，仅以一种标注样式显示，在打印时，该模式的标注约束将不会被打印。单击《参数化》→《标注》旁的下拉箭头，在如图 8-39 所示的下拉菜单中，选择"注释性约束模式"即可以实现打印。按 AutoCAD 2013 的默认设置，标注可能是以"d1 = 100"这种形式打印的，按如图 8-27所示方法进行设置可使标注约束符合常规形式。

2. 标注约束的显示

标注约束在其值后有个锁形标记🔒，以与常规的尺寸标注相区别。两者主要有三个方面的区别：第一，标注约束可以驱动图形元素，而常规的尺寸标注无法实现这一功能；第二，在常规标注中可以很方便地加一些前缀、后缀或公差，而标注约束不能使用多行文字编辑功能进行处理，也不能直接在特性窗口的文字替代中添加或修改文字，来达到添加前缀、后缀或公差的目的；第三，标注约束用于图形的设计阶段，而常规的尺寸标注通常在文档阶段进行创建。

图 8-39　两种标注约束模式

延伸操练

1. 绘制如图 8-40 所示的图形，并能根据直径的大小进行缩放。

2. 按如图 8-41 所示有关尺寸的数量关系绘图。
3. 使用参数化绘图绘制模块三延伸操练中的各图形。

图 8-40　延伸操练 8-1 图

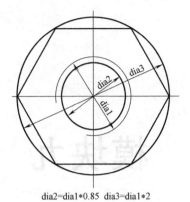

dia2=dia1*0.85 dia3=dia1*2

图 8-41　延伸操练 8-2 图

模块九

三维对象的创建与编辑

学习目标

1. 掌握三维图形的基本观察方法。
2. 掌握用户坐标系的创建方法。
3. 掌握三维实体的基本创建方法。
4. 掌握通过二维图形创建三维实体的方法。
5. 掌握三维实体的剖切与布尔运算的方法。
6. 掌握三维实体的编辑方法。

要点预览

由于三维图形具有形象直观的特点，在工程中得到了越来越广泛的应用。AutoCAD 2013 可以利用 3 种方式来创建三维图形，即线架模型方式、曲面模型方式和实体模型方式。线架模型是一种轮廓模型，由处于三维空间的直线和曲线组成，没有面和体的特征；曲面模型用面来描述三维对象，它不仅定义了三维对象的边界，而且还定义了表面，即具有面的特征。实体模型不仅具有线和面的特征，而且还具有体的特征，各实体对象间可以进行各种布尔运算操作，以创建复杂的三维实体图形。

任务一 三维图形的观察

任务分析

图 9-1 所示为简单三维实体，通过对该实体的绘制，可使用三维观察的相关命令。

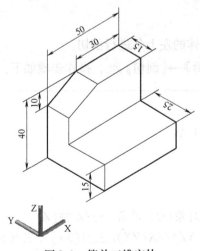

图 9-1 简单三维实体

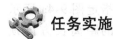

任务实施

第 1 步 设置操作环境。

将工作空间切换到"三维建模",单击◀视图▶→《视图》→〖西南等轴测〗◈,将观察方向设置为轴测观察方向,坐标系发生变化,如图9-2所示。

第2步 创建50mm×15mm×40mm的长方体。

单击◀常用▶→《建模》→〖长方体〗▢,操作步骤如下:

命令:_box	//调用"长方体"命令
指定第一个角点或[中心(C)]:	//任意指定一点为长方体的第1角点
指定其他角点或[立方体(C)/长度(L)]:@50,15✓	//绘制长方体的底面矩形
指定高度或[两点(2P)]<40.0000>:40✓	//指定长方体的高

通过以上操作,得到如图9-3所示的图形。

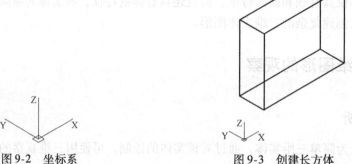

图9-2 坐标系　　　　　　　　　　　图9-3 创建长方体

第3步 剖切长方体。

以点A、B为基点对长方体的左上角进行剖切。

单击◀常用▶→《实体编辑》→〖剖切〗✂,操作步骤如下:

命令:_slice	//调用"剖切"命令
选择要剖切的对象:找到1个	//选择第2步创建的长方体
选择要剖切的对象:✓	//按ENTER键结束对象的选择
指定切面的起点或[平面对象(O)/曲面(S)/Z轴(Z)/视图(V)/XY(XY)/YZ(YZ)/ZX(ZX)/三点(3)]<三点>:3✓	//选择"三点"选项
指定平面上的第一个点:_from 基点:<偏移>:@0,0,-10	//使用"参考追踪",指定图9-4a所示的距离长方体顶点A下方10mm的点1

指定平面上的第二个点:_from 基点:<偏移>:@0,0,−10	//使用"参考追踪"，指定图 9-4a 所示的距离长方体顶点 B 下方 10mm 的点 2
指定平面上的第三个点:_from 基点:<偏移>:@20,0,0	//使用"参考追踪"，指定图 9-4a 所示的距离长方体顶点 B 右侧 20mm 的点 3
在所需的侧面上指定点或[保留两个侧面(B)]<保留两个侧面>:	//选择长方体顶点 4

通过以上操作，得到如图 9-4b 所示的图形。

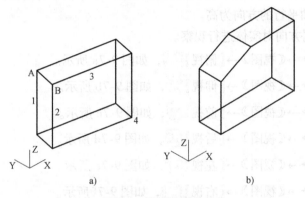

图 9-4 剖切长方体
a) 指定剖切位置 b) 剖切后的结果

第 4 步 创建 $50mm \times 25mm \times 15mm$ 的长方体。

单击《常用》→〖建模〗→[长方体]，操作步骤如下：

命令:_box	//调用"长方体"命令
指定第一个角点或[中心(C)]:	//选择图 9-4a 所示的顶点 4 为第一角点
指定其他角点或[立方体(C)/长度(L)]:l✓	//选择"长度"选项
指定长度:50✓	//光标移动至顶点 4 的左侧顶点，确定长度方向后指定长方体长度
指定宽度:25✓	//指定长方体的宽度
指定高度或[两点(2P)]:15✓	//指定长方体的高度

通过以上操作，得到如图 9-5 所示的图形。

231

第 5 步　将两个实体进行"并集"操作，使其成为一个整体，如图 9-6 所示。

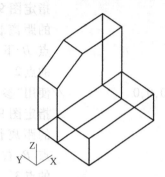
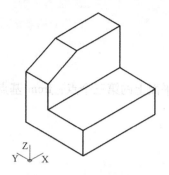

图 9-5　创建 50mm×25mm×15mm 的长方体　　　图 9-6　合并后的实体（隐藏视图）

 操作提示

AutoCAD 2013 中实体长、宽、高的定义规则是：与 X 轴平行的方向为长，与 Y 轴平行的方向为宽，与 Z 轴平行的方向为高。

第 6 步　从不同方向对实体进行观察。

1）单击《视图》→《视图》→〖俯视〗 ，如图 9-7a 所示。

2）单击《视图》→《视图》→〖仰视〗 ，如图 9-7b 所示。

3）单击《视图》→《视图》→〖前视〗 ，如图 9-7c 所示。

4）单击《视图》→《视图》→〖后视〗 ，如图 9-7d 所示。

5）单击《视图》→《视图》→〖左视〗 ，如图 9-7e 所示。

6）单击《视图》→《视图》→〖右视〗 ，如图 9-7f 所示。

7）单击《视图》→《视图》→〖西南等轴测〗 ，如图 9-7g 所示。

8）单击《视图》→《视图》→〖东南等轴测〗 ，如图 9-7h 所示。

9）单击《视图》→《视图》→〖东北等轴测〗 ，如图 9-7i 所示。

10）单击《视图》→《视图》→〖西北等轴测〗 ，如图 9-7j 所示。

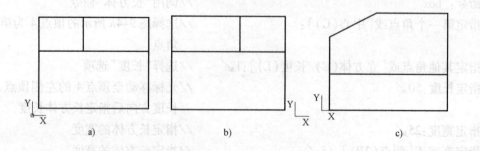

图 9-7　从不同方向观察实体
a）俯视　b）仰视　c）前视

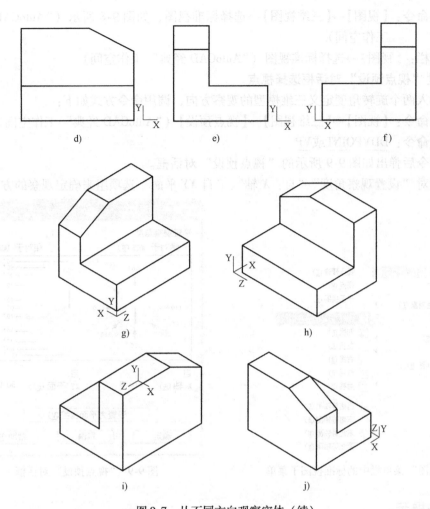

图 9-7 从不同方向观察实体（续）

d）后视 e）左视 f）右视 g）西南等轴测 h）东南等轴测 i）东北等轴测 j）西北等轴测

 经验之谈

为增强实体的立体效果，在观察时可将看不见的线条隐藏起来，单击《视图》→《视觉样式》→〖隐藏〗。如图 9-7g、h、i、j 所示实体即采用了该方式进行显示。

 知识链接

一、三维观察

1. 三维视图

快速设置观察方向的方法是选择预定义的标准正交视图和轴测视图，主要有俯视、仰视、左视、右视、前视、后视、西南等轴测、东南等轴测、东北等轴测和西北等轴测。调用命令的方式如下：

➢ 功能区：《视图》/《常用》→《视图》→在各个标准视图间切换

➢ 菜单命令：【视图】→【三维视图】→选择标准视图，如图 9-8 所示（"AutoCAD 经典"工作空间）

➢ 工具栏：〖视图〗→选择标准视图（"AutoCAD 经典"工作空间）

2. 通过"视点预设"对话框选择视点

通过输入两个旋转角度定义三维模型的观察方向，调用命令方式如下：

➢ 菜单命令：【视图】→【三维视图】→【视点预设】（"AutoCAD 经典"工作空间）

➢ 键盘命令：DDVPOINT或VP

调用命令后弹出如图 9-9 所示的"视点预设"对话框。

可通过对"设置观察角度""自：X 轴"、"自 XY 平面"选项组来确定观察的方向。

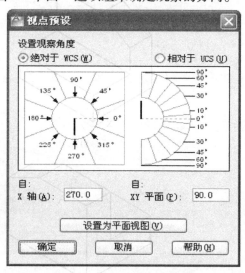

图 9-8 "视图"菜单栏中的标准视图子菜单　　　　　图 9-9 "视点预设"对话框

 操作提示

在默认情况下，观察角度是绝对于 WCS 坐标系的。选择"相对于 UCS"单选项，则可设置相对于 UCS 坐标系的观察角度。若单击〖设置为平面视图〗，则可设置为平面视图模式。

3. 使用罗盘确定视点

调用"视点"命令后通过输入一个点的坐标值可以定义三维模型的观察方向。"视点"命令将观察者置于空间中的一个指定点向原点方向观察三维模型，调用命令的方式如下：

➢ 菜单命令：【视图】→【三维视图】→【视点】（"AutoCAD 经典"工作空间）

➢ 键盘命令：VPOINT或 – VP

调用命令后显示坐标球和三轴架，如图 9-10 所示。三轴架的 3 个轴分别代表 X 轴、Y 轴和 Z 轴的正方向。当光标在坐标球范围内移动时，三维坐标系通过绕 Z 轴旋转可调整 X、Y 轴的方向。坐标球中心及两个同心圆可定义视点和目标点连线与 X、Y、Z 平面的角度。

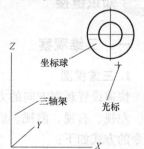

图 9-10 显示坐标球和三轴架

模块九

经验之谈

使用"视点"设置标准视图（机械制图规定）的视点坐标："0，1，0"表示俯视图；"0，0，1"代表主视图；"−1，0，0"代表左视图；"1，1，1"代表等轴测视图。

4. 使用三维导航工具进行观察

三维导航工具允许用户从不同的角度、高度和距离查看图形中的对象。用户可以使用以下三维工具在三维视图中进行动态观察、回旋、调整距离、缩放平移。

（1）受约束的动态观察　沿 XY 平面或 Z 轴约束三维动态观察。调用命令的方式如下：

➢ 功能区：◀视图▶→《导航》→〖动态观察〗 下拉箭头，选择各观察命令

➢ 菜单命令：【视图】→【动态观察】→【受约束的动态观察】（"AutoCAD 经典"工作空间）

➢ 键盘命令：3DORBIT

（2）自由动态观察　不参照平面，在任意方向上进行动态观察。沿 XY 平面和 Z 轴进行动态观察时，视点不受约束。

（3）连续动态观察　连续地进行动态观察。在要使用连续动态观察移动的方向上单击并拖动，然后释放鼠标按钮，轨道沿该方向继续移动，单击即可停止。

（4）SteeringWheels　调用 SteeringWheels 的方式如下：

➢ 功能区：◀视图▶→《导航》→〖SteeringWheels〗

➢ 菜单命令：【视图】→【SteeringWheels】（"AutoCAD 经典"工作空间）

➢ 键盘命令：NAVSWHEEL

SteeringWheels（也称控制盘）将多个常用导航工具结合到一个界面中，从而方便用户的使用，如图 9-11 所示。

SteeringWheels 上有不同的按钮可供使用，每个按钮代表一种导航工具，可以不同方式平移、缩放或操作模型的当前视图。用户可以通过单击控制盘上的一个按钮或单击并按住定点设备上的按钮来激活其中一种可用的导航工具。按住按钮后，在图形窗口上拖动，可以更改当前视图，松开按钮可返回至控制盘。

图 9-11　SteeringWheels 控制盘

二、用户坐标系

在 AutoCAD 2013 中，要创建和观察三维图形就一定要使用三维坐标系和三维坐标。为了便于绘制三维图形，AutoCAD 允许用户定义自己的坐标系，此类坐标系即为用户坐标系（UCS），大多数编辑命令取决于当前 UCS 的位置和方向。调用命令的方式如下：

➢ 功能区：◀视图▶→《坐标》→选择对应按钮，如图 9-12 所示

➢ 菜单命令：【工具】→【新建 UCS】（"AutoCAD 经典"工作空间）

图 9-12　"UCS"按钮

➤ 工具栏：〖UCS〗→按不同方式建立用户坐标系（"AutoCAD 经典"工作空间）

➤ 键盘命令：UCS

下面介绍创建 UCS 的几种常用方法。

1. 根据 3 点创建 UCS

单击◀视图▶→《坐标》→〖三点〗，操作步骤如下：

命令：_ucs	//调用"UCS"命令
当前 UCS 名称：*没有名称*	//系统提示
指定 UCS 的原点或[面(F)/命名(NA)/对象(OB)/上一个(P) /视图(V)/世界(W)/X/Y/Z/Z 轴(ZA)] <世界>：_3	//系统提示
指定新原点 <0,0,0>：	//选择图 9-13a 所示的顶点 1
在正 X 轴范围上指定点：	//选择图 9-13a 所示的棱边上一点 2，点 1 指向点 2 的方向即为 X 轴的正方向
在 UCS XY 平面的正 Y 轴范围上指定点：	//选择图 9-13a 所示的棱边上一点 3，点 1 指向点 3 的方向即为 Y 轴的正方

通过以上操作，结果如图 9-13a 所示。

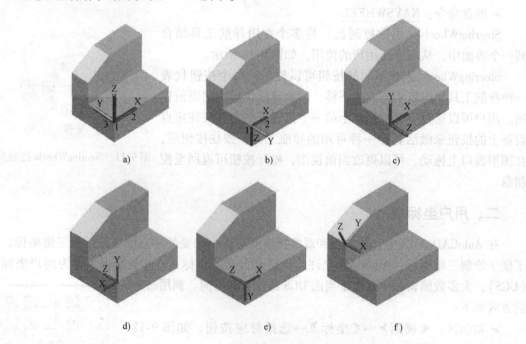

图 9-13　重新定义用户坐标系

a）根据 3 点创建 UCS　b）通过改变原坐标系原点位置创建新 UCS　c）绕 X 轴旋转当前 UCS
d）绕 Y 轴旋转当前 UCS　e）绕 Z 轴旋转当前 UCS　f）根据选择对象定义 UCS

模块九

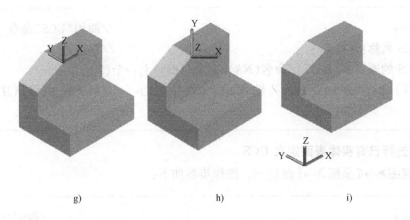

图 9-13 重新定义用户坐标系（续）

g）通过选择已有实体表面定义 UCS h）根据选择对象定义 UCS i）恢复到 WCS

2. 通过改变原坐标系原点位置创建新 UCS

单击◀视图▶→《坐标》→〖UCS〗 ⌐ ，操作步骤如下：

命令：_ucs	//调用"UCS"命令
当前 UCS 名称：＊世界＊	//系统提示
指定 UCS 的原点或［面(F)/命名(NA)/对象(OB)/上一个(P)	
/视图(V)/世界(W)/X/Y/Z/Z 轴(ZA)］＜世界＞：	//指顶点 1 为新原点
指定 X 轴上的点或＜接受＞：	//指定顶点 2 为 X 轴上的点
指定 XY 平面上的点或＜接受＞：↙	//按ENTER 键确定 UCS 位置

通过以上操作，结果如图 9-13b 所示。

3. 将原坐标系绕某一条坐标轴旋转一定的角度创建新 UCS

单击◀视图▶→《坐标》→〖UCS〗 ⌐ 下拉箭头，选择 ⌐ 或 ⌐ 或 ⌐ ，以绕 X 轴旋转当前 UCS 的操作步骤为例，过程如下：

命令：_ucs	//调用"UCS"命令
当前 UCS 名称：＊没有名称＊	//系统提示
指定 UCS 的原点或［面(F)/命名(NA)/对象(OB)/上一个(P)	
/视图(V)/世界(W)/X/Y/Z/Z 轴(ZA)］＜世界＞：_x	//系统提示
指定绕 X 轴的旋转角度 ＜90＞：	//将 UCS 绕 X 轴旋转 90°

通过以上操作，结果如图 9-13c 所示。如图 9-13d、e 所示分别为绕 Y、Z 轴旋转的结果。

4. 返回到前一个 UCS 设置

单击◀视图▶→《坐标》→〖上一个 UCS〗 ⌐ ，操作步骤如下：

命令:_ucs	//调用"UCS"命令
当前 UCS 名称: * 世界 *	//系统提示
指定 UCS 的原点或[面(F)/命名(NA)/对象(OB)/上一个(P)	
/视图(V)/世界(W)/X/Y/Z/Z 轴(ZA)] <世界>:_p	//系统提示,已恢复到上一个 UCS 状态

5. 通过选择已有实体表面定义 UCS

单击◀视图▶→《坐标》→〖面〗,操作步骤如下:

命令:_ucs	//调用"UCS"命令
当前 UCS 名称: * 没有名称 *	//系统提示
指定 UCS 的原点或[面(F)/命名(NA)/对象(OB)/上一个(P)	
/视图(V)/世界(W)/X/Y/Z/Z 轴(ZA)] <世界>:_fa	//系统提示
选择实体面、曲面或网格:	//选择图 9-13c 所示的斜面
输入选项[下一个(N)/X 轴反向(X)/Y 轴反向(Y)] <接受>:↙	//按ENTER 键接受当前的 UCS

通过以上操作,结果如图 9-13f 所示。

6. 根据选择对象定义 UCS

单击◀视图▶→《坐标》→〖对象〗,操作步骤如下:

命令:_ucs	//调用"UCS"命令
当前 UCS 名称: * 没有名称 *	//系统提示
指定 UCS 的原点或[面(F)/命名(NA)/对象(OB)/上一个(P)	
/视图(V)/世界(W)/X/Y/Z/Z 轴(ZA)] <世界>:_ob	//系统提示
选择对齐 UCS 的对象:	//选择图 9-13c 所示的组合体

通过以上操作,结果如图 9-13g 所示。

经验之谈

采用根据选择对象来定义 UCS 时,对于大多数对象,新 UCS 的原点位于离选定对象最近的顶点处,并且 X 轴与一条边对齐或相切。对于平面对象,UCS 的 XY 平面与该对象所在的平面对齐。对于复杂对象,将重新定位原点,但是轴的当前方向保持不变。

7. 根据视图定义 UCS

单击◀视图▶→《坐标》→〖对象〗,操作步骤如下:

命令:_ucs	//调用"UCS"命令

当前 UCS 名称：＊没有名称＊　　　　　　　　　　　　//系统提示
指定 UCS 的原点或［面(F)/命名(NA)/对象(OB)/
上一个(P)/视图(V)/世界(W)/X/Y/Z/Z 轴(ZA)]＜世界＞:_v //系统提示

通过以上操作，结果如图 9-13h 所示。

8. 恢复到 WCS

单击◀视图▶→《坐标》→〖对象〗，操作步骤如下：

命令:_ucs　　　　　　　　　　　　　　　　//调用"UCS"命令
当前 UCS 名称：＊没有名称＊　　　　　　　　　//系统提示
指定 UCS 的原点或［面(F)/命名(NA)/对象(OB)/上一个(P)
/视图(V)/世界(W)/X/Y/Z/Z 轴(ZA)]＜世界＞:w　　//系统提示,UCS 已与 WCS
　　　　　　　　　　　　　　　　　　　　　　重合

通过以上操作，结果如图 9-13i 所示。

9. 柱坐标

柱坐标使用 XY 平面的角和沿 Z 的距离表示，如图 9-14 所示。其格式如下：

(1) 绝对坐标　XY 平面距离 $＜XY$ 平面角度，Z 坐标。

(2) 相对坐标　@XY 平面距离 $＜XY$ 平面角度，Z 坐标。

10. 球坐标

球坐标系具有 3 个参数：点到原点的距离、在 XY 平面上的的角度和 XY 平面的夹角，如图 9-15 所示。其格式如下：

(1) 绝对坐标　XYZ 距离 $＜XY$ 平面角度 $＜XY$ 平面的夹角。

(2) 相对坐标　@XYZ 距离 $＜XY$ 平面角度 $＜XY$ 平面的夹角。

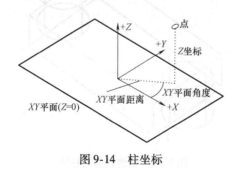

图 9-14　柱坐标　　　　　　　　　　　图 9-15　球坐标

任务二　创建基本几何体

任务分析

图 9-16 所示为长方体、圆柱体等组合而成的三维组合体，调用"长方体""圆柱体"

等命令可完成该图形的绘制。

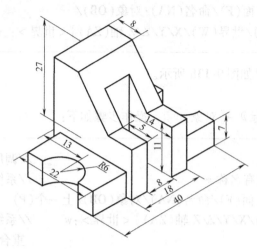

图 9-16 三维组合体

 任务实施

第 1 步 单击◀视图▶→《视图》→〖西南等轴测〗，将观察方向设置为轴测观察方向。

第 2 步 创建如图 9-17 所示的底部长方体。

单击◀常用▶→《建模》→〖长方体〗，创建一个 40mm × 22mm × 7mm 的长方体。

第 3 步 创建如图 9-18 所示底部的两个圆柱体。

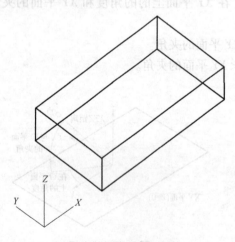

图 9-17 创建底部长方体

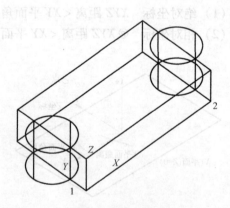

图 9-18 创建底部圆柱体

单击◀常用▶→《建模》→〖长方体〗旁的下拉箭头，选择〖圆柱体〗，操作步骤如下：

命令:_cylinder   //调用"圆柱体"命令
指定底面的中心点或[三点(3P)/两点(2P)
/切点、切点、半径(T)/椭圆(E)]:   //指定长方体的棱边 1 的中点

240

模块九

	为底面中心
指定底面半径或[直径(D)]:6✓	//指定左侧圆柱体的底面半径
指定高度或[两点(2P)/轴端点(A)]<15.0000>:7✓	//指定左侧圆柱体的高度
命令:_cylinder	//按ENTER键,重复调用"圆柱体"命令
指定底面的中心点或[三点(3P)/两点(2P)/切点、切点、半径(T)/椭圆(E)]:	//指定长方体的棱边2的中点为底面中心
指定底面半径或[直径(D)]<6.0000>:✓	//指定右侧圆柱体的底面直径
指定高度或[两点(2P)/轴端点(A)]<7.0000>:✓	//指定右侧圆柱体的高度

第4步 利用布尔差集运算,将两圆柱体从底部长方体中减去,如图9-19所示。

第5步 创建如图9-20所示的长方体。

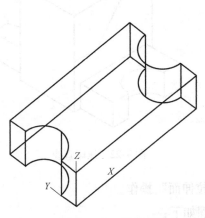

图9-19 经布尔差集运算得到的组合体

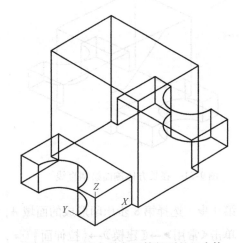

图9-20 经布尔并集运算得到的组合体

单击《常用》→《建模》→〖长方体〗▣,操作步骤如下:

命令:_box	//调用"长方体"命令
指定第一个角点或[中心(C)]:11,-2✓	//使用坐标指定长方体的角点
指定其他角点或[立方体(C)/长度(L)]:@18,26✓	//指定底面长方形对角点
指定高度或[两点(2P)]:27✓	//指定长方体的高度

第6步 利用布尔并集运算,将两个长方体合并,如图9-20所示。

第7步 将UCS绕Y轴旋转90°,在18mm×26mm×27mm的长方体侧面绘制如图9-21所示的两条直线。

第8步 将两条直线进行压印。

单击《常用》→《实体编辑》→〖提取边〗▣旁的下拉箭头,选择〖压印〗◣,操作步骤如下:

命令：_imprint	//调用"压印"命令
选择三维实体：	//选择 18mm×26mm×27mm 的长方体
选择要压印的对象：	//选择上述步骤绘制的一条直线
是否删除源对象[是(Y)/否(N)] <N>:y✓	//按ENTER键，删除源对象
选择要压印的对象：	//选择上述步骤绘制的另一条直线
是否删除源对象[是(Y)/否(N)] <N>:y✓	//按ENTER键，删除源对象
选择要压印的对象：*取消*	//按ESC键，取消命令

通过以上操作，得到如图 9-22 所示图形。

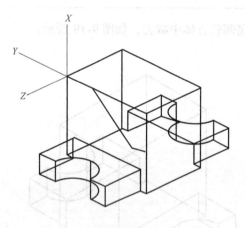

图 9-21　在长方体侧面绘制直线

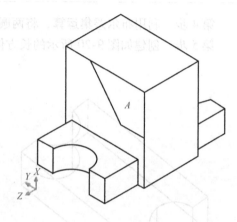

图 9-22　压印直线

第 9 步　选择第 8 步压印形成的面域 A，调用"拉伸面"操作。

单击◀常用▶→《建模》→〖拉伸面〗▦，操作步骤如下：

命令：_solidedit	//调用"拉伸面"命令
实体编辑自动检查：　SOLIDCHECK =1	
输入实体编辑选项[面(F)/边(E)/体(B)/放弃(U)/退出(X)] <退出>:_face	
输入面编辑选项[拉伸(E)/移动(M)/旋转(R)/偏移(O)/倾斜(T)/删除(D)/复制(C)/颜色(L)/材质(A)/放弃(U)/退出(X)] <退出>:	
_extrude	//系统提示
选择面或[放弃(U)/删除(R)]:找到一个面。	//选择图 9-22 中的面域 A
选择面或[放弃(U)/删除(R)/全部(ALL)]:✓	//按ENTER键结束对象选择
指定拉伸高度或[路径(P)]:−18✓	//指定拉伸高度
指定拉伸的倾斜角度 <0>:✓	//指定拉伸角度为默认值

已开始实体校验。

已完成实体校验。

输入面编辑选项[拉伸(E)/移动(M)/旋转(R)/偏移(O)/倾
斜(T)/删除(D)/复制(C)/颜色(L)/材质(A)/放弃(U)/退
出(X)] <退出>:*取消*　　　　　　　　　　//按ESC键,取消命令

通过以上操作,得到如图9-23所示图形。

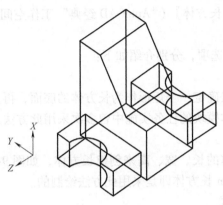

图9-23 拉伸面

第10步 绘制如图9-24所示的8mm×14mm×27mm的长方体。

单击‹常用›→《建模》→[长方体]，操作步骤如下：

命令:_box　　　　　　　　　　　　　//调用"长方体"命令
指定第一个角点或[中心(C)]:5,0↙　　　//使用坐标指定长方体的角点
指定其他角点或[立方体(C)/长度(L)]:@8,14↙ //指定底面长方形对角点
指定高度或[两点(2P)]:27↙　　　　　　//指定长方体的高度

第11步 将第10步绘制的长方体与18mm×26mm×27mm的长方体进行布尔差集运算，得到如图9-25所示图形。

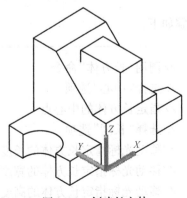

图9-24 创建长方体

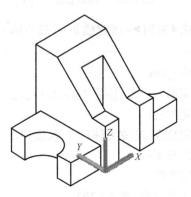

图9-25 完成三维图

知识链接

一、长方体

"长方体"命令用于创建长方体或立方体。调用命令的方式如下：

➤ 功能区：◀常用▶→《建模》→〖长方体〗▭

➤ 菜单命令：【绘图】→【建模】→【长方体】（"AutoCAD 经典"工作空间）

➤ 工具栏：〖建模〗→〖长方体〗（"AutoCAD 经典"工作空间）

➤ 键盘命令：BOX

"长方体"命令有 4 个选项，分别介绍如下：

1. "指定角点"方式

该方式先指定两个角点确定一个矩形作为长方体的底面，再指定高度以创建长方体。这是最常用的一种方式，在本模块的任务实施中曾多次采用此方法来绘制长方体。

2. "指定长度"方式

该方式通过指定长方体的长、宽、高来创建长方体，如图 9-26 所示，在任务一任务实施中，50mm×25mm×15mm 长方体即是采用此方法绘制的。

3. "指定中心点"方式

该方式先指定长方体的中心，再指定角点和高度（或再指定长、宽、高）以创建长方体，如图 9-27 所示。

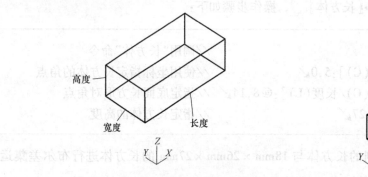

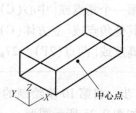

图 9-26　"指定长度"方式　　　　　　　图 9-27　"指定中心点"方式

单击◀常用▶→《建模》→〖长方体〗▭，操作步骤如下：

命令:_box	//调用"长方体"命令
指定第一个角点或[中心(C)]:c↵	//选择"中心"选项
指定中心:	//指定长方体的中心点
指定角点或[立方体(C)/长度(L)]:l↵	//选择"长度"选项
指定长度:	//移动光标指定长方体的长度
指定宽度:	//移动光标指定长方体的宽度
指定高度或[两点(2P)]:	//移动光标指定长方体的高度

模块九

4. 创建立方体

创建长方体时选择"立方体"选项，可创建一个长、宽、高相等的长方体（立方体）。

单击‹常用›→《建模》→〖长方体〗，操作步骤如下：

命令：_box　　　　　　　　　　　　　　//调用"长方体"命令
指定第一个角点或[中心(C)]：　　　　　　//输入长方体的第1角点
指定其他角点或[立方体(C)/长度(L)]:c↙　//选择"立方体"选项
指定长度：　　　　　　　　　　　　　　//移动光标指定立方体的边长

通过以上操作，得到如图9-28所示的图形。

二、圆柱体

"圆柱体"命令用于创建圆柱体，调用命令的方式如下：

➢ 功能区：‹常用›→《建模》→〖圆柱体〗

➢ 菜单命令：【绘图】→【建模】→【圆柱体】（"AutoCAD 经典"工作空间）

➢ 工具栏：〖建模〗→〖圆柱体〗 （"AutoCAD 经典"工作空间）

➢ 键盘命令：CYLINDER

"圆柱体"命令可创建两种不同形式的圆柱体，分别介绍如下：　　图9-28　创建立方体

1. 以圆为底面创建圆柱体

该方式通过指定圆柱直径及高度创建圆柱体。任务实施中的圆柱体即是采用此方法绘制的。

2. 以椭圆为底面创建椭圆柱体

该方式通过先创建一椭圆再指定高度的方法创建椭圆柱体。

单击‹常用›→《建模》→〖圆柱体〗 ，操作步骤如下：

命令：_cylinder　　　　　　　　　　　　　　　　　//调用"圆柱体"命令
指定底面的中心点或
[三点(3P)/两点(2P)/切点、切点、半径(T)/椭圆(E)]:e↙　//选择"椭圆"选项
指定第一个轴的端点或[中心(C)]：　　　　　　　　//指定底面椭圆的一个
　　　　　　　　　　　　　　　　　　　　　　　　　轴端点
指定第一个轴的其他端点：　　　　　　　　　　　　//指定底面椭圆的一个
　　　　　　　　　　　　　　　　　　　　　　　　　轴的另一端点
指定第二个轴的端点：　　　　　　　　　　　　　　//指定第二轴的端点
指定高度或[两点(2P)/轴端点(A)]：　　　　　　　　//指定椭圆柱体的高度

通过以上操作，得到如图9-29所示的图形。

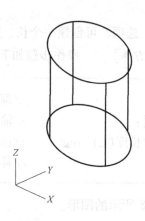

图 9-29　椭圆柱体

 操作提示

"椭圆"选项用于创建椭圆柱体模型。与圆柱体模型一样，椭圆柱体的底面与当前坐标系的 *XY* 平面平行。

三、圆锥体

"圆锥体"命令可以圆或椭圆为底面，创建圆锥体或圆台。默认情况下，圆锥体的底面位于当前 UCS 的 *XY* 平面上，圆锥体的高度与 *Z* 轴平行。调用命令的方式如下：

➤ 功能区：◄常用►→《建模》→〖圆锥体〗

➤ 菜单命令：【绘图】→【建模】→【圆锥体】（"AutoCAD 经典"工作空间）

➤ 工具栏：〖建模〗→〖圆锥体〗（"AutoCAD 经典"工作空间）

➤ 键盘命令：CONE

要创建圆台可调用"圆锥体"命令，单击◄常用►→《建模》→〖圆锥体〗，操作步骤如下：

命令:_cone	//调用"圆锥体"命令
指定底面的中心点或[三点(3P)/两点(2P)/切点、切点、	
半径(T)/椭圆(E)]:	//指定圆台的底面圆心
指定底面半径或[直径(D)]:	//移动光标指定圆台的底面
	圆半径
指定高度或[两点(2P)/轴端点(A)/顶面半径(T)]:t↙	//选择"顶面半径"选项
指定顶面半径<0.0000>:	//移动光标指定圆台顶面
	半径
指定高度或[两点(2P)/轴端点(A)]:	//移动光标指定圆台高度

通过以上操作，得到如图 9-30 所示的图形。

四、楔体

"楔体"命令可以创建 5 面的三维实体，楔体的底面与当前 UCS 的 XY 平面平行，斜面正对第一个角点，楔体的高度与 Z 轴平行，如图 9-31 所示。调用命令的方式如下：

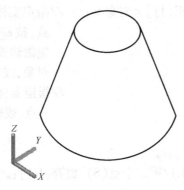

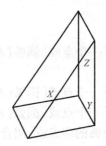

图 9-30　圆台 　　　　　　　　　　　　　　图 9-31　楔体的底面与 XY 平面平行，
楔体的高度与 Z 轴平行

> 功能区：＜常用＞→《建模》→〖楔体〗◣
> 菜单命令：【绘图】→【建模】→【楔体】（"AutoCAD 经典"工作空间）
> 工具栏：〖建模〗→〖楔体〗◣（"AutoCAD 经典"工作空间）
> 键盘命令：WEDGE

单击＜常用＞→《建模》→〖楔体〗◣，操作步骤如下：

命令:_wedge　　　　　　　　　　　　　//调用"楔形"命令
指定第一个角点或[中心(C)]：　　　　　//指定底面第一点
指定其他角点或[立方体(C)/长度(L)]：　//指定底面另一点
指定高度或[两点(2P)]＜0.7733＞：　　　//移动鼠标指定高度

通过以上操作，得到如图 9-31 所示的图形。

五、多段体

"多段体"命令用于创建多段体，在创建多段体时，不仅可以设置多段体的截面宽度，还可以设置多段体的高度。调用命令的方式如下：

> 功能区：＜常用＞→《建模》→〖多段体〗🗗
> 　　　　　或＜实体＞→《图元》→〖多段体〗🗗
> 菜单命令：【绘图】→【建模】→【多段体】（"AutoCAD 经典"工作空间）
> 工具栏：〖建模〗→〖多段体〗🗗（"AutoCAD 经典"工作空间）
> 键盘命令：POLYSOLID

要创建如图 9-32 所示的多段体，可调用"多段体"命令。单击＜常用＞→《建模》→

〖多段体〗，操作步骤如下：

命令:-_POLYSOLID   //调用"多段体"命令
高度 = 80.0000,宽度 = 5.0000,对正 = 居中
指定起点或[对象(O)/高度(H)/宽度(W)/对正(J)]<对象>：   //指定实体轮廓的起
                                                        点,按ENTER键指
                                                        定需转换为实体的
                                                        对象,或输入选项
指定下一个点或[圆弧(A)/放弃(U)]：   //指定实体轮廓的下
                                                        一点,或输入选项
指定下一个点或[圆弧(A)/放弃(U)]：
指定下一个点或[圆弧(A)/闭合(C)/放弃(U)]:a↙
指定圆弧的端点或[闭合(C)/方向(D)/直线(L)/第二个点(S)/放弃(U)]:↙

通过以上操作，得到如图 9-32 所示的图形。

"多段体"命令有 3 个选项，分别介绍如下：

1. 对象

指定要转换为实体的对象，可以转换直线、圆弧、二维多段线、圆。

2. 高度

指定实体的高度。

3. 宽度

指定实体的宽度。

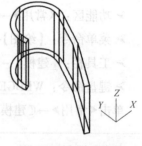

图 9-32 创建多段体

 操作提示

使用"多段体"命令中的"对象"选项，还可以将直线、圆弧、矩形，以及圆等二维对象直接转换为二维实体。

六、螺旋

"螺旋"命令可创建二维螺旋或三维螺旋线，该螺旋线可作为扫掠的路径，用于创建弹簧。调用命令的方式如下：

➢ 功能区：＜常用＞→《绘图》→〖螺旋〗

➢ 菜单命令：【绘图】→【螺旋】（"AutoCAD 经典" 工作空间）

➢ 工具栏：〖绘图〗→〖螺旋〗 （"AutoCAD 经典" 工作空间）

➢ 键盘命令：HELIE

单击＜常用＞→《绘图》→〖螺旋〗 ，操作步骤如下：

命令:_Helix   //调用"螺旋"命令
圈数 = 3.0000   扭曲 = CCW   //系统提示

模块九

指定底面的中心点：	//指定底面中心
指定底面半径或[直径(D)]<2.1301>:30	//指定底面半径
指定顶面半径或[直径(D)]<30.0000>:15	//指定顶面半径
指定螺旋高度或[轴端点(A)/圈数(T)/圈高(H)/ 扭曲(W)]<3.5490>:t↙	//设置圈数
输入圈数<3.0000>:8↙	//输入圈数值
指定螺旋高度或[轴端点(A)/圈数(T)/圈高(H)/ 扭曲(W)]<3.5490>:20↙	//输入螺旋高度

通过以上操作，得到如图 9-33 所示的图形。

图 9-33 创建螺旋

任务三 创建三维实体

 任务分析

如图 9-34 所示的图形由长方体、半圆柱体、圆柱体等组成，调用"拉伸""旋转"等命令可完成该图形的绘制。

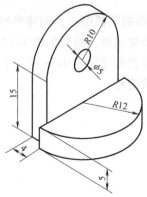

图 9-34 三维实体

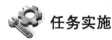 任务实施

第1步 单击◀视图▶→《视图》→〖西南等轴测〗，将观察方向设置为西南等轴测方向。

第2步 创建如图 9-35 所示的平面图形并创建面域。

第3步　将第2步所绘制的面域拉伸。

单击≮常用≯→《建模》→〖拉伸〗，操作步骤如下：

命令:_extrude	//调用"拉伸"命令
当前线框密度：　ISOLINES = 4,闭合轮廓创建模式 ＝ 实体	//系统提示
选择要拉伸的对象或［模式（MO）］:_MO 闭合轮廓创建模 式［实体（SO）/曲面（SU）］＜实体＞:_SO✓	
选择要拉伸的对象或［模式（MO）］:找到 1 个	//选择如图 9-35 所示的 面域
选择要拉伸的对象或［模式（MO）］:✓	//按ENTER 键结束对象 的选择
指定拉伸的高度或［方向（D）/路径（P）/ 倾斜角（T）/表达式（E）］＜0.0000＞:4✓	//指定拉伸高度

通过以上操作，得到如图 9-36 所示的三维实体。

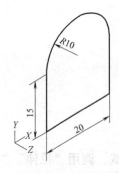

图 9-35　用于拉伸的平面图形

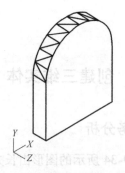

图 9-36　将平面图形拉伸为三维实体

第4步　捕捉图 9-36 所示图形的圆弧圆心，创建半径为 R5mm、高为 10mm 的圆柱体，并与第3步创建的实体进行布尔差集运算，得到如图 9-37 所示图形。

第5步　在三维实体的中心位置创建如图 9-38 所示 12mm × 5mm 的矩形并转换为面域。

第6步　将第5步所绘的面域旋转。

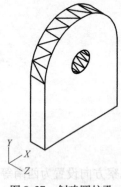

图 9-37　创建圆柱孔

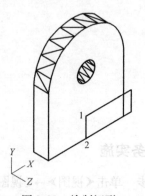

图 9-38　绘制矩形

单击◀常用▶→《建模》→〖旋转〗，操作步骤如下：

命令：_revolve	//调用"旋转"命令
当前线框密度：ISOLINES=4,闭合轮廓创建模式 = 实体	//系统提示
选择要旋转的对象或[模式(MO)]:_MO 闭合轮廓创建模	
式[实体(SO)/曲面(SU)]<实体>:_SO	
选择要旋转的对象或[模式(MO)]:找到 1 个	//选择如图9-38所示的平面图形
选择要旋转的对象或[模式(MO)]:↙	
指定轴起点或根据以下选项之一定义轴[对象(O)/X/Y/Z]<对象>:	//选择点 1 为旋转轴的一个端点
指定轴端点：	//选择点 2 为旋转轴的另一个端点
指定旋转角度或[起点角度(ST)/反转(R)/ 表达式(EX)]<360>:180↙	//指定旋转角度值

通过以上操作，得到一个半圆柱体，经过布尔并集运算后如图 9-34 所示。

第 7 步　保存图形文件。

 知识链接

一、拉伸

"拉伸"命令可通过沿指定的方向将对象拉伸指定距离来创建三维实体或曲面。调用命令的方式如下：

➢ 功能区：◀常用▶→《建模》→〖拉伸〗

➢ 菜单命令：【绘图】→【建模】→【拉伸】（"AutoCAD 经典"工作空间）

➢ 工具栏：〖建模〗→〖拉伸〗（"AutoCAD 经典"工作空间）

➢ 键盘命令：EXTRUDE 或EXT

如果拉伸闭合对象，则生成的对象为实体；如果拉伸开放对象，则生成的对象为曲面。

"拉伸"命令有 4 种形式，分别介绍如下：

1. 按指定高度拉伸封闭对象

单击◀常用▶→《建模》→〖拉伸〗，操作步骤如下：

命令：_extrude	//调用"拉伸"命令
当前线框密度：ISOLINES=4,闭合轮廓创建模式 = 实体	//系统提示
选择要拉伸的对象或[模式(MO)]:_MO 闭合轮廓创建模	
式[实体(SO)/曲面(SU)]<实体>:_SO	
选择要拉伸的对象或[模式(MO)]:找到 1 个	//选择如图 9-39 所示的

模块九

选择要拉伸的对象或[模式(MO)]:✓   面域
                                          //结束选择拉伸对象的
                                          选择
指定拉伸的高度或[方向(D)/路径(P)/
倾斜角(T)/表达式(E)] <0.0000>:30✓   //指定拉伸高度

通过以上操作,得到如图9-40所示的图形。

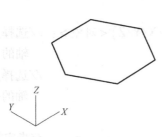

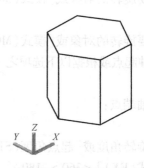

图9-39　选择拉伸对象 　　　　　　　　　　图9-40　拉伸的结果

2. 按方向拉伸开放对象
单击◀常用▶→《建模》→〖拉伸〗,操作步骤如下:

命令:_extrude   //调用"拉伸"命令
当前线框密度:　ISOLINES=4,闭合轮廓创建
模式 = 实体   //系统提示
选择要拉伸的对象或[模式(MO)]:_MO 闭合轮
廓创建模式[实体(SO)/曲面(SU)] <实体>:_SO
选择要拉伸的对象或[模式(MO)]:找到1个   //选择如图9-41所示的开放线A
选择要拉伸的对象或[模式(MO)]:✓   //按ENTER键结束选择
指定拉伸的高度或[方向(D)/路径(P)/倾斜角(T)/
表达式(E)] <-2.1649>:d✓   //按"方向"方式拉伸曲面
指定方向的起点: //指定线条的端点1
指定方向的端点: //指定线条的端点2

通过以上操作,得到如图9-42所示的图形。

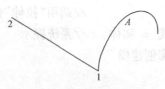

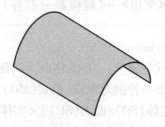

图9-41　选择拉伸对象及方向 　　　　　　　图9-42　拉伸结果

模块九

经验之谈

调用"扫掠"命令，也能实现按方向拉伸的功能。

3. 按路径拉伸封闭对象

单击‹常用›→《建模》→〖拉伸〗，操作步骤如下：

命令：_extrude　　　　　　　　　　　　　　　//调用"拉伸"命令
当前线框密度：　ISOLINES＝4，闭合轮廓创建
模式　＝　实体　　　　　　　　　　　　　　//系统提示
选择要拉伸的对象或［模式（MO）］：_MO 闭合轮
廓创建模式［实体（SO）/曲面（SU）］＜实体＞：_SO
选择要拉伸的对象或［模式（MO）］：找到 1 个　　//选择如图 9-43 所示的圆 1
选择要拉伸的对象或［模式（MO）］：✓　　　　//按ENTER键结束选择
指定拉伸的高度或［方向（D）/路径（P）/倾斜角（T）/
表达式（E）］＜-2.1649＞：p✓　　　　　　　//按路径方式拉伸实体
选择拉伸路径或［倾斜角（T）］：　　　　　　//选择图 9-43 所示的曲线 2

通过以上操作，得到如图 9-44 所示的图形。

图 9-43　选择拉伸对象及路径

图 9-44　拉伸结果

 操作提示

沿路径拉伸对象时，路径不能与拉伸对象处于同一平面。"路径"选项可以将闭合的二维图形或面域按照指定的直线或曲线路径进行拉伸放样，生成复杂的三维实体。

4. 按倾斜角拉伸封闭对象

单击‹常用›→《建模》→〖拉伸〗，操作步骤如下：

命令：_extrude　　　　　　　　　　　　　　//调用"拉伸"命令
当前线框密度：　ISOLINES＝4，闭合轮廓创建
模式　＝　实体　　　　　　　　　　　　　　//系统提示
选择要拉伸的对象或［模式（MO）］：_MO 闭合轮

廓创建模式[实体(SO)/曲面(SU)] <实体>:_SO

选择要拉伸的对象或[模式(MO)]:找到 1 个 　　　　//选择如图 9-45 所示的三角形

　　　　　　　　　　　　　　　　　　　　　　　　　线框

选择要拉伸的对象或[模式(MO)]: ↙ 　　　　//按ENTER键结束选择

指定拉伸的高度或[方向(D)/路径(P)/倾斜角(T)/

表达式(E)] < −2.1649 >:t ↙ 　　　　//按倾斜角方式拉伸实体

指定拉伸的倾斜角度或[表达式(E)] <60 >:30↙ 　　　　//输入倾斜角度

指定拉伸的高度或[方向(D)/路径(P)/倾斜角(T)

/表达式(E)]:30↙ 　　　　//输入拉伸高度值

通过以上操作,得到如图 9-46 所示的图形。

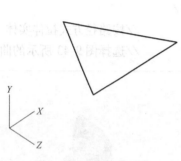
图 9-45　选择拉伸对象

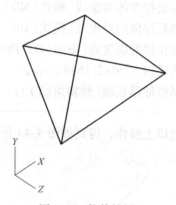
图 9-46　拉伸结果

 操作提示

"倾斜角"选项可以在拉伸实体的过程中,将实体进行一定角度的倾斜。

二、旋转

"旋转"命令可通过绕轴旋转二维对象来创建三维实体或曲面。扫掠命令可生成实体。调用命令的方式如下:

➤ 功能区:◀常用▶→《建模》→〖旋转〗

➤ 菜单命令:【绘图】→【建模】→【旋转】("AutoCAD 经典"工作空间)

➤ 工具栏:〖建模〗→〖旋转〗 ("AutoCAD 经典"工作空间)

➤ 键盘命令:REVOLVE

调用"旋转"命令时,如果旋转闭合对象,则生成实体。如果旋转开放对象,则生成曲面。该命令一次可以旋转多个对象。任务实施中的半圆台即是使用此方法创建的。

三、扫掠

"扫掠"命令可通过沿路径扫掠二维或三维曲线来创建三维实体曲面,扫掠对象会自动与路径对齐。调用命令的方式如下:

➤ 功能区：《常用》→《建模》→〖扫掠〗

➤ 菜单命令：【绘图】→【建模】→【扫掠】（"AutoCAD 经典"工作空间）

➤ 工具栏：〖建模〗→〖扫掠〗 🗁（"AutoCAD 经典"工作空间）

➤ 键盘命令：SWEEP

单击《常用》→《建模》→〖扫掠〗 🗁，操作步骤如下：

命令：_sweep	//调用"扫掠"命令
当前线框密度：ISOLINES = 4,闭合轮廓创建模 式 = 实体	//系统提示
选择要扫掠的对象或[模式(MO)]:_MO 闭合轮 廓创建模式[实体(SO)/曲面(SU)] <实体 >:_SO	
选择要扫掠的对象或[模式(MO)]:找到 1 个	//选择如图 9-47 所示的线 框 4
选择要扫掠的对象或[模式(MO)]:↙	//按 ENTER 键结束选择
选择扫掠路径或[对齐(A)/基点(B)/比例(S)/扭曲(T)]:	//选择如图 9-47 所示的路 径 1
命令：_sweep	//调用"扫掠"命令
当前线框密度：ISOLINES = 4,闭合轮廓创建模 式 = 实体	//系统提示
选择要扫掠的对象或[模式(MO)]:_MO 闭合轮 廓创建模式[实体(SO)/曲面(SU)] <实体 >:_SO	
选择要扫掠的对象或[模式(MO)]:找到 1 个	//选择如图 9-47 所示的 圆 3
选择要扫掠的对象或[模式(MO)]:↙	//按 ENTER 键结束选择
选择扫掠路径或[对齐(A)/基点(B)/比例(S)/扭曲(T)]:	//选择如图 9-47 所示的路 径 2

通过以上操作，得到如图 9-48 所示的图形。

"扫掠"命令各选项的含义介绍如下：

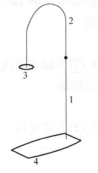

图 9-47　扫掠的对象及路径

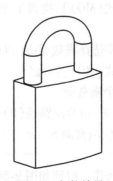

图 9-48　扫掠结果

255

（1）模式　控制扫掠动作是创建实体还是创建曲面。

（2）对齐　当轮廓与扫掠路径不在同一平面上时，通过该选项指定轮廓与扫掠路径对齐的方式。

（3）基点　指定要扫掠对象的基点。

（4）比例　指定从开始扫掠到结束扫掠将更改对象大小的值。

（5）扭曲　设置正被扫掠对象的扭曲角度。扭曲角度指沿扫掠路径全部长度的旋转量。

四、放样

"放样"命令是通过在数个横截面之间的空间创建三维曲面，放样横截面可以是开放或闭合的平面或非平面，也可以是边子对象，"放样"命令可生成实体。调用命令的方式如下：

➢ 功能区：◀常用▶→《建模》→〖放样〗

➢ 菜单命令：【绘图】→【建模】→【放样】（"AutoCAD 经典"工作空间）

➢ 工具栏：〖建模〗→〖放样〗（"AutoCAD 经典"工作空间）

➢ 键盘命令：LOFT

单击◀常用▶→《建模》→〖放样〗，操作步骤如下：

命令：_loft　　　　　　　　　　　　//调用"放样"命令
当前线框密度：ISOLINES=4,闭合轮廓创
建模式=实体　　　　　　　　　　　//系统提示
按放样次序选择横截面或[点(PO)/合并多
条边(J)/模式(MO)]:_MO 闭合轮廓创建模
式[实体(SO)/曲面(SU)]<实体>:_SO
按放样次序选择横截面或[点(PO)/合并多
条边(J)/模式(MO)]:找到1个　　　　//选择如图9-49所示图形上方的八
　　　　　　　　　　　　　　　　　　边形
按放样次序选择横截面或[点(PO)/合并多
条边(J)/模式(MO)]:找到1个,总计2个　//选择如图9-49所示图形中间的圆
按放样次序选择横截面或[点(PO)/合并多条
边(J)/模式(MO)]:找到1个,总计3个　//选择如图9-49所示图形下方的
　　　　　　　　　　　　　　　　　　大圆
按放样次序选择横截面或[点(PO)/合并多条
边(J)/模式(MO)]:↙　　　　　　　　//按ENTER键结束选择
选中了3个横截面　　　　　　　　　//系统提示
输入选项[导向(G)/路径(P)/仅横截面(C)/设
置(S)]<仅横截面>:↙　　　　　　　//按ENTER键确认

通过以上操作，得到如图9-50所示的图形。

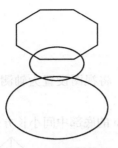

图 9-49　放样横截面　　　　　　　　　图 9-50　放样创建实体

 操作提示

　　系统默认情况下，调用"放样"命令创建的是三维实体模型，通过选择模式中的"曲面（SU）"可以创建一个如图 9-51 所示的三维曲面模型。

　　"放样"命令各选项的含义介绍如下：

　　（1）导向　指定控制放样实体或曲面形状的导向曲线。用户可以使用导向曲线来控制点如何匹配相应的横截面，以防止出现不希望看到的效果，如结果实体或曲面中的皱褶。

　　（2）路径　指定放样实体或曲面的单一路径。路径曲线必须与横截面的所有平面相交。

　　（3）仅横截面　在不使用导向或路径的情况下，创建放样对象。

图 9-51　放样创建曲面

　　（4）设置　显示"放样设置"对话框，在此对话框中可以设置其他相关选项。

任务四　三维实体的编辑

 任务分析

　　如图 9-52 所示的图形主要由长方体、圆柱体等组成，调用"三维阵列""圆角边"等

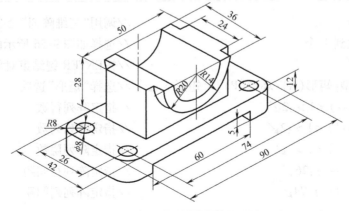

图 9-52　三维实体

257

命令可完成该图形的绘制。

 任务实施

第1步　单击◀视图▶→《视图》→〖西南等轴测〗，将视图设置为轴测方向，绘制如图9-53所示的90mm×42mm×12mm的底部大长方体。

第2步　绘制如图9-54所示的60mm×40mm×5mm的底部中间小长方体。

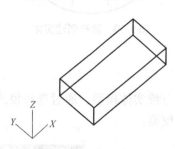

图9-53　创建底部大长方体

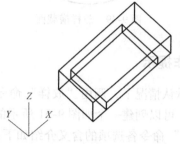

图9-54　创建底部中间小长方体

第3步　利用布尔差集运算，将底部中间小长方体从底部大长方体中减去，如图9-55所示。

第4步　创建 ϕ8mm×20mm的圆柱体，定位到合适位置，如图9-56所示，并应用"三维阵列"命令创建另3个圆柱体。

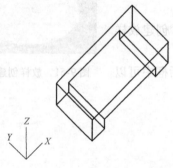

图9-55　绘制下方方槽

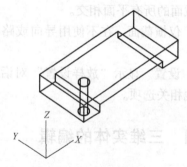

图9-56　创建圆柱体

单击【修改】→【三维操作】→【三维阵列】，操作步骤如下：

命令：_3array	//调用"三维阵列"命令
选择对象：找到1个	//选择如图9-56所示的圆柱体
选择对象：↙	//按ENTER键结束对象的选择
输入阵列类型[矩形(R)/环形(P)] <矩形>：↙	//选择"矩形"选项
输入行数（---）<1>：2↙	//指定阵列行数
输入列数（|||）<1>：2↙	//指定阵列列数
输入层数（...）<1>：↙	//指定阵列层数
指定行间距（---）：26↙	//指定阵列行间距
指定列间距（|||）：74↙	//指定阵列列间距

通过以上操作，得到如图 9-57 所示的图形。

第 5 步 利用布尔差集运算完成图形的绘制，得到如图 9-58 所示的图形。

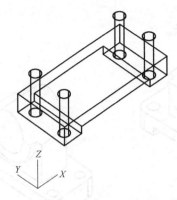

图 9-57 使用"三维阵列"复制图形

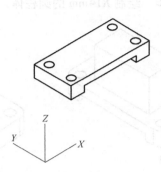

图 9-58 绘制 4 个孔

第 6 步 对上述步骤创建的组合体进行倒圆角操作。

单击〈实体〉→《实体编辑》→〖圆角边〗，操作步骤如下：

命令：_FILLETEDGE	//调用"圆角边"命令
半径 = 1.0000	//系统提示
选择边或［链（C）/环（L）/半径（R）］：r↙	//选择圆角半径
输入圆角半径或［表达式（E）］＜1.0000＞:8↙	//指定圆角半径
选择边或［链（C）/环（L）/半径（R）］：	//选择图 9-59a 所示的棱边 1
选择边或［链（C）/环（L）/半径（R）］：	//选择图 9-59a 所示的棱边 2
选择边或［链（C）/环（L）/半径（R）］：	//选择图 9-59a 所示的棱边 3
选择边或［链（C）/环（L）/半径（R）］：	//选择图 9-59a 所示的棱边 4
选择边或［链（C）/环（L）/半径（R）］：	//结束选择
已选定 4 个边用于圆角。	
按 ENTER 键接受圆角或［半径（R）］：↙	//按 ENTER 键确认圆角半径

通过以上操作，得到如图 9-59b 所示的图形。

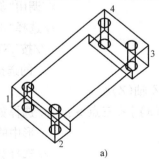

a)

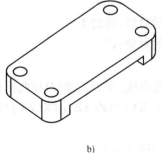

b)

图 9-59 倒角操作

a) 倒角前 b) 倒角后

模块九

第 7 步　创建如图 9-60 所示的 50mm × 24mm × 28mm 的长方体。

第 8 步　绘制 R20mm 的半圆并创建为面域，使用"拉伸"命令，创建半圆柱，调用布尔并集运算，合并以上三个形体，如图 9-61 所示。

第 9 步　绘制 R14mm 的圆柱体，如图 9-62 所示。

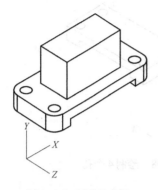

图 9-60　创建长方体

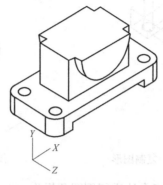

图 9-61　合并实体（消隐后）

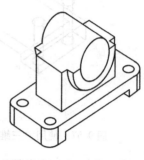

图 9-62　创建圆柱体

第 10 步　利用布尔差集运算得到上方半圆柱孔，如图 9-52 所示。

第 11 步　保存图形文件。

 知识链接

一、剖切

"剖切"命令可以切开现有的实体对象，然后移去不需要的部分，保留指定部分。调用命令的方式如下：

➤ 功能区：◀常用▶→《实体编辑》→〖剖切〗 ![icon]

➤ 菜单命令：【修改】→【三维操作】→【剖切】 ![icon]（"AutoCAD 经典"工作空间）

➤ 键盘命令：SLICE

调用剖切命令可对如图 9-63 所示图形进行剖切。单击◀常用▶→《实体编辑》→〖剖切〗，操作步骤如下：

命令:_slice	//调用"剖切"命令
选择要剖切的对象:找到 1 个	//选择"剖切"实体
选择要剖切的对象:↙	//按 ENTER 键结束对象的选择
指定切面的起点或[平面对象(O)/曲面(S)/Z 轴(Z)/	
视图(V)/XY(XY)/YZ(YZ)/ZX(ZX)/三点(3)]＜三点＞:	//选择如图 9-64 所示图形中的点 1
指定平面上的第二个点:	//选择如图 9-64 所示图形中的点 2
指定平面上的第三个点:	//选择如图 9-64 所示图

在所需的侧面上指定点或［保留两个侧面（B）］＜保 留两个侧面＞：

//选择如图9-64所示图形中的点3

//选择如图9-64所示图形中的点4

在实体剖切面上进行图案填充，得到如图9-64所示的图形。

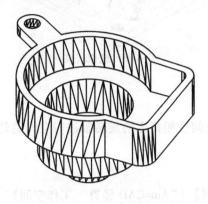

图9-63 剖切三维实体

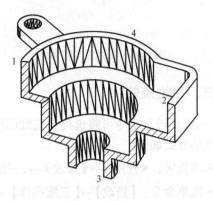

图9-64 剖切结果

二、三维镜像

"三维镜像"命令是将选择的三维模型在三维空间按照指定的镜像平面进行对称复制。调用命令的方式如下：

➢ 功能区：《常用》→《修改》→〖三维镜像〗 ⅍

➢ 菜单命令：【修改】→【三维操作】→【三维镜像】（"AutoCAD经典"工作空间）

➢ 键盘命令：MIRROR3D

调用"三维镜像"命令对如图9-65所示的实体进行镜像。单击《常用》→《修改》→〖三维镜像〗，操作步骤如下：

命令：_mirror3d
//调用"三维镜像"命令

选择对象：找到 1 个
//选择镜像实体

选择对象：✓
//按ENTER键结束对象的选择

指定镜像平面（三点）的第一个点或［对象（O）/最近的（L）/Z 轴（Z）/视图（V）/XY 平面（XY）/YZ 平面（YZ）/ZX 平面（ZX）/三点（3）］＜三点＞：YZ✓
//选择镜像平面"YZ 平面"

指定 YZ 平面上的点＜0,0,0＞：
//选择如图9-65所示图形要镜像平面上的点

是否删除源对象？［是（Y）/否（N）］＜否＞：✓
//按ENTER键确认

通过以上操作，得到如图9-66所示的图形。

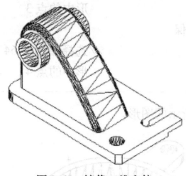

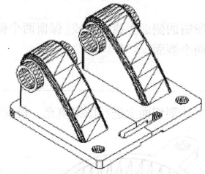

图 9-65　镜像三维实体　　　　　　　　图 9-66　镜像结果

三、三维旋转

"三维旋转"命令可将选择的三维模型在三维空间按照指定的旋转轴进行空间旋转。调用命令的方式如下：

➢ 功能区：◀常用▶→《修改》→〖三维旋转〗

➢ 菜单命令：【修改】→【三维操作】→【三维旋转】（"AutoCAD 经典"工作空间）

➢ 键盘命令：3DROTATE 或3R

调用"三维旋转"命令可对图 9-67 所示的实体进行旋转。单击◀常用▶→《修改》→〖三维旋转〗 ，操作步骤如下：

命令：_3drotate	//调用"三维旋转"命令
UCS 当前的正角方向： ANGDIR = 逆时针　ANGBASE = 0	//系统提示
选择对象：找到 1 个	//选择"旋转"实体
选择对象：✓	//按 ENTER 键结束对象的选择
指定基点：	//指定梯形体的左下角
拾取旋转轴：	//拾取 Z 轴
指定角的起点或键入角度：90	//输入旋转角度，图形开始旋转（图 9-68）

通过以上操作，得到如图 9-69 所示的图形。

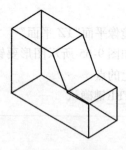

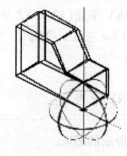

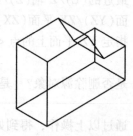

图 9-67　旋转前　　　　　　图 9-68　旋转中　　　　　　图 9-69　旋转后

四、三维对齐

"三维对齐"命令主要用于将两个三维对象在三维空间进行对齐,此命令以源平面和目标平面对齐的形式,将两个实体进行对齐。调用命令的方式如下:

> 功能区:◀常用▶→《修改》→〖三维对齐〗 ![图标]
> 菜单命令:【修改】→【三维操作】→【三维对齐】("AutoCAD 经典"工作空间)
> 键盘命令:3DALIGN 或3AL

调用三维对齐命令可将图9-73所示的实体进行对齐。单击◀常用▶→《修改》→〖三维对齐〗 ![图标] ,操作步骤如下:

命令:_3dalign	//调用"三维对齐"命令
选择对象:找到 1 个	//选中如图 9-70a 所示对象
选择对象:↙	//按ENTER 键结束对象选择
指定源平面和方向…	
指定基点或[复制(C)]:	//指定如图 9-70a 所示的1
指定第二个点或[继续(C)] < C >:	//指定如图 9-70a 所示的2
指定第三个点或[继续(C)] < C >:	//指定如图 9-70a 所示的3
指定目标平面和方向…	
指定第一个目标点:	//指定如图 9-70c 所示的1
指定第二个目标点或[退出(X)] < X >:	//指定如图 9-70c 所示的2
指定第三个目标点或[退出(X)] < X >:	//指定如图 9-70c 所示的3
命令:_3dalign	//再次调用"三维对齐"命令
选择对象:找到 1 个	//选中如图 9-70b 所示的对象
选择对象:↙	//按ENTER 键结束对象选择
指定源平面和方向…	
指定基点或[复制(C)]:	//指定如图 9-70b 所示的4
指定第二个点或[继续(C)] < C >:	//指定如图 9-70b 所示的5
指定第三个点或[继续(C)] < C >:	//指定如图 9-70b 所示的6
指定目标平面和方向…	
指定第一个目标点:	//指定如图 9-70c 所示的4
指定第二个目标点或[退出(X)] < X >:	//指定如图 9-70c 所示的5
指定第三个目标点或[退出(X)] < X >:	//指定如图 9-70c 所示的6

通过以上操作,得到如图9-71所示的图形。

五、三维阵列

"三维阵列"是将三维模型在三维空间进行阵列。调用命令的方式如下:

> 菜单命令:【修改】→【三维操作】→【三维阵列】("AutoCAD 经典"工作空间)

模块九

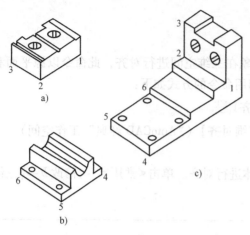

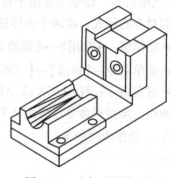

图 9-70　对齐前的各对象

图 9-71　对齐后的各对象

➤ 键盘命令：3DARRAY 或3A

"三维陈列"命令有两种形式，分别介绍如下：

1. 矩形阵列

单击【修改】→【三维操作】→【三维阵列】，操作步骤如下：

命令：_3darray	//调用"三维阵列"命令
选择对象：找到 1 个	//选择如图 9-72 所示的立方体
选择对象：✓	//按ENTER 键结束对象选择
选择对象：输入阵列类型［矩形（R）/环形（P）］＜R＞:r✓	//选择矩形阵列
输入行数（---）＜1＞:3✓	//指定行数
输入列数（|||）＜1＞:3✓	//指定列数
输入层数（...）＜1＞:3✓	//指定层数
指定行间距（---）＜1＞:15✓	//指定行间距
指定列间距（|||）＜1＞:15✓	//指定列间距
指定层间距（...）＜1＞:15✓	//指定层间距

通过以上操作，得到如图 9-73 所示的图形。

2. 环形阵列

单击【修改】→【三维操作】→【三维阵列】，操作步骤如下：

图 9-72　阵列前

命令：_3darray	//调用"三维阵列"命令
选择对象：找到 1 个	//选择图 9-74 所示的长方体
选择对象：✓	//按ENTER 键结束对象

模块九

输入阵列类型[矩形(R)/环形(P)]<矩形>:p↙	选择 //选择环形阵列
输入阵列中的项目数目:6↙	//指定阵列数目
指定要填充的角度(+=逆时针,-=顺时针)<360>:↙	//指定要填充的角度
旋转阵列对象?[是(Y)/否(N)]<Y>:↙	//确认旋转阵列对象
指定阵列的中心点:	//将圆 A 的圆心指定为阵列中心的第一点
指定旋转轴上的第二点:	//将圆 B 的圆心指定为阵列中心的第二点

通过以上操作,利用布尔差集运算得到如图 9-75 所示的图形。

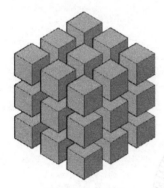

图 9-73 阵列后

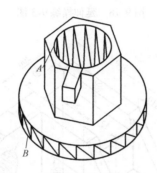

图 9-74 阵列前

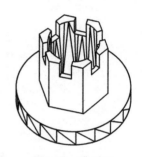

图 9-75 阵列后

 延伸操练

创建如图 9-76 至图 9-82 所示的图形实体。

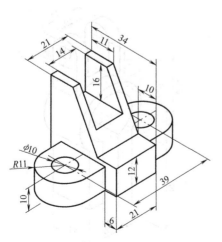

图 9-76 延伸操练 9-1 图

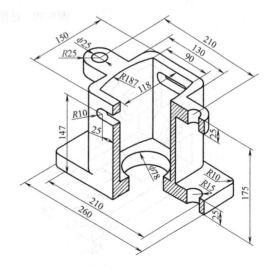

图 9-77 延伸操练 9-2 图

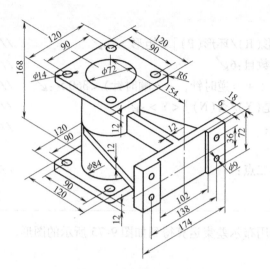

图9-78　延伸操练9-3图

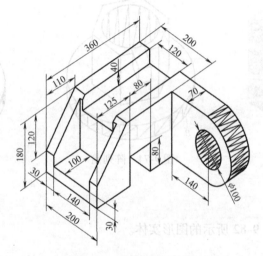

图9-79　延伸操练9-4图

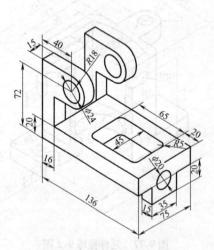

图9-80　延伸操练9-5图

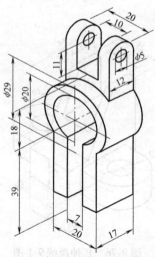

图9-81　延伸操练9-6图

模块
九

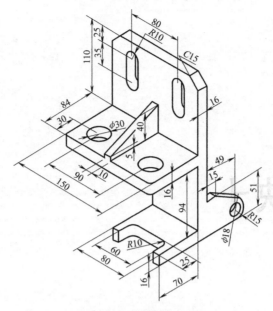

图 9-82 延伸操练 9-7 图

模块十

图形的输出

学习目标

1. 了解 AutoCAD 2013 的模型空间与图纸空间。
2. 掌握 AutoCAD 2013 图形打印的方法。
3. 掌握 AutoCAD 2013 图形共享的方法。
4. 掌握 AutoCAD 2013 图形引用的方法。

要点预览

本模块主要介绍在 AutoCAD 2013 中图形的输出方法，包括打印、共享、引用等。

任务一　模型空间与图纸空间的切换

任务分析

在 AutoCAD 2013 中有两种工作空间：模型空间和图纸空间。一般情况下，用户在模型空间进行 1：1 的设计绘图，完成尺寸标注和文字注释，但在技术交流、产品加工时通常需要将设计结果输出到图纸上，这就需要在图纸空间中进行排版，给图纸加上图框、标题栏或进行必要的文字、尺寸标注等，然后打印出图。

任务实施

图 10-1 所示为在 AutoCAD 2013 模型空间中完成的图形。用户可在模型空间中进行二维图形的绘制、三维实体的造型，全方位地显示图形对象。

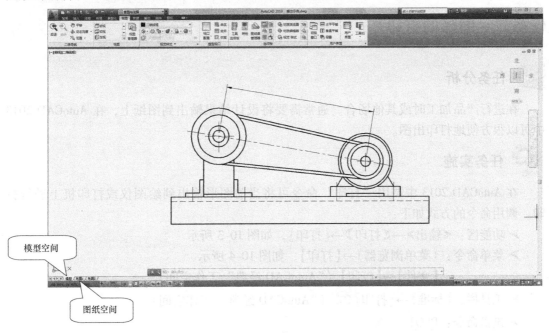

图 10-1　模型空间

单击如图 10-1 所示的 {模型} 或 {布局}，可在图纸空间与模型空间之间进行切换，如图 10-2 所示。图纸空间是 AutoCAD 2013 设置和管理视图的环境，在图纸空间可以按模型对象不同方位显示多个视图，按合适的比例在图纸空间中表示出来。还可以定义图纸的大小，生成图框和标题栏等。AutoCAD 2013 中提供了两个图纸空间：布局 1、布局 2。1 个布局实际上就是 1 个出图方案，也可理解为 1 张虚拟的图样。

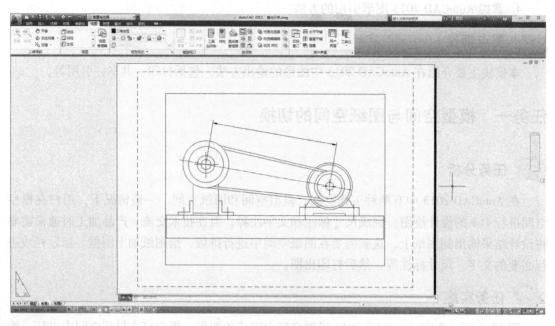

图 10-2　图纸空间

任务二　图形的打印

任务分析

在进行产品加工时或其他场合，通常需要将设计结果输出到图纸上，在 AutoCAD 2013 中可以很方便地打印出图。

任务实施

在 AutoCAD 2013 中调用"打印"命令可将当前图形输出到绘图仪或打印机上进行打印。调用命令的方式如下：

➤ 功能区：◀输出▶→《打印》→〖打印〗，如图 10-3 所示
➤ 菜单命令：〖菜单浏览器〗→【打印】，如图 10-4 所示
　　　　　　【文件】→【打印】（"AutoCAD 经典"工作空间）
➤ 工具栏：〖标准〗→〖打印〗🖨（"AutoCAD 经典"工作空间）
➤ 键盘命令：PLOT

调用"打印"命令后弹出如图 10-5 所示的"打印–模型"对话框。

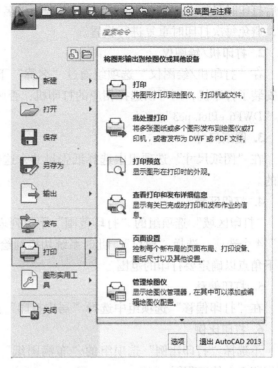

图 10-4　"打印"菜单

图 10-3　"打印"面板

图 10-5　"打印－模型"对话框

1. 页面设置

单击［添加］，可将"打印－模型"对话框中的当前设置以用户命名的名称进行保存，

模
块
十

以后打印时只要在"名称"下拉列表中选择该名称，即可直接使用以上已经设置的打印参数，避免每次打印时重复进行设置。

2. 打印机/绘图仪

在"打印机/绘图仪"选项组通过"名称"下拉列表选择打印机，如果用户的计算机已经安装了打印机，则可以选择相应的打印机，否则可选择由系统提供的一个虚拟的电子打印机"DWF6 ePlot. pc3"。

3. 图纸尺寸

在"图纸尺寸"选项组中选择纸张尺寸，这些纸张尺寸都是根据打印机的硬件信息提供的。

4. 打印区域

"打印区域"选项组的"打印范围"下拉列表中有"窗口""范围""图形界限""显示"4 个选项，选择"窗口"，此时系统切换到绘图窗口，用户通过指定图形的左上角点和右下角点以确定要打印的范围。

5. 打印偏移

在"打印偏移"选项组中选择"居中打印"选项。

6. 打印比例

不选择"打印比例"选项组的"布满图纸"选项，在"比例"下拉列表中选择 1∶1，可打印 1∶1 的工程图。

7. 打印预览

单击［预览］，显示即将要打印的图样，单击［打印］即可开始打印。若还需进行设置，则可单击［关闭预览窗口］，返回到"打印－模型"对话框重新进行调整。

单击《输出》→《打印》右下角的箭头，可弹出如图 10-6 所示的"打印和发布"选项卡，用户可对打印的有关参数进行设置。

图 10-6 "打印和发布"选项卡

任务三　图形的共享

 任务分析

随着信息时代的到来和网络技术的发展，企业内和企业间的协同设计变成了一种必然的趋势，如何快速、高效地共享设计信息成为亟待解决的问题。AutoCAD 2013 提供的输出、发布和联机功能可以轻松地解决以上问题。

 任务实施

一、输出

在 AutoCAD 2013 中调用"输出"命令可将当前图形输出到电子图形集。电子图形集是区别于打印的图形集的数字化形式，可以通过将图形发布为 DWF、DWFx 或 PDF 格式的文件来创建电子图形集。调用命令的方式如下：

➢ 功能区：◀输出▶→《输出为 DWF/PDF 》→【输出】，如图 10-7 所示
➢ 菜单命令：〖菜单浏览器〗→【输出】，如图 10-8 所示
调用"输出"命令后，可根据需要将当前图形输出到指定格式的文件中。

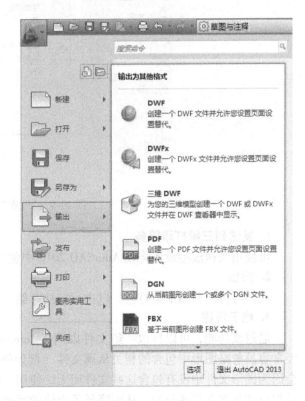

图 10-7　"输出"面板　　　　　　图 10-8　"输出"菜单

二、发布

在 AutoCAD 2013 中使用"发布"命令可将当前图形输出到三维打印设备或进行归档、共享。调用命令的方式如下：

➢ 菜单命令：〖菜单浏览器〗→【发布】，如图 10-9 所示

调用"发布"命令后可选择不同的子菜单实现相应功能。

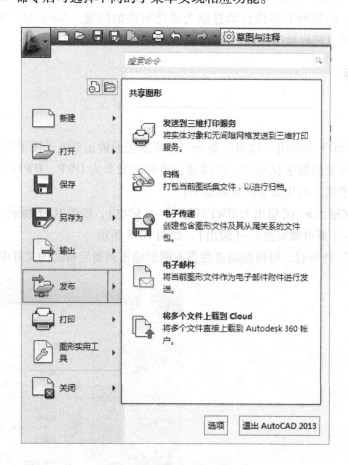

图 10-9 "发布"菜单

1. 发送到三维打印服务

可使用快速成型设备将在 AutoCAD 2013 中创建的三维模型输出为物理模型。

2. 归档

用户可将当前图纸集打包，以进行归档存储。

3. 电子传递

通过该功能，可以打包一组文件以用于 Internet 传递。在将图形文件发送给其他人时，经常容易忽略图形中包含的相关从属文件（例如外部参照文件和字体文件等）。收件人可能会因为图形文件中没有包含这些文件而无法使用。通过电子传递，可将图形文件所有信息及设置自动包含在传递包中，从而降低了出错的可能性，用户不用担心文字不能识别，参数被改变等情况的出现。

4. 电子邮件

用户可将当前图形文件作为电子邮件的附件进行发送。

5. 将多个文件上载到 Cloud

该功能可以让用户将图形文件上载到 Autodesk 360 帐户以实现联机存储和共享设计数据。Autodesk 360 是 Autodesk 与 Cloud 相联的桥梁。

三、联机

随着设计复杂程度的越来越高，设计工程量的越来越大，不少工作都需要很多人员的协同完成。在 AutoCAD 2013 中，使用"联机"功能可以很方便地实现协作人员对工作成果的共享、编辑和管理。调用命令的方式如下：

➢ 功能区：«联机»→《联机文档》/《自定义同步》/《共享与协作》，如图 10-10 所示

用户可以根据需要使用«联机»选项卡上的不同面板来完成特定的功能，以管理和共享 AutoCAD 图形，实现与其他用户的实时协作。利用同步功能，用户可以先在一台计算机上设置好工作环境，然后根据需要在不同计算机上快速设置工作环境。

图 10-10 "联机"选项卡的不同面板

任务四 图形的引用

 任务分析

AutoCAD 2013 作为一种计算机辅助设计软件，在绘制图形方面有很强的优势，而且也提供了文字处理功能，但若要进行复杂的图文混排操作，其功能与方便程度还是无法与一般的文字处理软件相媲美。在日常工作中，如果需要制作图文并茂的文档，一般可先使用 AutoCAD 2013 绘制图形，然后再将其插入到文字处理软件中，利用文字处理软件来进行排版处理，以实现用户需要的效果。

 任务实施

在文字处理软件中，要引用 AutoCAD 2013 的图形，可使用以下三种方法。

一、屏幕拷贝键

利用键盘上的Print Screen键对 AutoCAD 图形进行屏幕拷贝，再做进一步的修剪，去掉屏幕拷贝图形中多余的部分。

如果 AutoCAD 2013 的绘图区为默认的黑色，屏幕拷贝的图形插入到文字处理软件中线条可能会不太清楚，而且也不美观。所以在屏幕拷贝之前需要先将绘图区的背景颜色改为白色，具体方法可回顾模块一任务一的相关内容。

为了使图形更加清晰，如果用户对图层线条设置了其他颜色的话，最好在屏幕拷贝之前将各图层中所有线条的颜色全部改为黑色。

二、输出图形文件

利用 AutoCAD 2013 改变文件的类型，以方便文字处理软件的引用。操作方法如下：

➤ 菜单命令：〖菜单浏览器〗→【输出】→【其他格式】

调用该命令后，在如图 10-11 所示的"输出数据"对话框中将文件类型选择为"．bmp"，将 AutoCAD 的图形保存为位图文件，即可很方便地在文字处理软件中进行引用。

图 10-11　"输出数据"对话框

三、使用第三方软件

通过第三方软件可实现将 AutoCAD 2013 中的图形插入到文字处理软件中的目的。能实现这一功能的第三方软件有很多，此处介绍 BetterWMF 的用法。

BetterWMF 是一款可以将 AutoCAD 2013 中的图形拷贝到文字处理软件中的应用软件，其功能较强，在拷贝时可以自动去除 AutoCAD 2013 的黑色背景并具有自动修剪图形的空白边缘、自动填充颜色、自动将"．DWG"格式的图形文件转变为"．WMF"图像格式的功能，此外它还能对图形进行缩放、旋转，并能根据使用者的需要对线条的宽度和颜色进行设置。

运行该程序，其界面如图 10-12 所示。用户可对其进行设置。运行时，该程序以最小化的形式出现在 Window 的系统任务托盘中，当用户在 AutoCAD 中复制需要插入到文字处理软件中的图形时，该程序便会出现"剪贴板中的数据已被 BetterWMF 修改（大小：9.33″ * 2.55″）"的提示字样。在文字处理软件中调用"粘贴"命令，即可将 AutoCAD 2013 中的图形复制过来，而且只要用户在运行 BetterWMF 时做了相应的设置，AutoCAD 图形的线型信息如线宽、颜色等均会被保留。

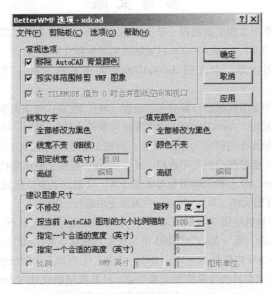

图 10-12　BetterWMF 的程序界面

延伸操练

1. 选择以前练习的图形文件，将其进行打印，了解打印的方法及各选项的作用。
2. 通过练习操作熟悉图形文件的各种共享方法。
3. 使用不同方法在文字处理软件中引用 AutoCAD 图形文件。

参考文献

[1] 汪哲能. AutoCAD2009 中文版实例教程 [M]. 北京：清华大学出版社，2010.

[2] 王灵珠，汪哲能，许启高. AutoCAD2008 机械制图实用教程 [M]. 北京：机械工业出版社，2013.

[3] 刘茂福，李玲云，刘少军. 中文版 AutoCAD2009 实用教程 [M]. 长沙：国防科技大学出版社，2010.

[4] 蒋晓. AutoCAD2008 中文版机械设计标准实例教程 [M]. 北京：清华大学出版社，2008.

[5] 张国权，胡海芝，郭慧玲. AutoCAD2008 中文版应用教程 [M]. 北京：电子工业出版社，2007.

[6] 管巧娟. AutoCAD 实际操作与提示 [M]. 北京：机械工业出版社，2007，

[7] 张忠蓉. AutoCAD2006 机械图绘制实用教程 [M]. 北京：机械工业出版社，2007.

[8] 张玉琴，张绍忠. AutoCAD 上机实验指导与实训 [M]. 2 版. 北京：机械工业出版礼，2012.

[9] 张秀玲. CAD/CAM 技能训练 [M]. 北京：中国农业出版社，2005.

[10] 管文华，梁旭坤. 计算机绘图——AutoCAD2004 中文版教程 [M]. 长沙：中南大学出版社，2007.

[11] 胡述印，许小荣，郜珍，等. AutoCAD2005 中文版实训教程 [M]. 北京：电子工业出版社，2007.

[12] 胡宗政. 模具 CAD/CAM 应用技术 [M]. 2 版. 大连：大连理工大学出版社：，2009.

[13] 国家职业技能鉴定专家委员会计算机专业委员会. 计算机辅助设计（AutoCAD 平台）AutoCAD2002 试题汇编（绘图员级）[M]. 北京：北京希望电子出版社，1999.

[14] 国家职业技能鉴定专家委员会计算机专业委员会. 计算机辅助设计（AutoCAD 平台）AutoCAD2002/2004 试题汇编（高级绘图员级）[M]. 北京：北京希望电子出版社，2004.

[15] 张忠蓉. AutoCAD2005 绘图技能实用教程 [M]. 北京：机械工业出版社，2006.

[16] 任晓耕. AutoCAD 上机操作指导与练习 [M]. 北京：化学工业出版社，2006.

[17] 李国琴. AutoCAD2006 绘制机械图训练指导 [M]. 北京：中国电力出版社，2006.

[18] 潘苏蓉，黄晓光. AutoCAD2006 应用教程与实例详解 [M]. 北京：机械工业出版社，2006.

[19] 姜勇. AutoCAD 机械制图习题精解 [M]. 北京：人民邮电出版社，2006.

[20] 崔洪斌. AutoCAD2012 中文版实用教程 [M]. 北京：人民邮电出版社，2011.

[21] 伊启中，殷铖. 模具 CAD/CAN [M]. 北京：机械工业出版社，2007.

[22] 冯纪良. AutoCAD 简明教程暨习题集 [M]. 2 版. 大连：大连理工大学出版社，2011.

[23] 吴立军，丁友生，王丹平. AutoCAD2010 立体词典：机械制图 [M]. 杭州：浙江大学出版社，2010.

[24] 李汾娟，李程. AutoCAD2012 项目教程 [M]. 北京：机械工业出版社，2012.

[25] 戴乃昌，汪荣青，郑秀丽. 机械 CAD [M]. 杭州：浙江大学出版社，2012.

[26] 何友义. AutoCAD 案例教程 [M]. 北京：机械工业出版社，2010.